聚美文化 编

華中科技大學出版社
http://www.hustp.com
中国·武汉

图书在版编目（CIP）数据

市政建筑 / 聚美文化编. — 武汉 ：华中科技大学出版社, 2012.8
ISBN 978-7-5609-8296-0

Ⅰ.①市… Ⅱ.①聚… Ⅲ.①行政建筑－建筑设计－作品集－世界－现代 Ⅳ.①TU243

中国版本图书馆 CIP 数据核字(2012)第 182378 号

市政建筑　　聚美文化 编

出版发行：华中科技大学出版社（中国·武汉）
地　　址：武汉市武昌珞喻路1037号（邮编：430074）
出 版 人：阮海洪

责任编辑：王晓甲
责任校对：赵慧蕊
责任监印：秦　英
排版设计：周日红

印　　刷：深圳市彩美印刷有限公司
开　　本：965 mm×1270 mm　1/16
印　　张：22
字　　数：176千字
版　　次：2012年9月第1版 第1次印刷
定　　价：318.00元(USD 65.99)

投稿热线：027-87545012　814576222@qq.com
本书若有印装质量问题，请向出版社营销中心调换
全国免费服务热线：400-6679-118　竭诚为您服务

前言

市政建筑是指由政府出资建造的公共建筑，一般指规划区内的各种建筑物、构筑物等，包括政府建筑、公共娱乐设施、城市交通设施、教育科研文化机构建筑、医疗卫生机构建筑等。

随着社会发展的逐步深入和经济发展的突飞猛进，人们对生活环境品质的需求日益提高，近几年市政建筑设计领域空前繁荣，项目数量之多、规模之大，建设速度之快，令人瞠目。市政建筑设计合理化是设计师们的共同目标，而为设计工作者服务是我们的目标，为构建一个全新的设计参考资源以及前沿设计理念的交流平台，我们最新版的《市政建筑》由此应运而生。

《市政建筑》这本书是由目前国外最新的设计作品汇编而成，共分六类，包括政府建筑、文化艺术、公共空间、娱乐休闲、商业服务、公共服务。它们的共同特点就是建筑风格生动独特、别具匠心，不拘一格地采用了各种建筑手法；同时又高雅优美、气势恢弘，具有难以抗拒的诱惑力；其取材更为广泛，精选了美国、西班牙、韩国、加拿大、法国、比利时、新西兰、日本、斯洛伐克、土耳其、奥地利等国最新、最优秀的作品，力图为设计工作者在进行市政建筑设计时提供参考。

书中收录的作品是作者心血的结晶，在此谨向这些作品提供者表示最诚挚的谢意！同时也希望本书具备一定的借鉴和参考价值，成为市政建筑设计工作者的案头工具书。

CONTENS 目录

政府建筑

文化艺术

公共空间

娱乐休闲

商业服务

公共服务

政府建筑

Noain市政厅

建筑设计：Zon-e建筑师事务所
项目位置：西班牙，纳瓦拉
项目年份：2009
图片摄影：Pedro Pegenaute

这座外表看似不同寻常的建筑事实上是出于可持续发展的理念对空间和材料合理配置的结果，标准的方盒子外形被弯曲的双层表皮所包覆，外侧表皮是一个钢格子网架，其中结合了种植槽可以供植物生长，从而形成建筑在夏季的天然遮荫屏障，而在冬季当叶子落下后又可以使充足的阳光射入。这是一座聪明的时令性建筑，一年四季都会呈现出不同的形态。为了使立面更加生动，同时加强室内外的交互，一系列大小不一的红色方盒子凸出建筑的网状表皮，形成巨大的景观窗口。其内部是引人入胜的中庭，可以进一步将阳光引入。室内大面积的白色装修赋予了建筑清爽现代的感觉，同时也体现了政府机构开放友好的形象。

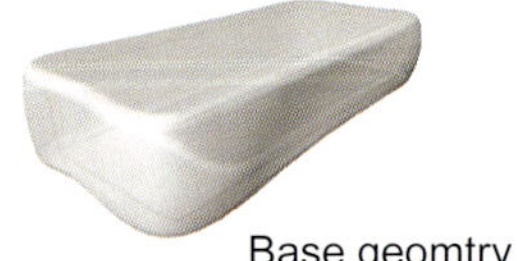
Base geomtry

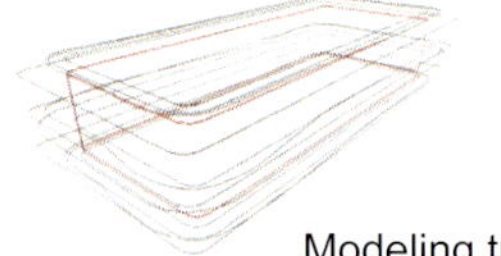
Modeling traces

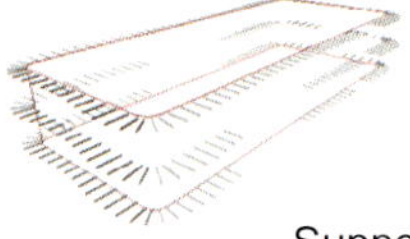
Supporting beams

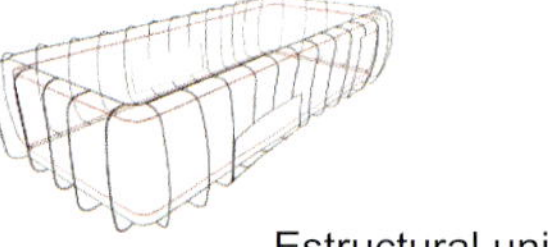
Estructural units

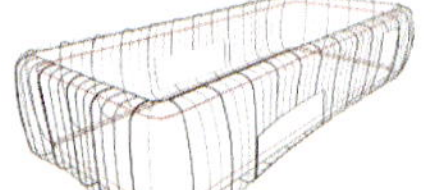
Vertical frame

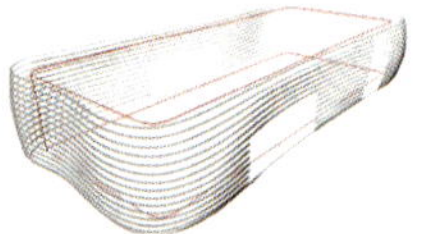
Horizontal frame

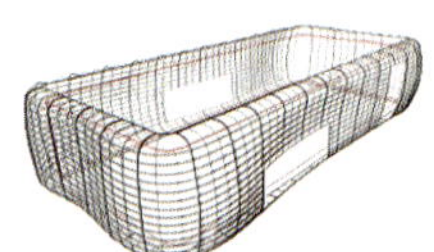
Estructural wgole

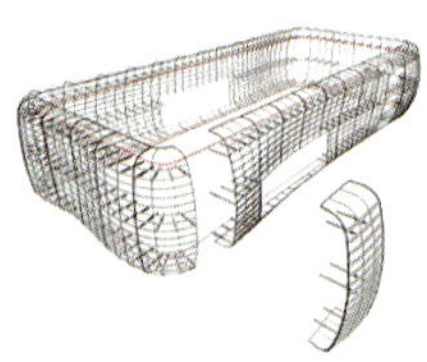
'Green growing grid'

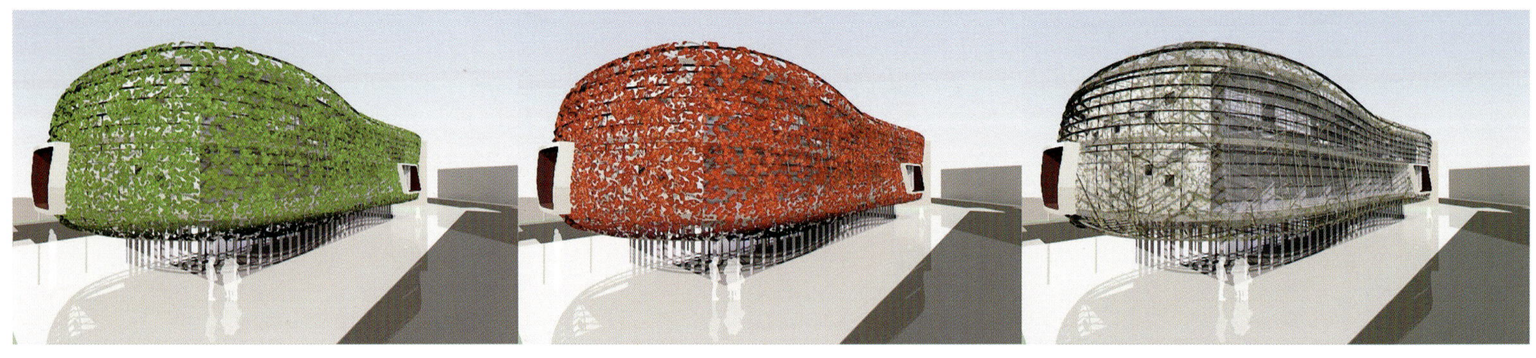

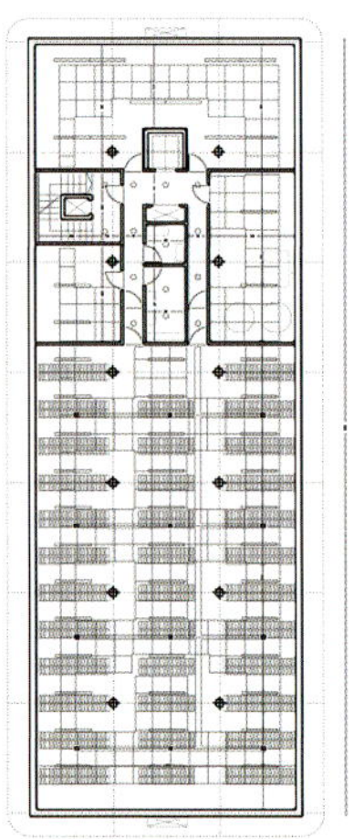

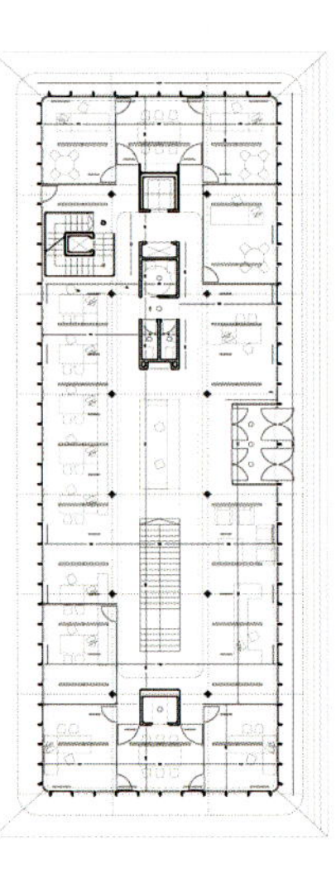

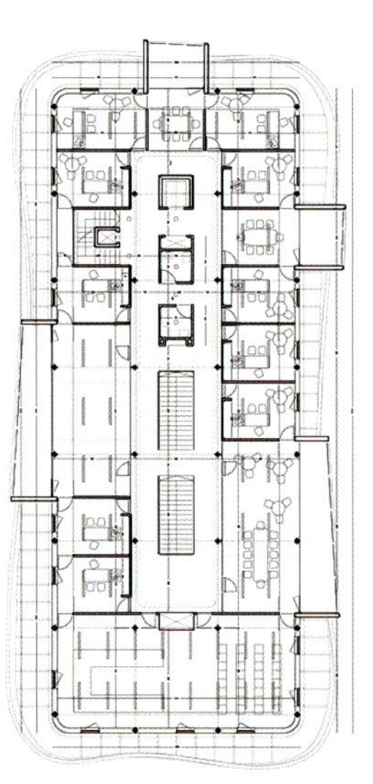

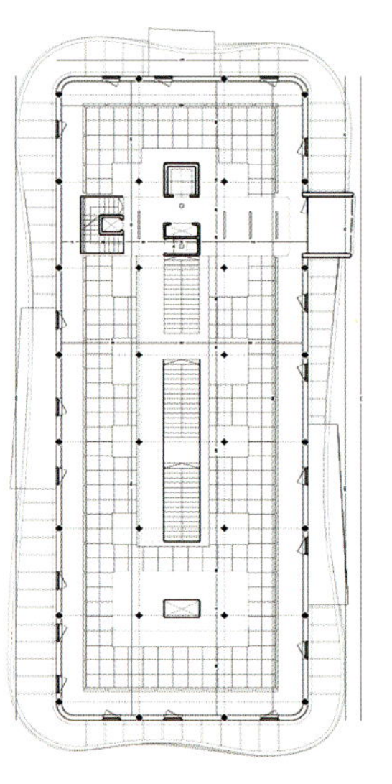

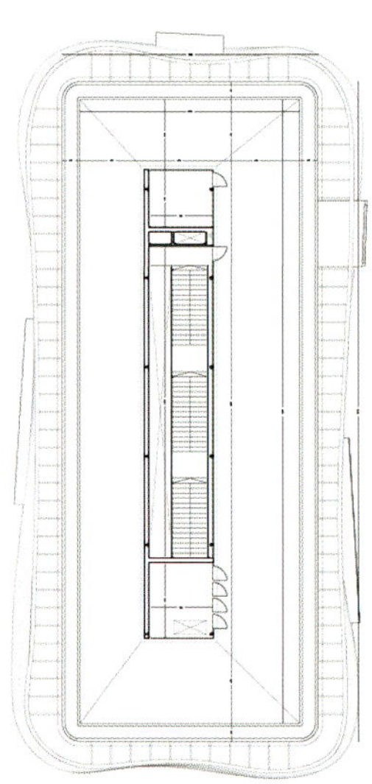

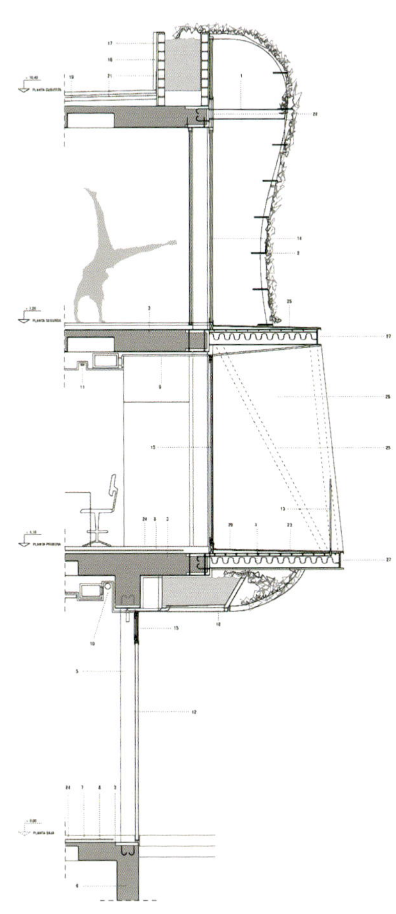

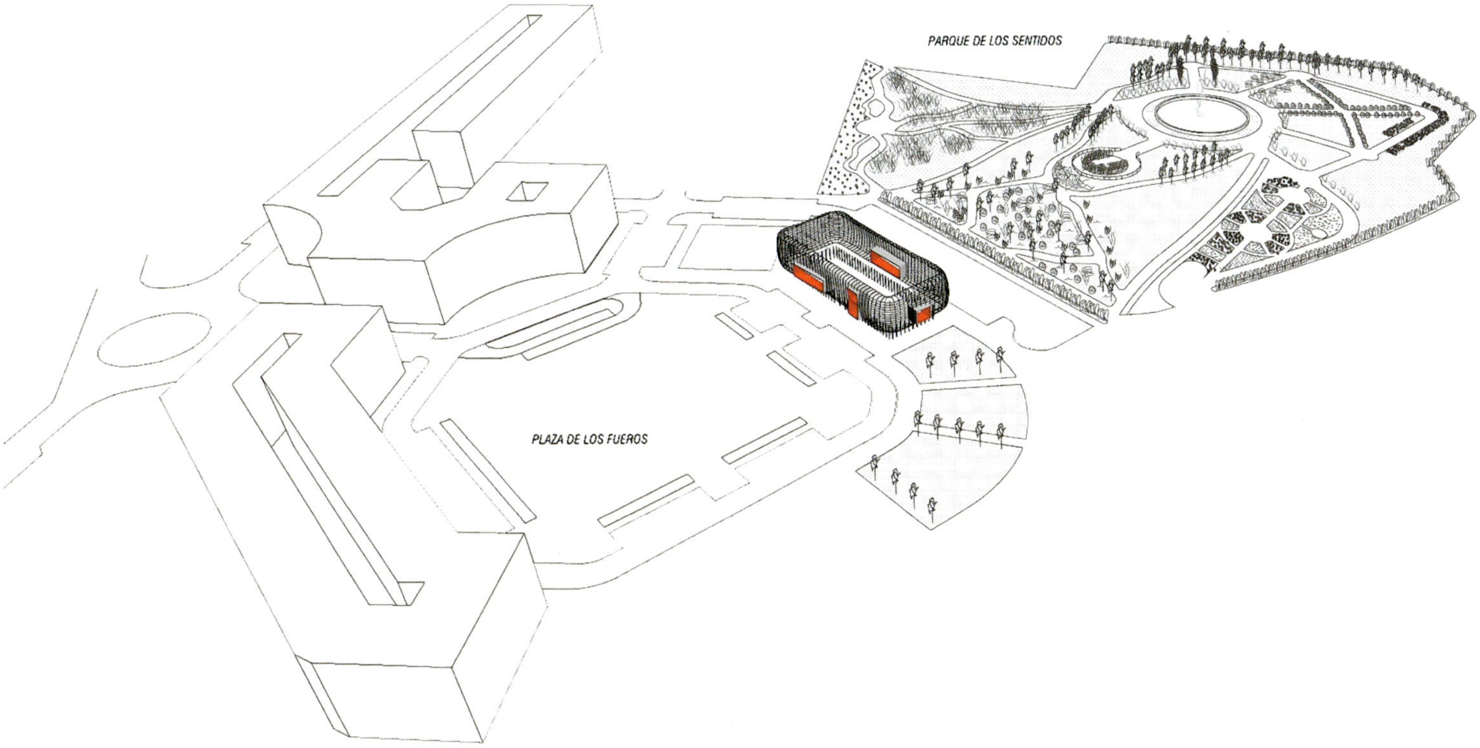

PARQUE DE LOS SENTIDOS

PLAZA DE LOS FUEROS

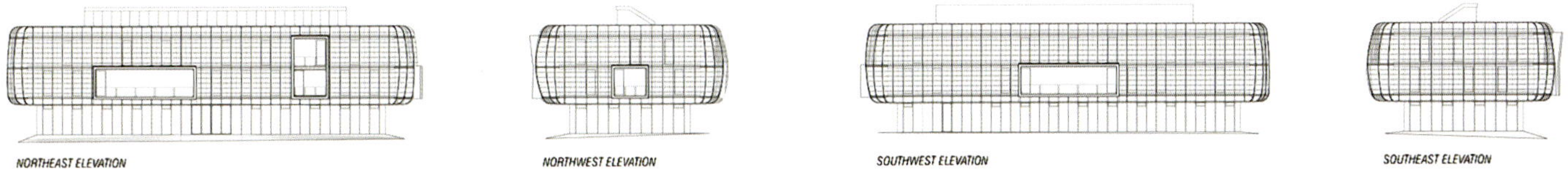

NORTHEAST ELEVATION

NORTHWEST ELEVATION

SOUTHWEST ELEVATION

SOUTHEAST ELEVATION

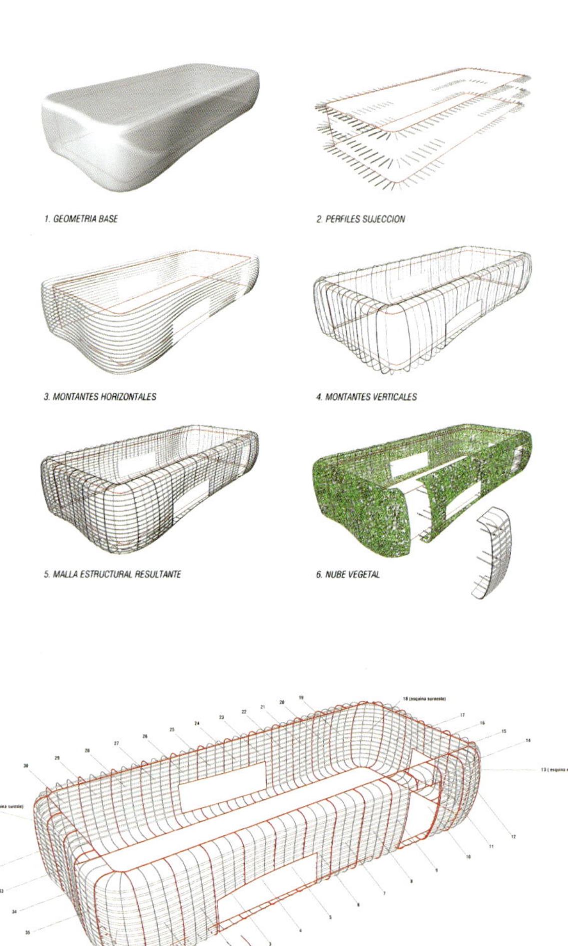

1. GEOMETRIA BASE
2. PERFILES SUJECCION
3. MONTANTES HORIZONTALES
4. MONTANTES VERTICALES
5. MALLA ESTRUCTURAL RESULTANTE
6. NUBE VEGETAL

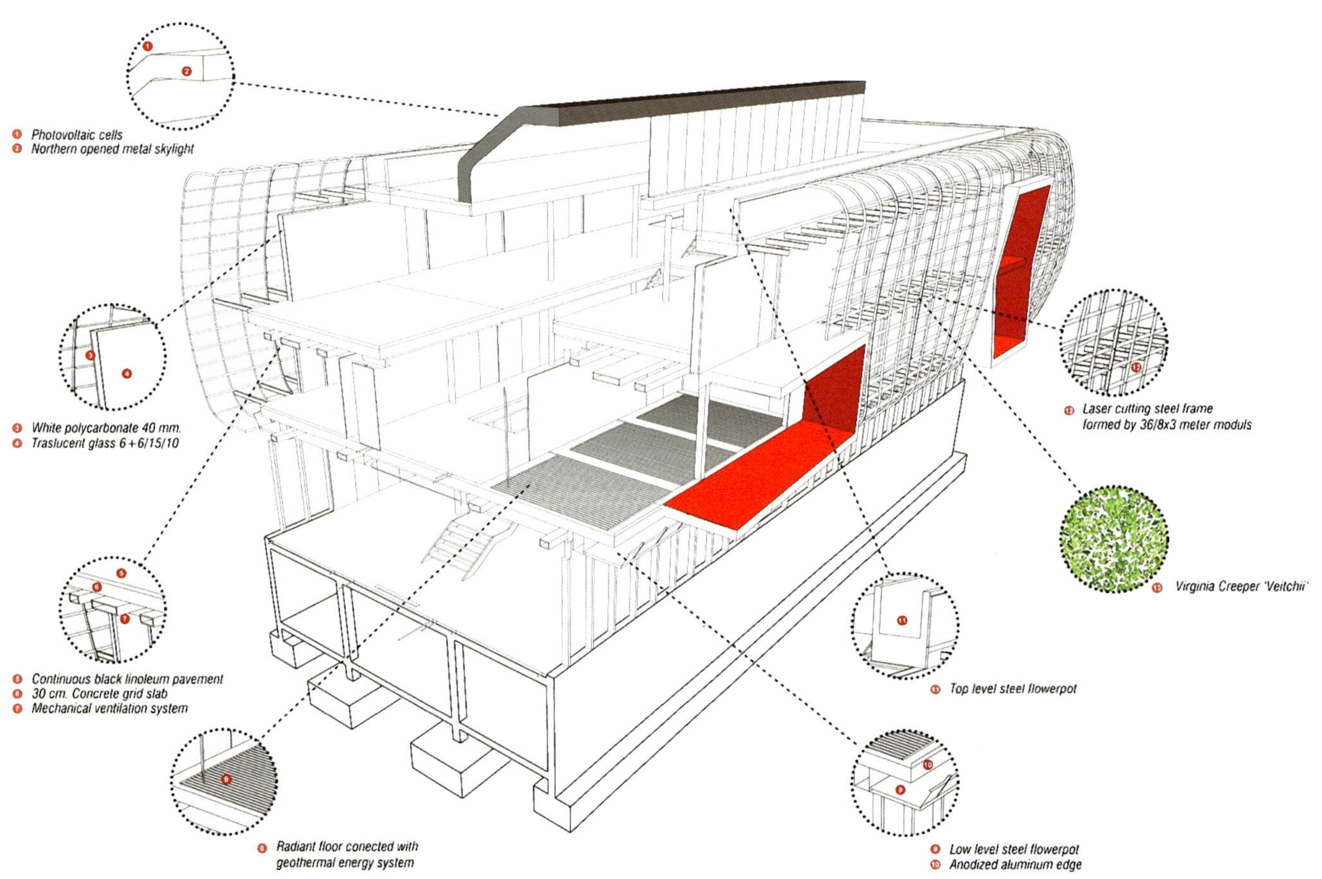

1 Photovoltaic cells
2 Northern opened metal skylight
3 White polycarbonate 40 mm.
4 Traslucent glass 6+6/15/10
5 Continuous black linoleum pavement
6 30 cm. Concrete grid slab
7 Mechanical ventilation system
8 Radiant floor conected with geothermal energy system
9 Low level steel flowerpot
10 Anodized aluminum edge
11 Top level steel flowerpot
12 Laser cutting steel frame formed by 36/8x3 meter moduls
13 Virginia Creeper 'Veitchii'

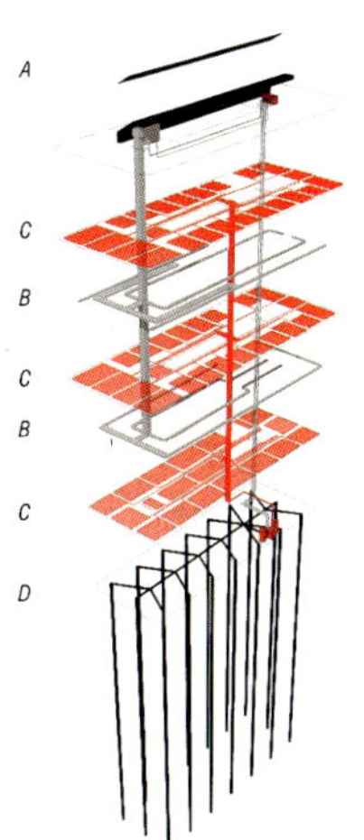

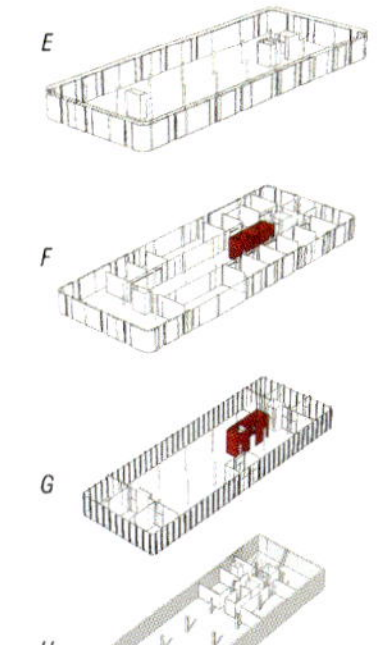

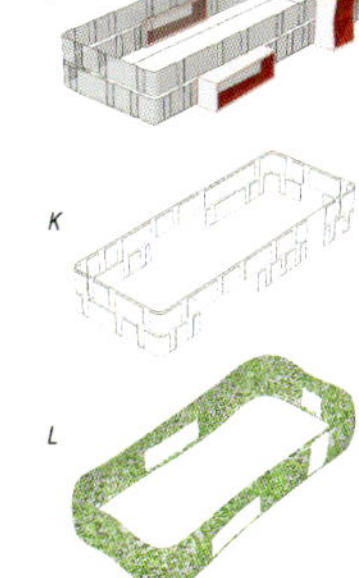

ENGINEERING

A. photovoltaic cells
B. mechanical ventilation
C. radiant floor
D. geothermal energy

PROGRAM

E. 'open' level
F. private level
G. public level
H. service level

SKIN

I. inner glass divisions
J. interior traslucent glass
K. exterior traslucent polycarbonate
L. 'green growing grid'

Bilbao 市政厅

建筑设计：IMB建筑师事务所

项目位置：西班牙，毕尔巴鄂

项目团队：Gloria Iriate, Eduardo Mugica
Agustin de la Brena

合作伙伴：Berndt Nischt, Iker Gandarias
Almudena Fernandez, Leyre de Lecea
Anartz Ormaza, Maite Eizagirre

图片摄影：Iñigo Bujedo Aguirre

圣阿古斯丁的毕尔巴鄂市政厅新总部位于原新巴洛克风格城镇大厅背立面的前面，后者建于1892年，设计由Joaquin Rucoba事务所完成。新建的市政厅容纳了老城镇大厅的技术办公室。老建筑将作为代表政府和市长办公地的形象建筑。剩余公共空间的处理目标是打乱城市结构，增加空间利用率，打造小广场，使其成为一个城市前厅或者通往城镇大厅总部的大厅。将整体一分为二的目的是使建筑融入城市环境中，调整建筑规模与高度以适应周围环境，改善场地内原有的人行道路。

室内设计的目标是创造灵活的功能空间，从而形成不同类型的办公室，包括封闭办公室、开放工作区或者公共区等。出于环保的目的，设计采用了不同的策略和方法，以此提高工作区的环境质量，降低能源消耗和二氧化碳排放。

建筑立面的设计满足了客户对充足日照的要求。朝南的建筑表皮为双层立面，内侧设有维护通道和通风设备，还有可以调节的百叶，用于调节直射日光来改变对工作区的影响，减少摄入的热量。人工照明系统可以根据入射的自然光调节不同工作桌上方的灯具亮度。所有的设施设计都满足最高的能效标准，设计中还结合了节水系统和灰水回收系统。

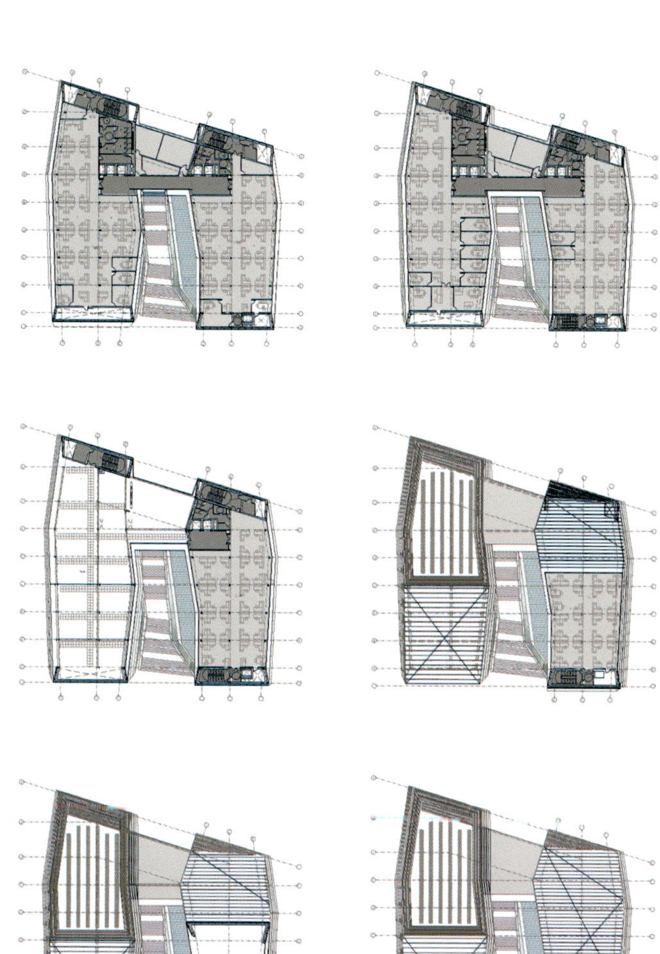

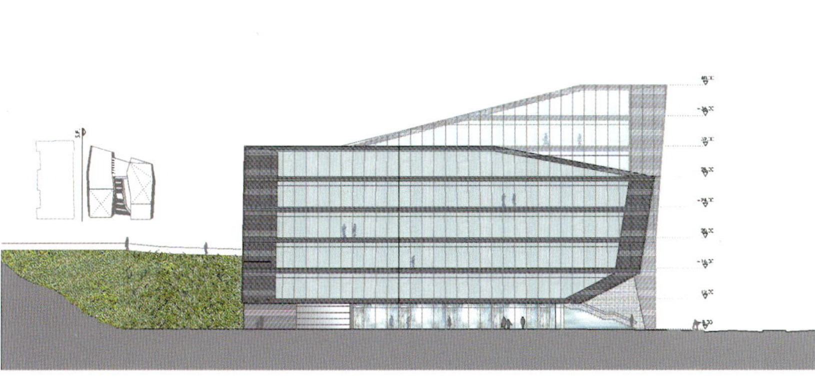

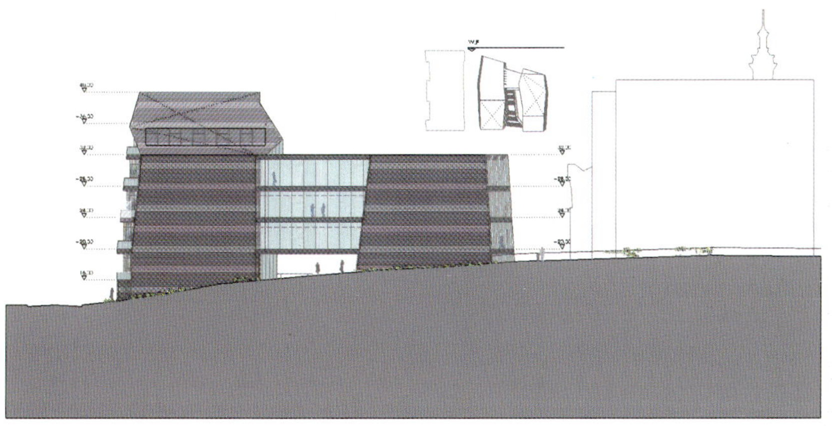

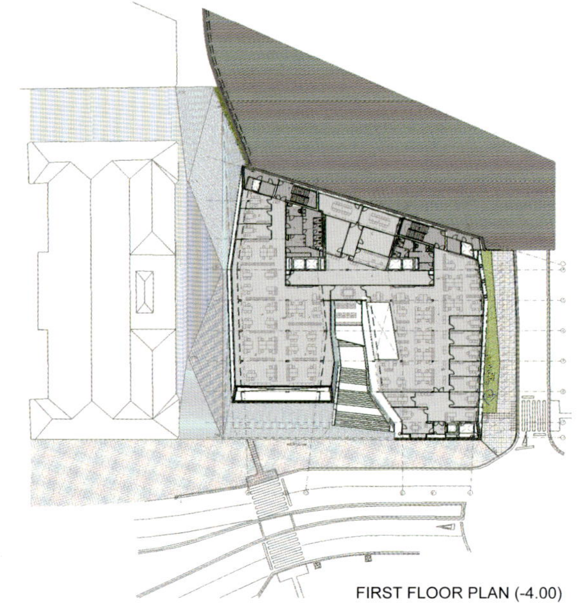

FIRST FLOOR PLAN (-4.00)

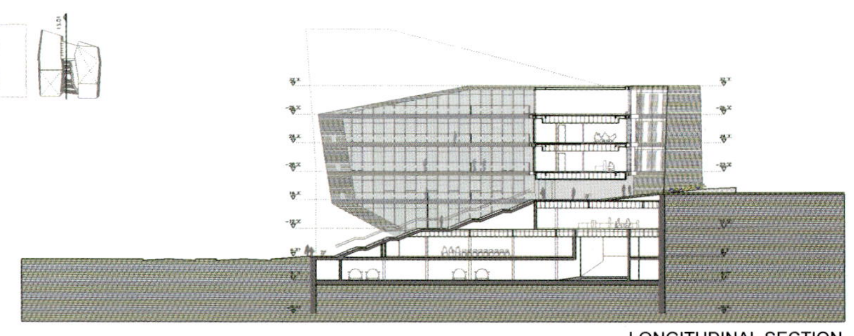

LONGITUDINAL SECTION

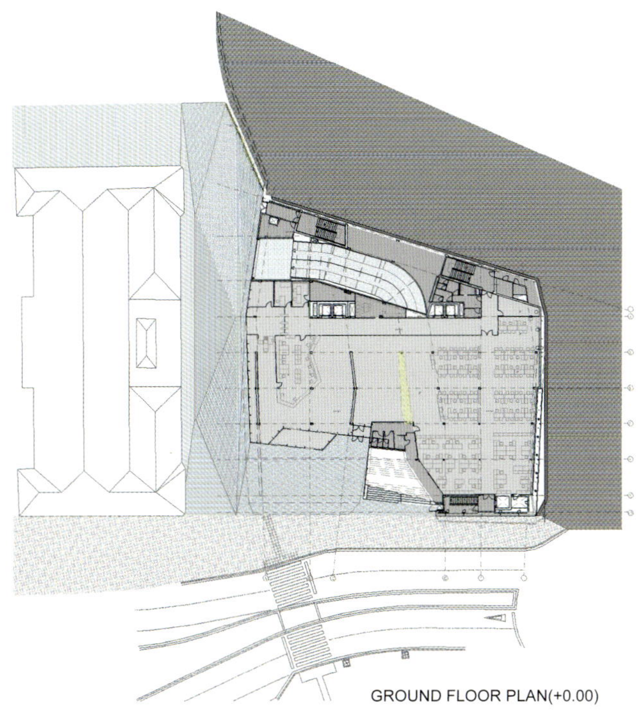

GROUND FLOOR PLAN(+0.00)

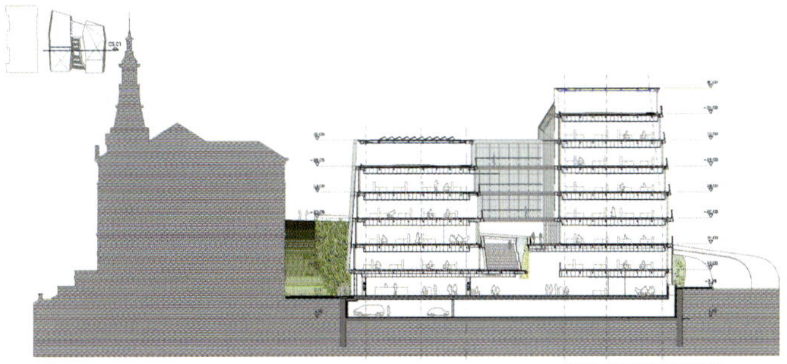

CROSS SECTION

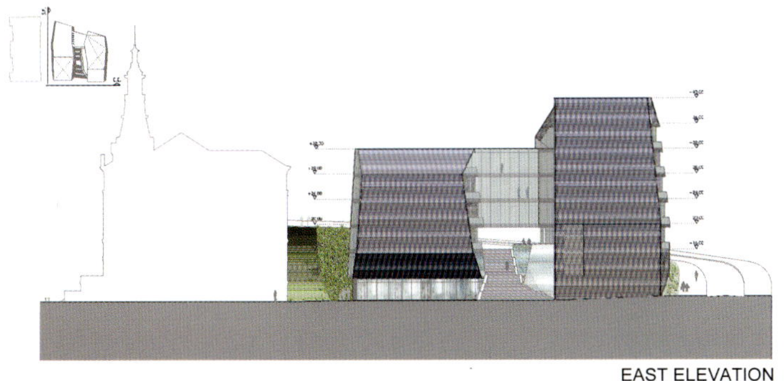

EAST ELEVATION

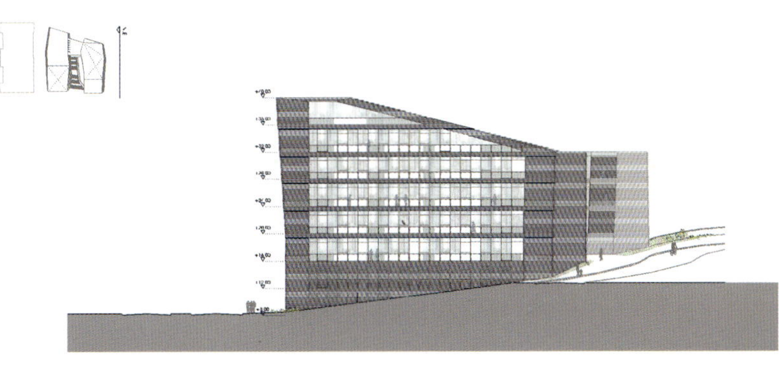

Seixal市政厅

建筑设计：NLA - Nuno Leónidas Arquitectos, Lda.
项目位置：葡萄牙
项目团队：Nuno Leonidas, Vasco Leonidas, Duarte Tenera
项目年份：2009
图片摄影：Jose Manuel

这个市政厅建于一个陡峭的场地内，东西走向，为市长及技术服务等部门提供设施条件，同时还为七百位工作人员提供工作空间。设计包含两个连接的体量，分别是中庭和流通空间，地上三层和东面的两层。

这些建筑慢慢向下倾斜，主要的立面朝着北侧和南侧，可以最大限度地接收到阳光，东侧和西侧为不透明的墙壁被小型且带有遮板的开口打断。中庭是居民进入和被接待的地方，是古代城市传统的市民广场空间，但在这里它被现代的手法进行诠释。建筑北侧和西侧透明，西北侧是一个大礼堂建筑，它是整个结构的一个“异类”，独自屹立在周围的服务空间之中。

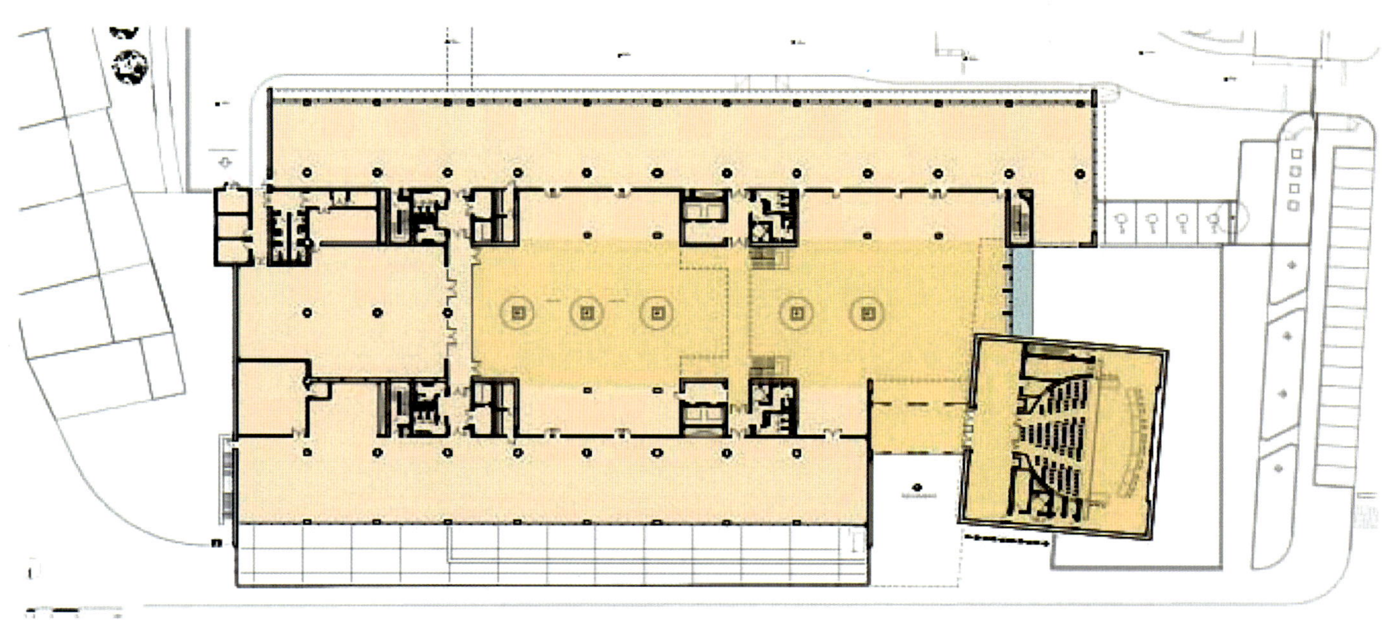

município do seixal
câmara
municipal

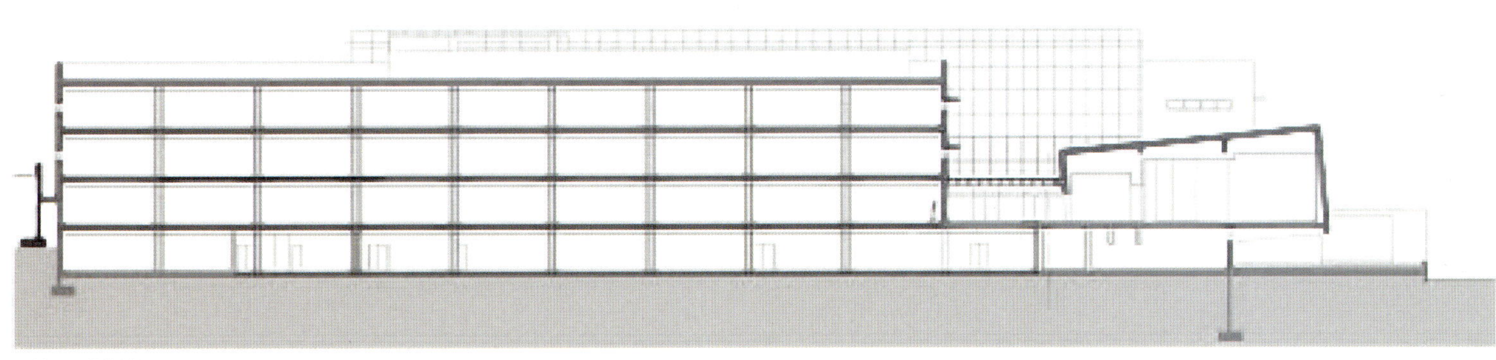

Boticas市政厅

建筑设计：Belém Lima Architects

项目位置：葡萄牙，博蒂卡斯

项目团队：Pedro Pinto, Carla Barros, Sofia Lourenço

项目年份：2008

项目面积：1900 m^2

图片摄影：FG + SG – Fernando Guerra, Sérgio Guerra

宽敞的大厅为室内环境提供了很好的照明，使公众与博蒂卡斯保持很好的联系，公共服务台以外面的花园为背景。

缓缓的斜坡在大厅终止，市长办公室斜靠着广场上面的政治阳台，从空空的大厅里可以看到参议会室。

ALÇADO NORTE

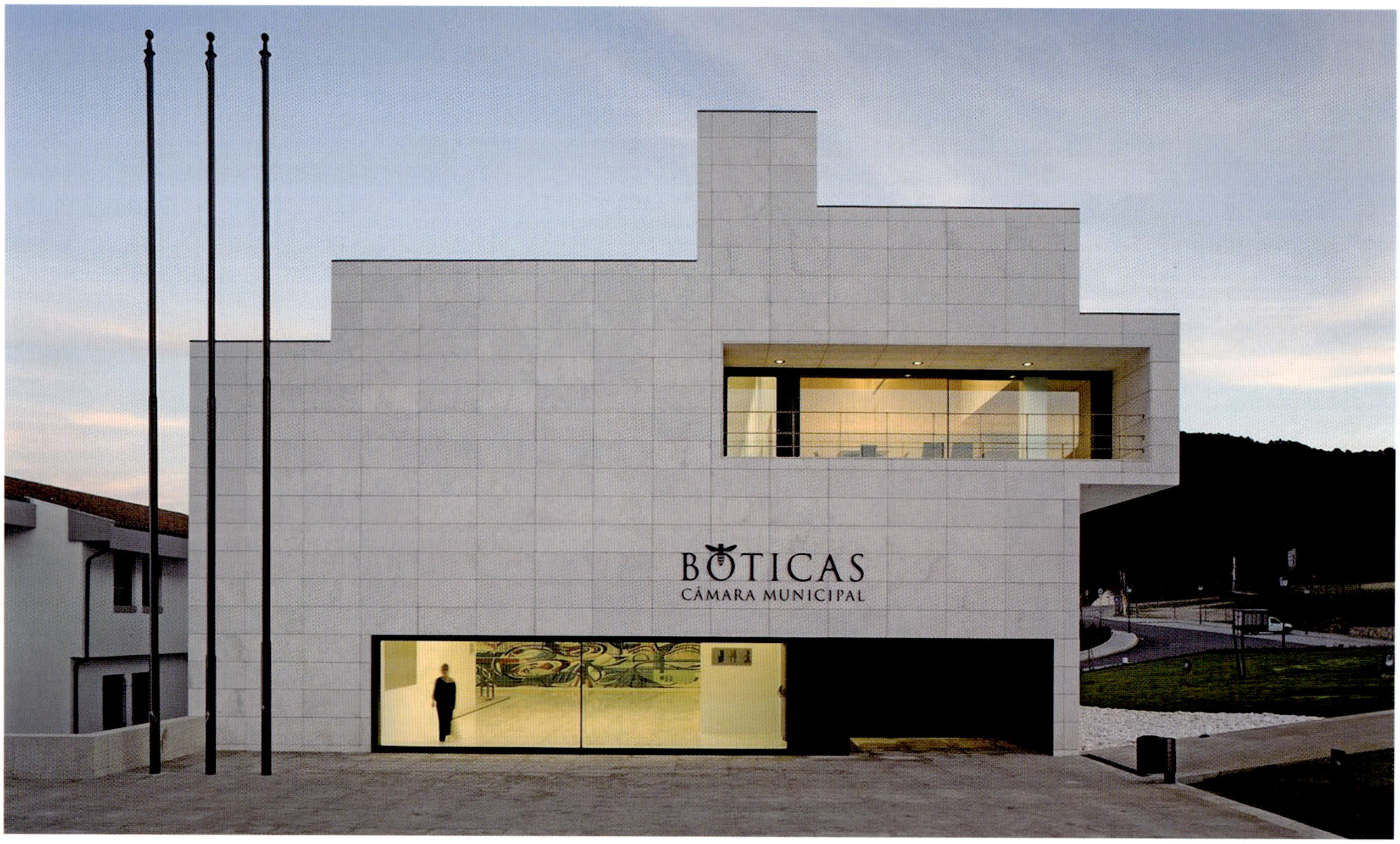

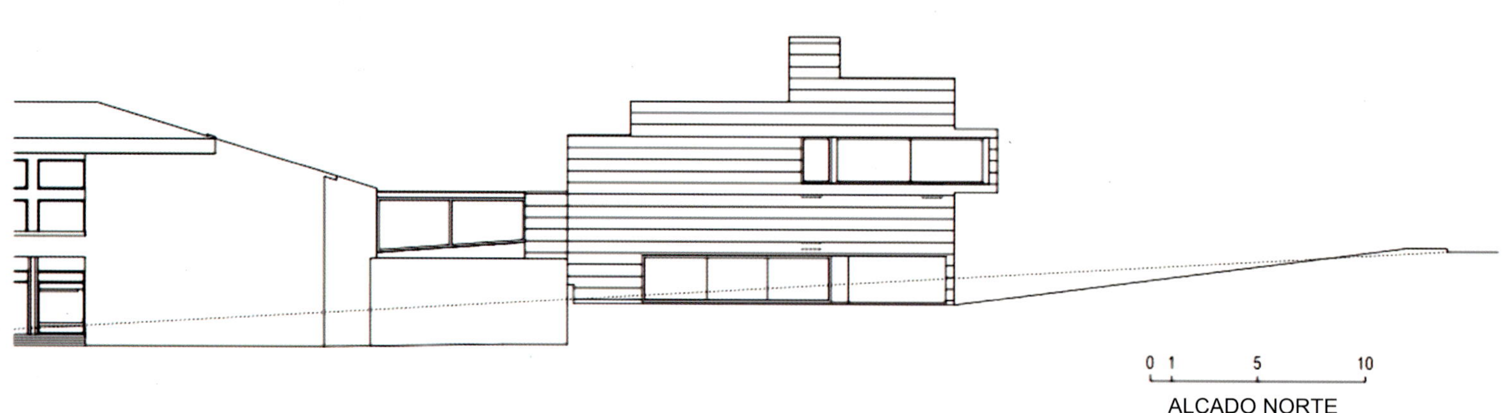

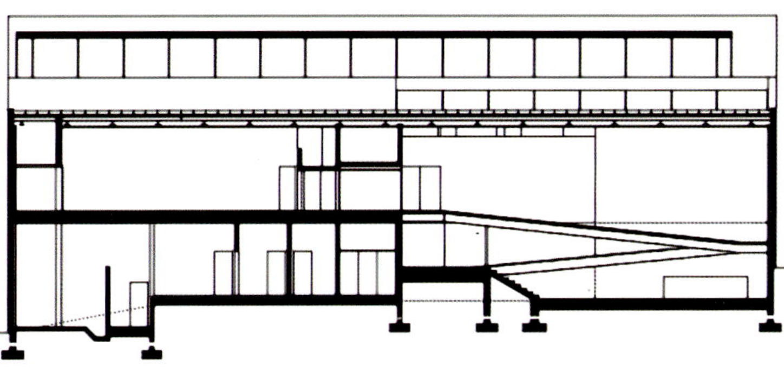

0 1 5 10

CORTE S14

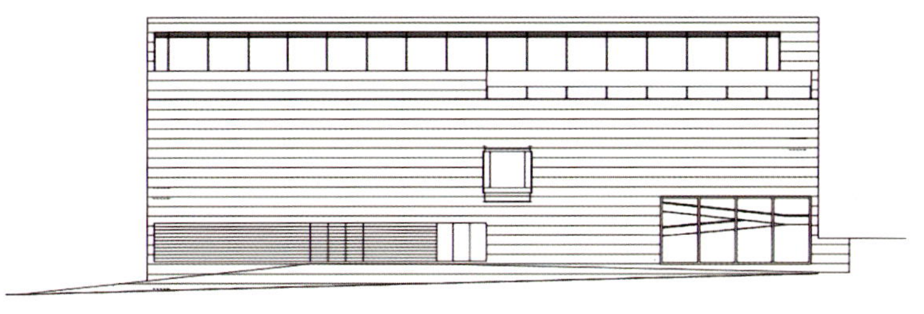

0 1 5 10

ALÇADO NASCENTE

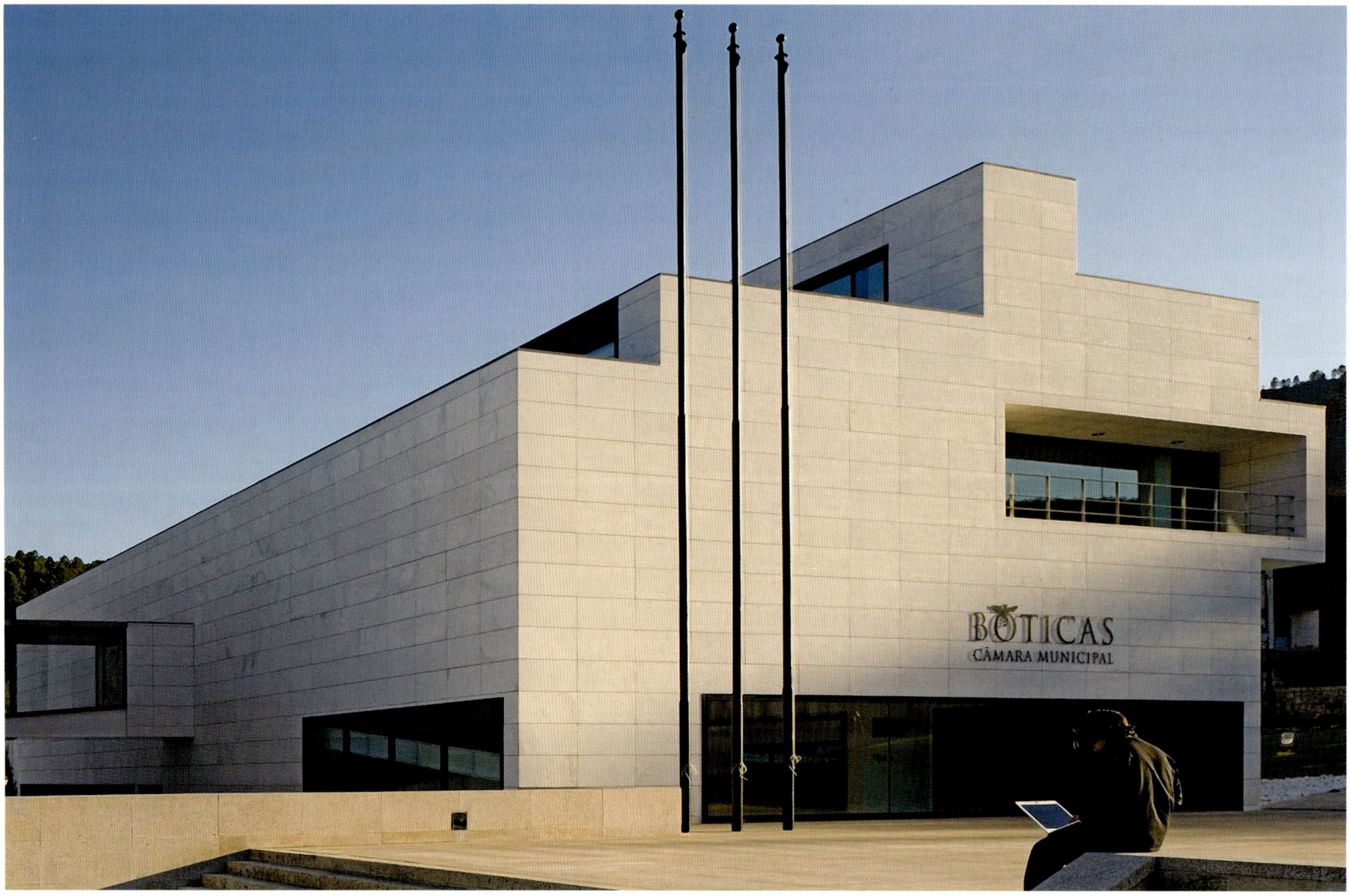

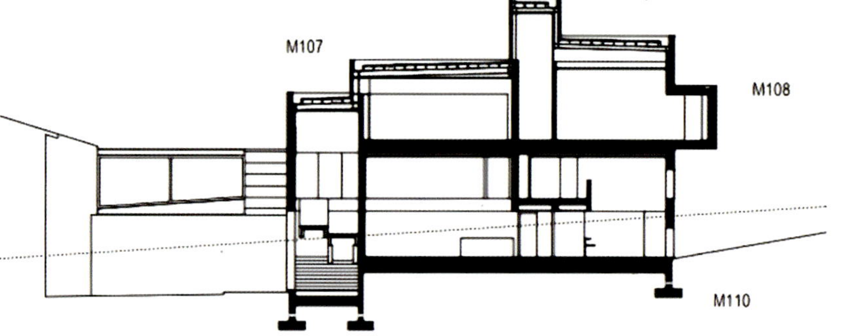

0 1 5 10

CORTE S2

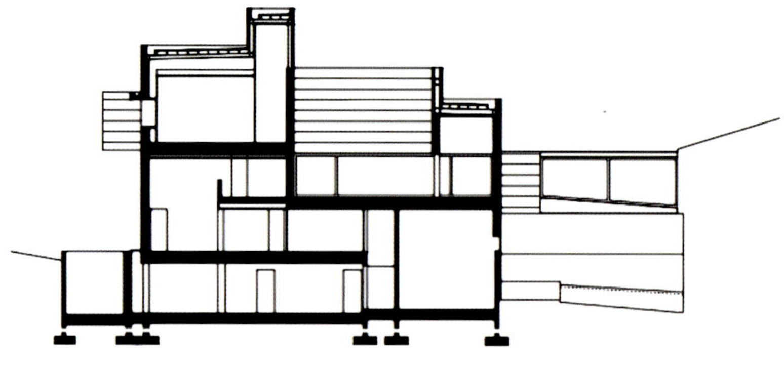

0 1 5 10

CORTE S8

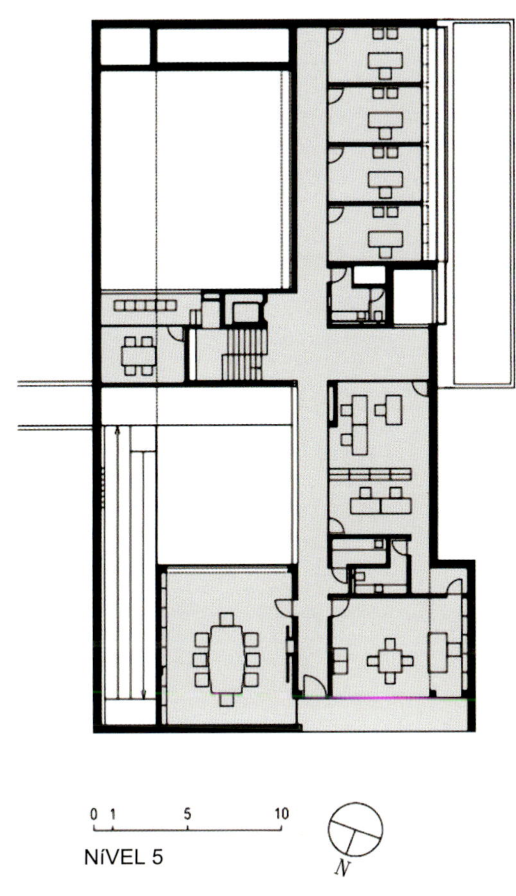
0 1 5 10
NÍVEL 5
N

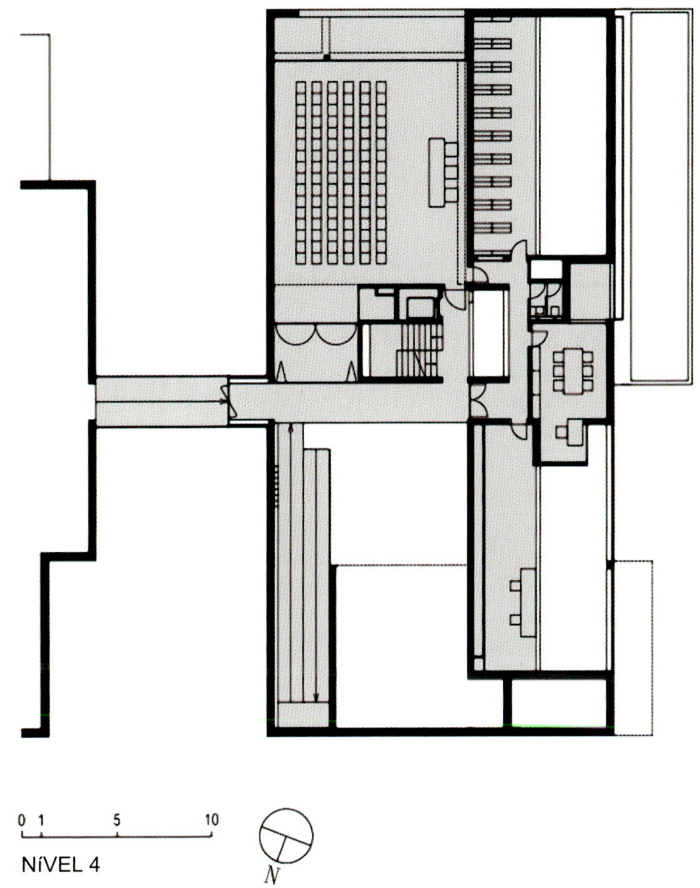
0 1 5 10
NÍVEL 4
N

Belen警察局

建筑设计：EDU

项目地点：哥伦比亚，麦德林， Zona Sur Occidental

项目团队：Arq. John Octavio Ortiz; Arq. Carlos Mario Rodriguez, Arq.Andres Lujan, Arq. Carmen Hurtado, Prac. Arq. Patricia Arango

项目面积：4098 ㎡

图片摄影：EDU

这个警察局一改公共机构给人的沉闷、呆板印象，展现出明亮、开放、多彩的公共空间，是麦德林市与国家警务机构转变自身形象的积极尝试。

三层高的现代建筑依地形而建，各类功能空间齐全。以“公共建筑应该成为城市街区的地标”这一建筑概念为宣言的这个警察局“高调亮相”，大红色的外壳给人以强烈的视觉效果。

建筑被视作漂浮在这片景观之上的一个灯箱，二楼立面附着另一层“马甲”，而只着一层“衫”的一楼空间就正朝着庭院，经由一条十分透明的公共通道便可以进入整座建筑，如此一来，警察局就仿若一座漂浮建筑。

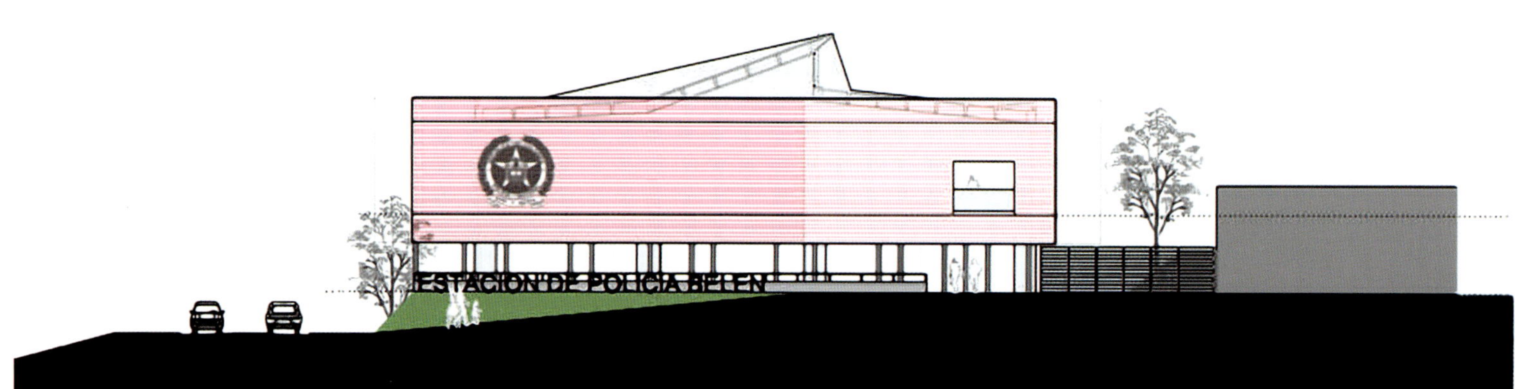

Fachada Oriental-Acceso principal

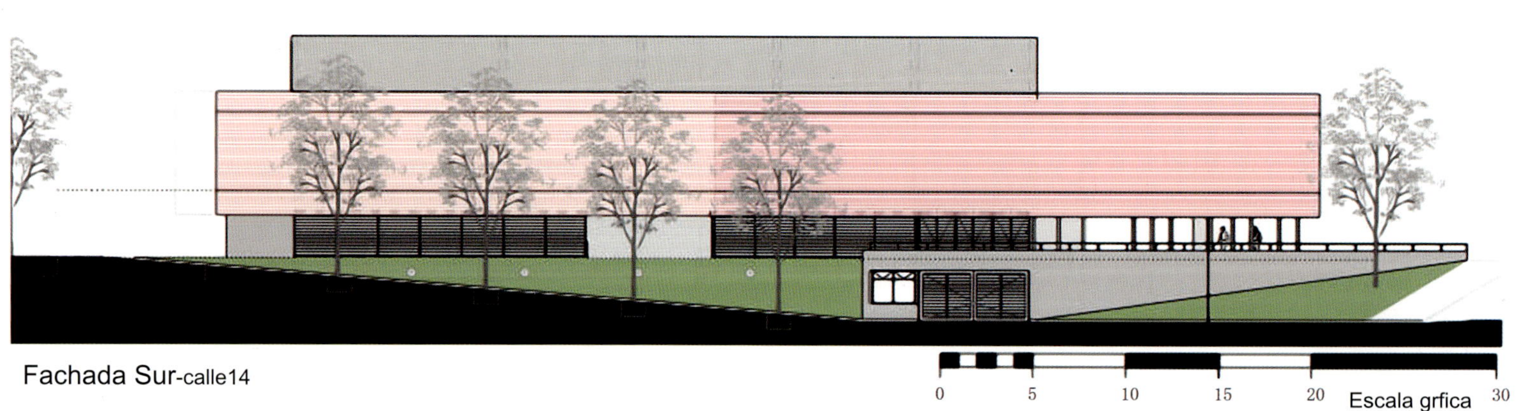

Fachada Sur-calle14

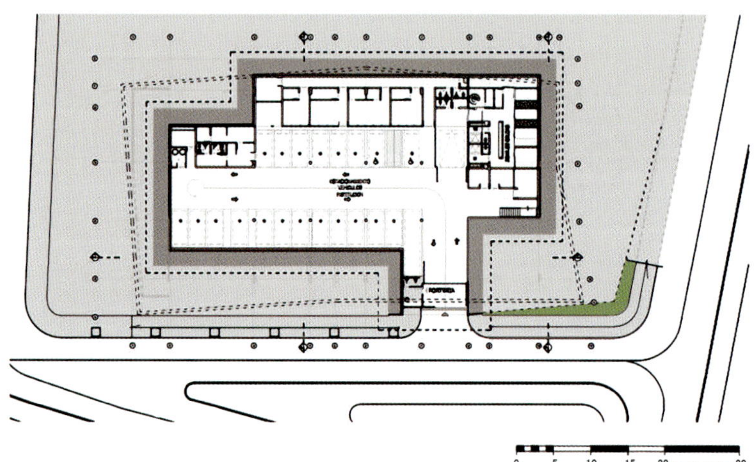

Planta de Sotano

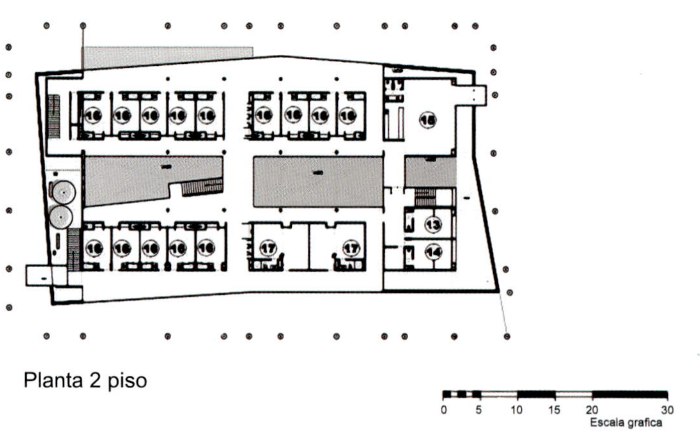

Planta 2 piso

世宗市政府大楼国际比赛获奖方案

建筑设计：Tomoon Architects & Engineers + Gurlim Architects

项目位置：韩国，世宗市

首席设计：Yeol Park

项目面积：36629 m²

韩国世宗市政府大楼的3-1区是这个中央行政区域的标志性入口。这道城市大门将自然与城市居民连接在一起，而人人共享的城市广场因此而建。广场的设计效仿自然形态，意图提供一个舒适的休闲空间，同时也可举办多种活动，包括各类节日、文化及艺术活动。在城市规模方面，保留了现有总体规划的直线形状。

项目设计了一个绿色网络，可作为社区交际空间，连接Jangnam平原与世宗市的郊区绿轴。在街区规模方面，则设计了一个气势恢宏的拱门，代表着政府与人民之间的开放交流以及一个以有机方式与宏大的拱门相连的开放式广场。它们象征着将市民幸福提升至更高位置的立法办公室与人民权益委员会。

在建筑规模方面，这幢环保型建筑为自然、环境以及人民都预留了宽阔的空间。并且还通过被动式建筑造型节约能源。就外墙而言，通过韩国传统丝绸的飘动，表现出韩国线条的柔顺感。外墙图案的流动式设计不仅仅是一种简单的形式设计，它还通过智能绿色外墙的方式，确保了最佳的能源利用。窗户的尺寸及角度都是根据智能绿色外墙的日照仿真而采取不同的设计。

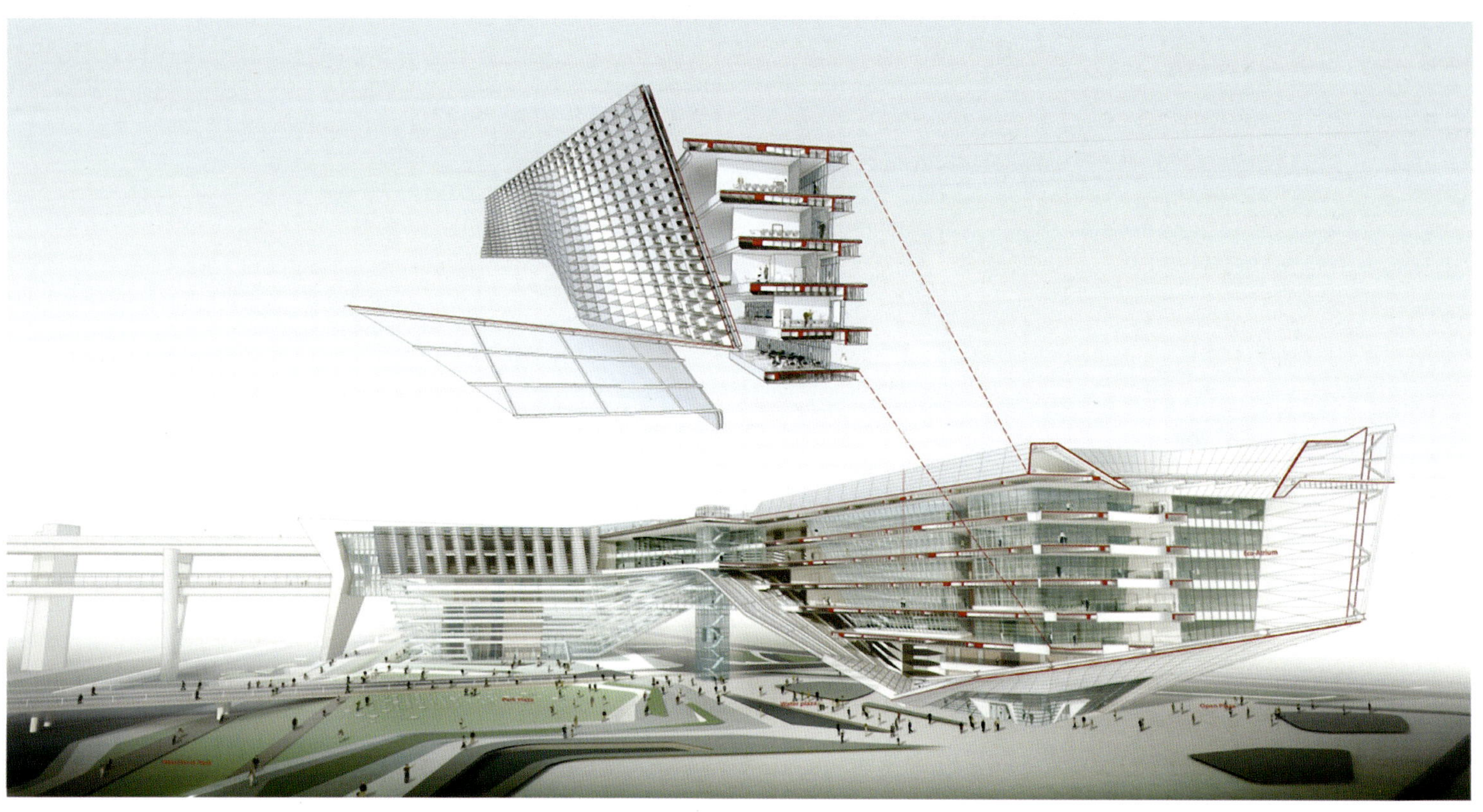

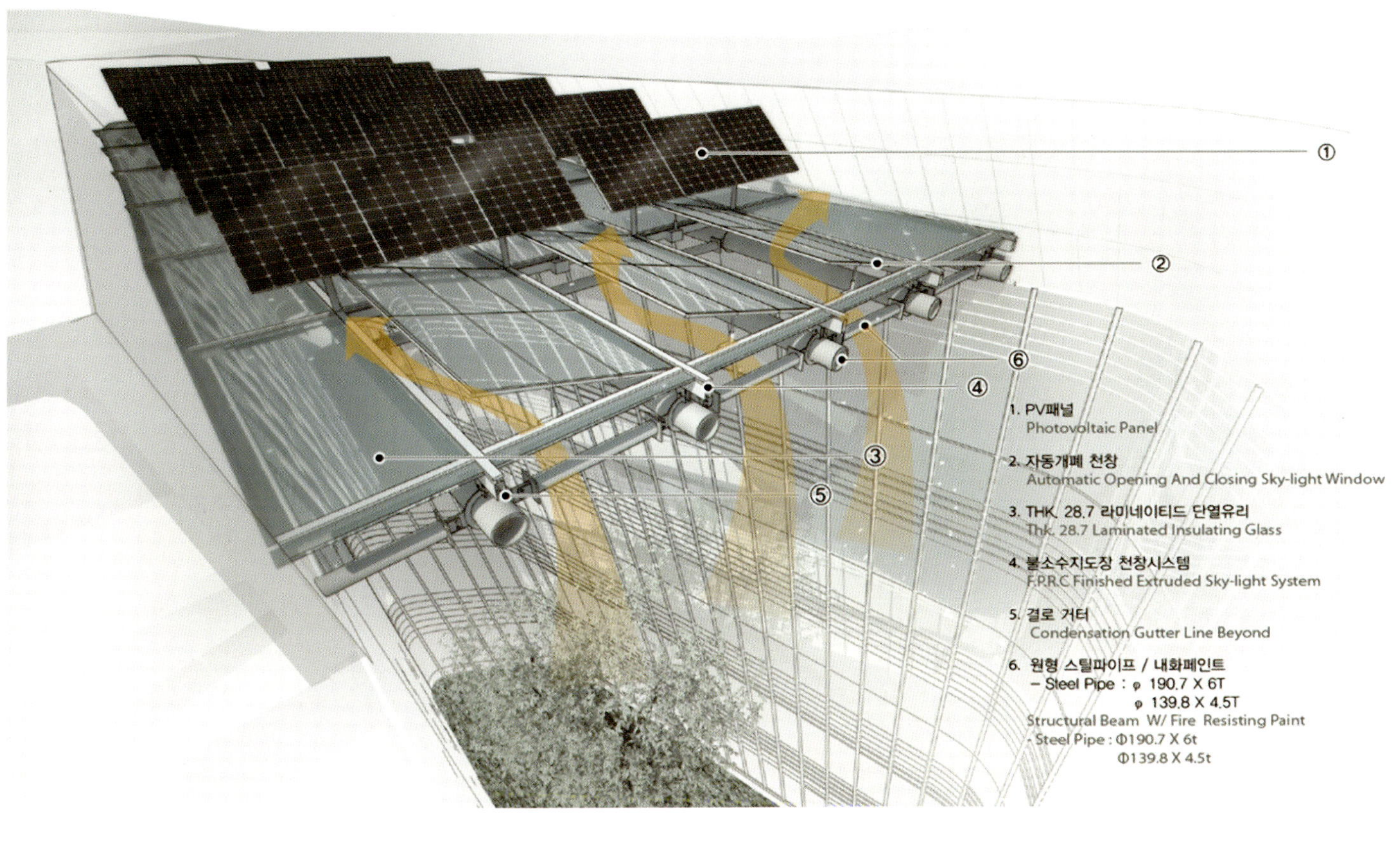
①
②
⑥
④
③
⑤
1. PV패널
Photovoltaic Panel
2. 자동개폐 천창
Automatic Opening And Closing Sky-light Window
3. THK. 28.7 라미네이티드 단열유리
Thk. 28.7 Laminated Insulating Glass
4. 불소수지도장 천창시스템
F.P.R.C Finished Extruded Sky-light System
5. 결로 거터
Condensation Gutter Line Beyond
6. 원형 스틸파이프 / 내화페인트
– Steel Pipe : φ 190.7 X 6T
φ 139.8 X 4.5T
Structural Beam W/ Fire Resisting Paint
- Steel Pipe : Φ190.7 X 6t
Φ139.8 X 4.5t

B
B'

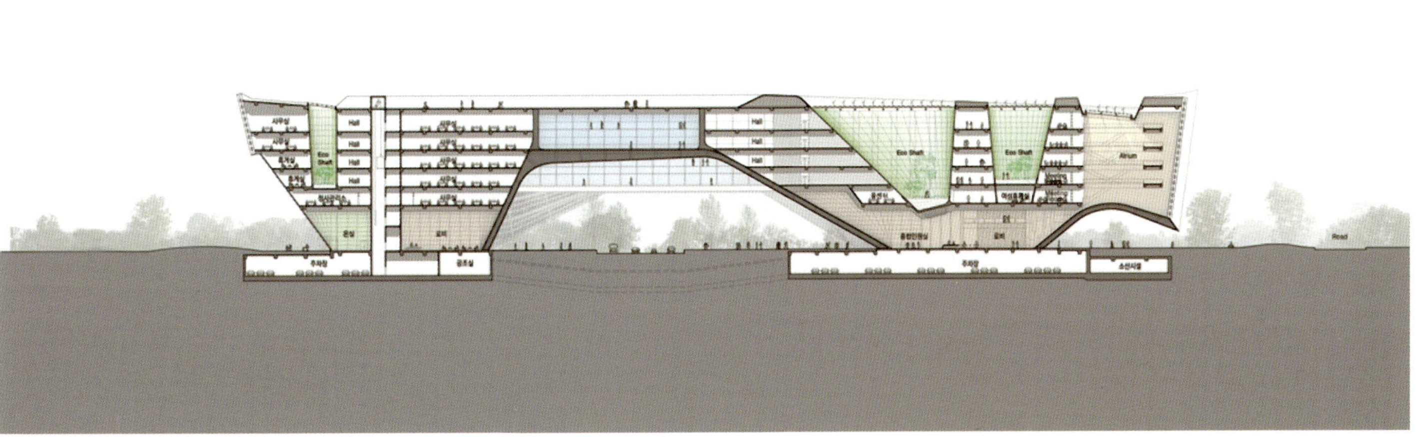
A
A'

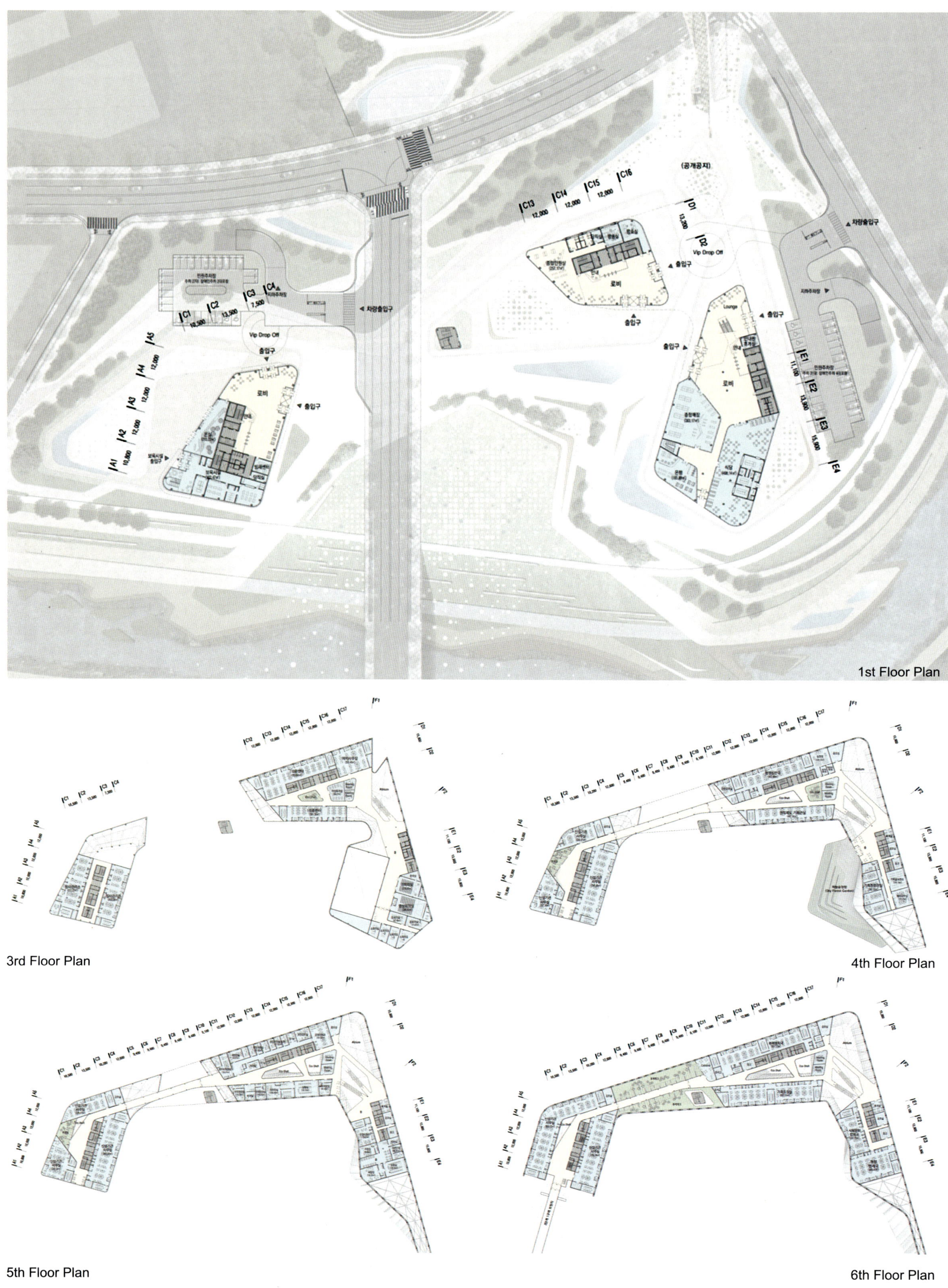

1st Floor Plan

3rd Floor Plan

4th Floor Plan

5th Floor Plan

6th Floor Plan

디자인 프로세스 _FORM & SPACE

주변 환경 분석과 디자인 목표를 바탕으로 기본 매스를 형성하였다. 이러한 매스의 형태는 다양한 건축적 요소에 따라 분절, 통합, 변형의 과정을 거쳐 도시 건축물로서 사이트와 건물이 가져야하는 역할을 부여하였고, 정부청사로서 아이덴티티를 가지도록 계획하였다.

The physical form of the design is based on the analysis of the site and design issues. We proposed a new type of building by creative responses based on the conditions of the flows and axis. We fully utilized the architectural resources such as great views and generated the building to perform as right building on the right site and urban context.

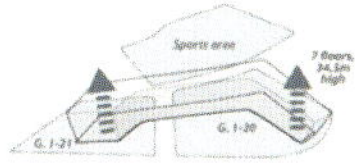

STEP 1 FOOTPRINT & VOLUME

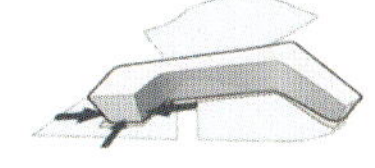

STEP 2 TAPERED FORM

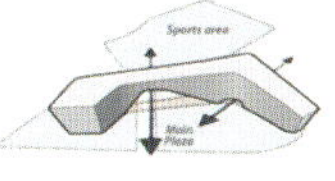

STEP 3 CONNECTION

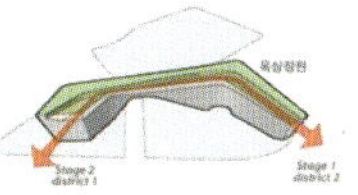

STEP 4 GREEN FLOW

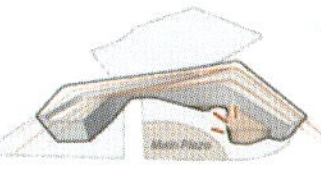

STEP 5 OPEN SPACE

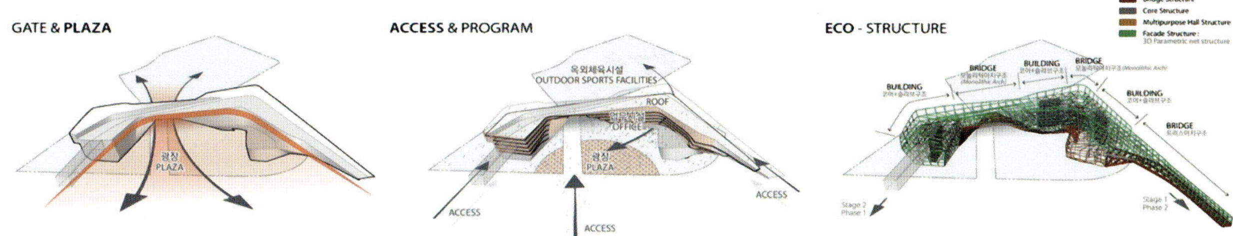

ORGANIC COMBINATION

기능적으로 서로 독립된 대상자들은 "유기적 결합" 이라는 컨셉을 통해 외부환경과 연계하여 정부청사라는 새로운 도심공간을 탄생시킨다. 체육시설, 산책로, 휴게공간 및 다용도의 오픈스페이스 등은 그물망과 같이 유기적으로 엮이면서 새로운 형태의 외부활동의 기회를 마련한다.

The concept of "Organic Combination" defines individual public spaces into a combined Government office and its interactive outdoor spaces. Sports field, pedestrian walkways and multi-functional open spaces intermingle organically and provide urban outdoor activity opportunities.

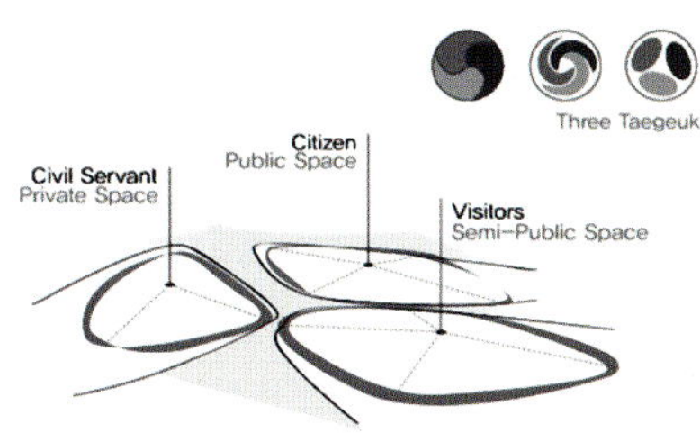

Decentralization and Indivisual use

Easy acess and Interconnection

Organism and Diversity

Vertex
[Space-Relating]

Net
[Space-Networking]

Space
[Space-Making]

디자인 프로세스 _FORM & SPACE

주변 환경 분석과 디자인 목표를 바탕으로 기본 매스를 형성하였다. 이러한 매스의 형태는 다양한 건축적 요소에 따라 분절, 통합, 변형의 과정을 거쳐 도시 건축물로서 사이트와 건물이 가져야하는 역할을 부여하였고, 정부청사로서 아이덴티티를 가지도록 계획하였다.

The physical form of the design is based on the analysis of the site and design issues. We proposed a new type of building by creative responses based on the conditions of the flows and axis. We fully utilized the architectural resources such as great views and generated the building to perform as right building on the right site and urban context.

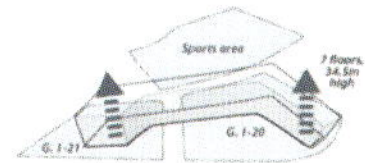

STEP 1 FOOTPRINT & VOLUME

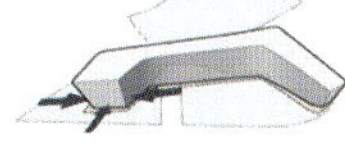

STEP 2 TAPERED FORM

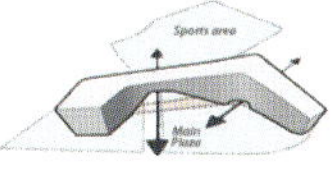

STEP 3 CONNECTION

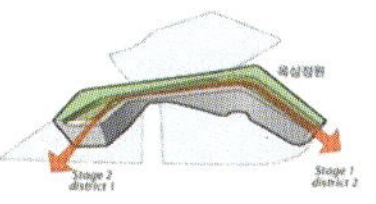

STEP 4 GREEN FLOW

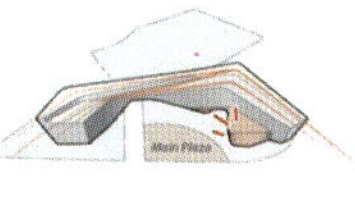

STEP 5 OPEN SPACE

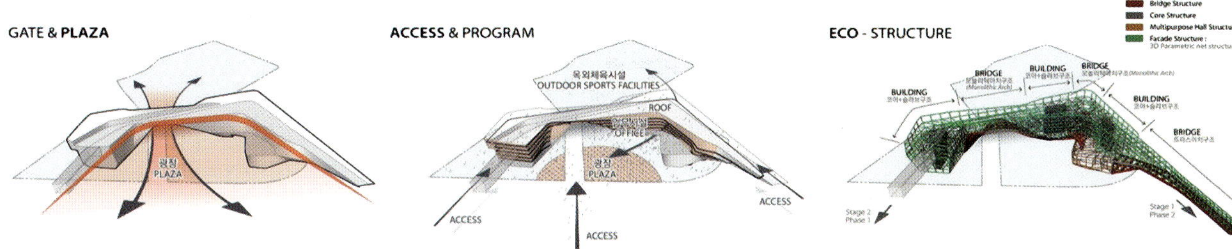

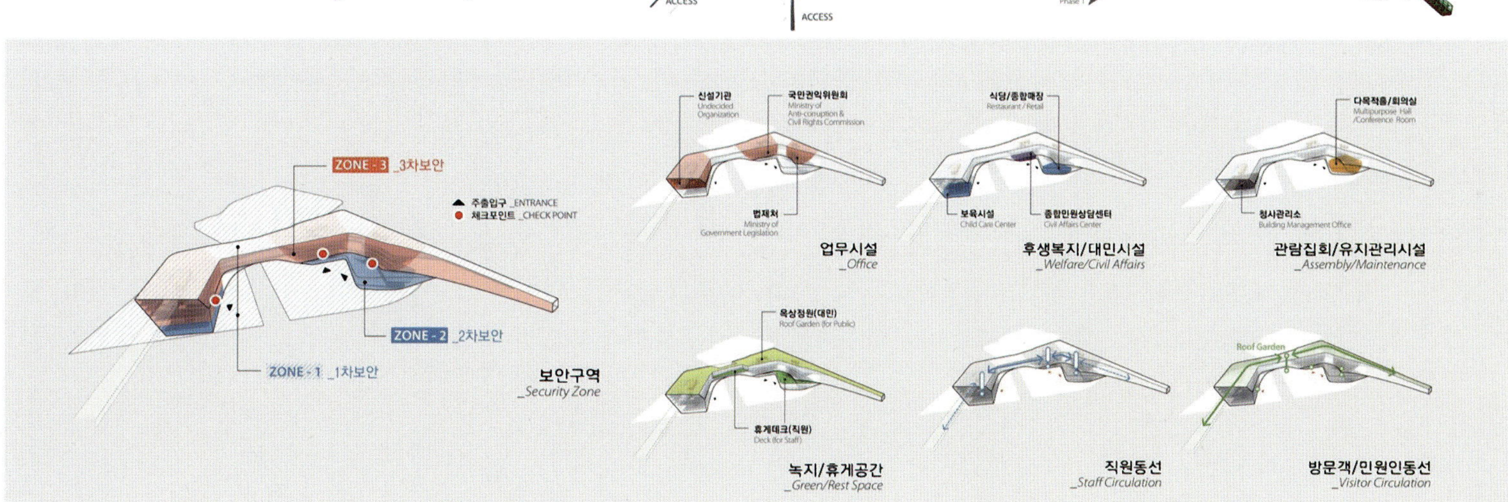

法国博比尼商业法院

建筑设计：Ateliers 2/3/4/

项目位置：法国，博比尼

建筑面积：7000 m²

项目年份：2010

图片摄影：FS+SG　Fernando GUERRA

这一项目占据了该地区的全部面积。大规模的混凝土支架包围着建筑，显示着建筑的边界。横断层在混凝土支架上创造出一个透明结构，连接着Hector Berlioz街道和Paul Vaillant林荫大道，通往城市空间的入口。该项目的主要空间包括露台和一个大厅，大厅的名字用法语来说就是“Salle des Pas-perdus”。

该项目的建筑目标之一就是自然的方位以及游客在看到这座建筑后能很快地作出评判。为了达到这样的效果，在建筑中心原来传统法院的所在位置建造了一个平台。在未进入建筑之前，在建筑的外面人们就可以看到主要的室内空间。

在深色支架的对面，2个司法管理区的接待室白色透明，光线充足。在大规模支撑机构中是一个透明的玻璃棱镜，里面包含有办公空间。玻璃的外表保护着用户的隐私：在外侧，透明结构可以防止偷窥，在这个同样透明窗户的内部，可以看到室外的景观。

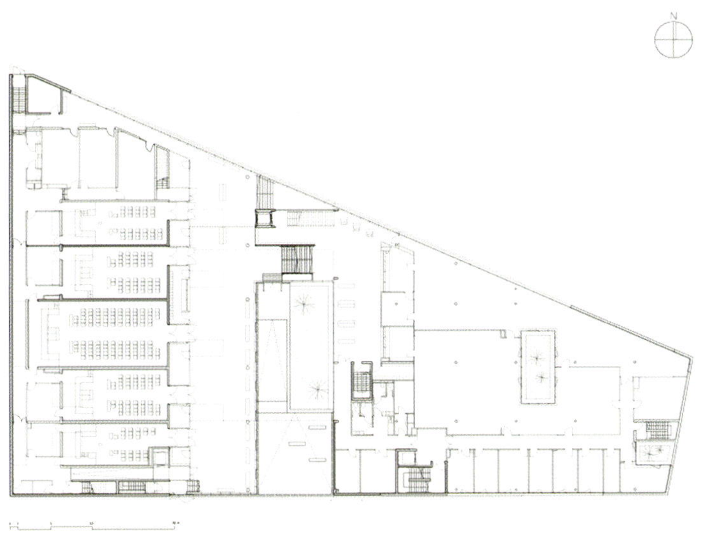
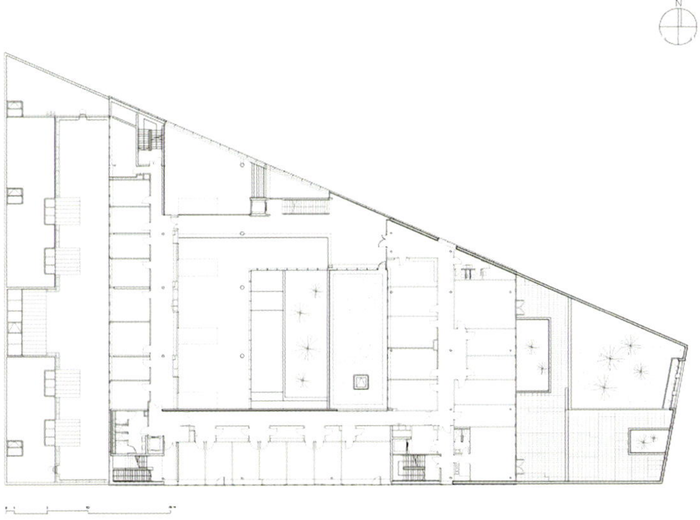
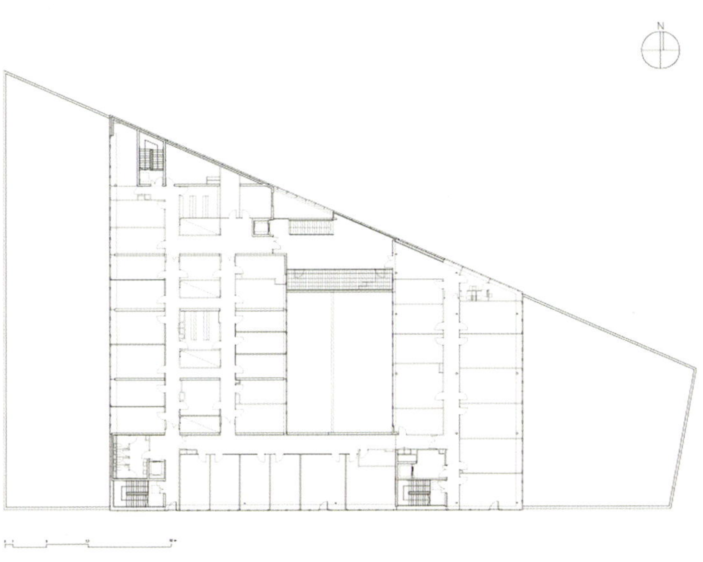

TRIBUNAL DE COMMERCE
CONSEIL DE PRUD'HOMMES

Conseil de Prud'hommes
Accueil

西班牙Co í n法院大楼

建筑设计：Donaire Arquitectos
项目地点：西班牙，马拉加
项目年份：2008
项目面积：2205.30 m^2
图片摄影：Fernando Alda

该建筑位于西班牙马拉加东北部的重建区，由两个截然不同的地区组成。主要区域是一个抽象的地区，可达到最大的建筑限高，而另一个区域为单层通道，与场地的不规则形状相适应。

建筑采用了两种材料，石材用于地下室，从一楼到屋顶都采用金属板。金属带可有效防止阳光直射，并形成均匀而抽象的建筑形象。晚上，建筑内部的灯光熄灭，金属带也随之消失。

在整座大楼里有两种动线，可通往不同的单元：公共通道与门厅相连，而私人通道连接着楼梯与法院工作人员电梯。私人通道位于建筑背部，可通往建筑的后门。本项目作为公共建筑，为整个城镇创造了一幅当代景象，也成为周边地区的标志性建筑。

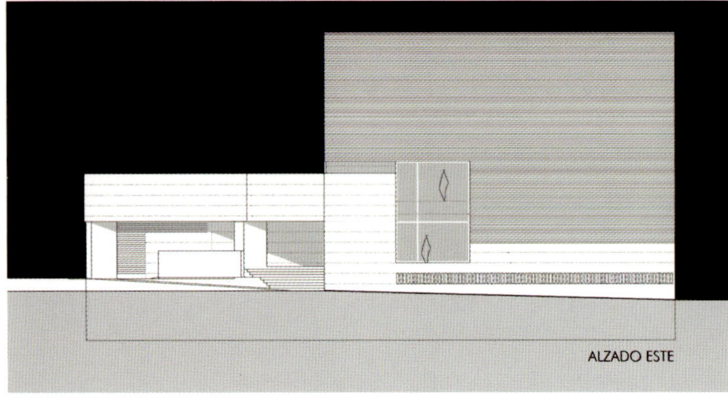

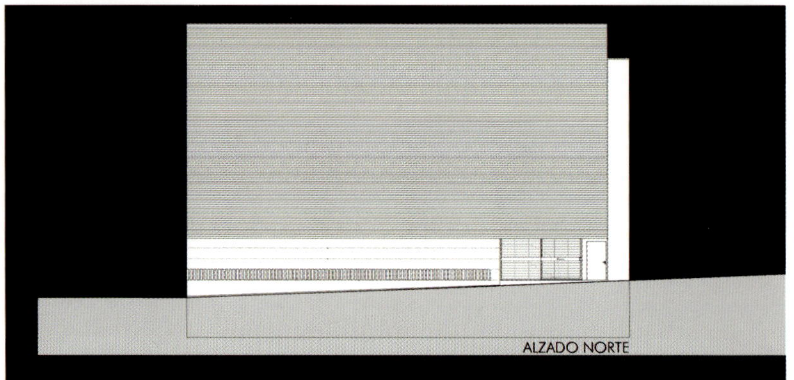

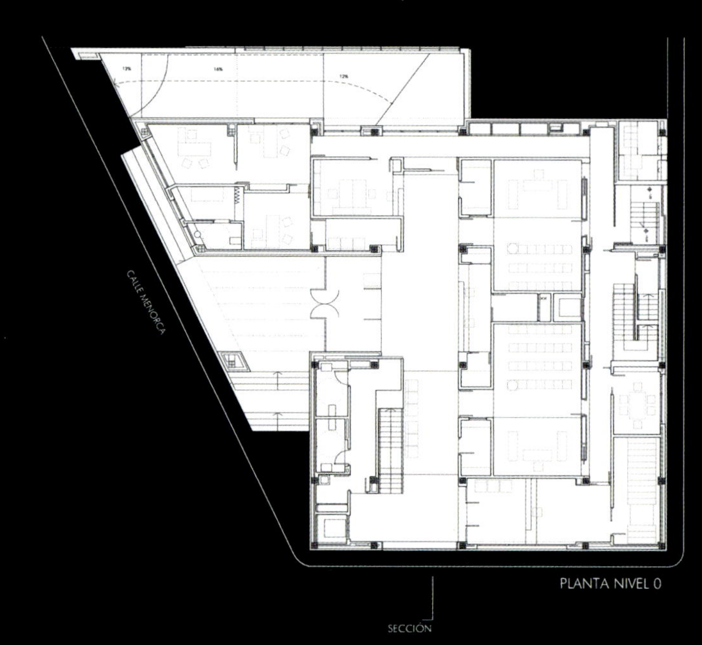
CALLE MENORCA
PLANTA NIVEL 0
SECCIÓN

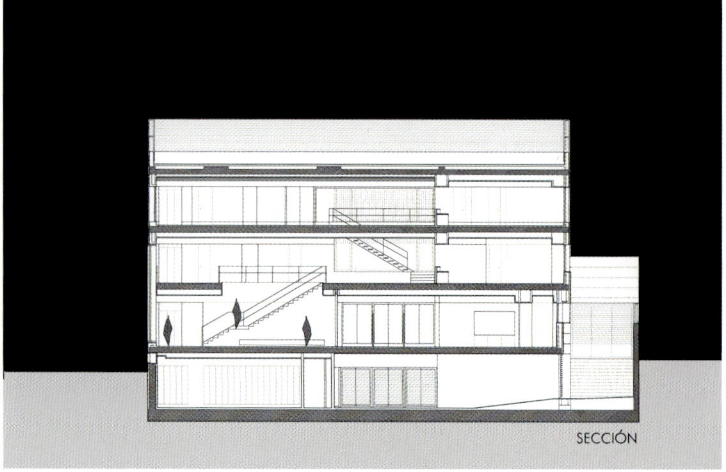
SECCIÓN

戈韦亚法院

建筑设计：Barbosa & Guimaraes Architects

项目位置：葡萄牙，戈韦亚

项目年份：2010

图片摄影：José Campos, arqf architectural photography

作为葡萄牙Serra da Estrela地区的入口门户，戈韦亚（Gouveia）将建造一座新的法院。它将取代一座现有的建筑，并设置在公共花园之间。新的广场将彰显出法院的尊严和尺度。

为了与花岗岩墙面形成对话，广场的形状很像一个装满石块的瓶子。法院坐落在四个梁柱之上，保证了两座公共花园之间的连接性和通透性，也界定了它的南北两个界线。

白色混凝土的外观显示出建筑的庞大，平台上的宽大的楼梯通向法院的各个楼层。中庭纵向跨越整个建筑，与北部的花园直接连接，开放的水平方向空间与现有的树木顶端也联系起来。

一组垂直设置的天窗为楼层内部引入的光照，而登记处设置在与北边花园相连的平台上，是一个独立运行的功能区。法院广场下方是一个地下停车场，可由附近的街道进入。

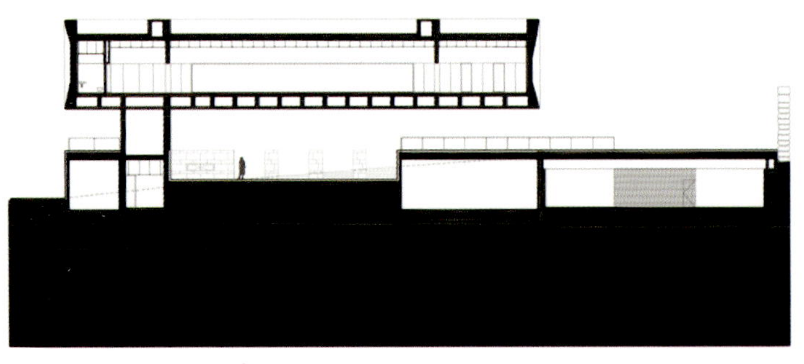

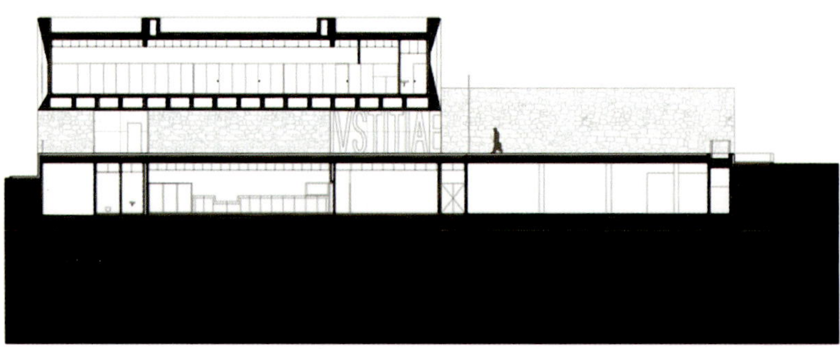

DOMVS

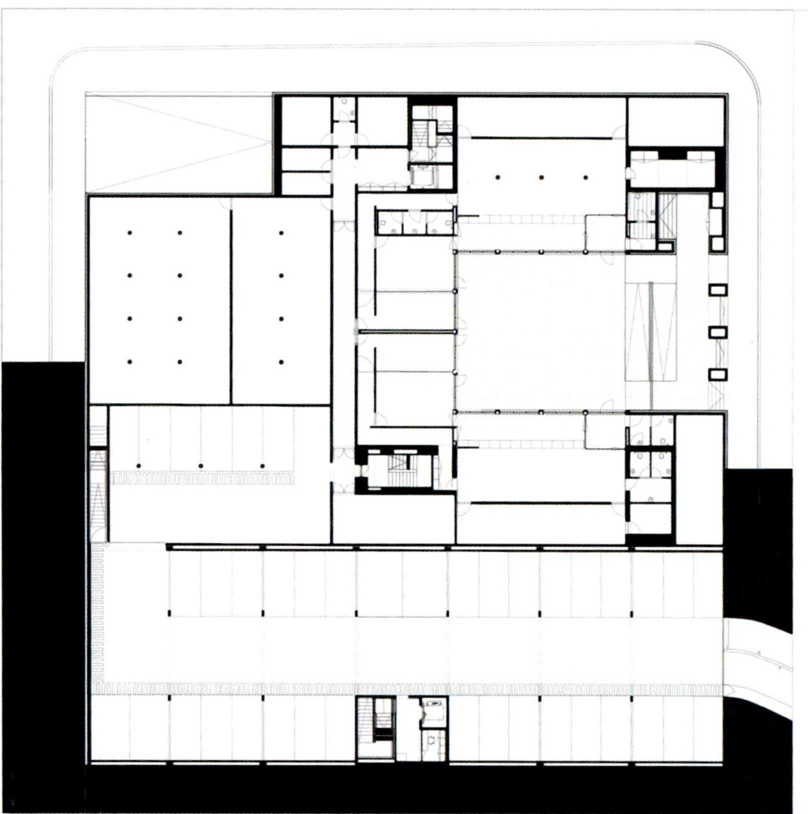

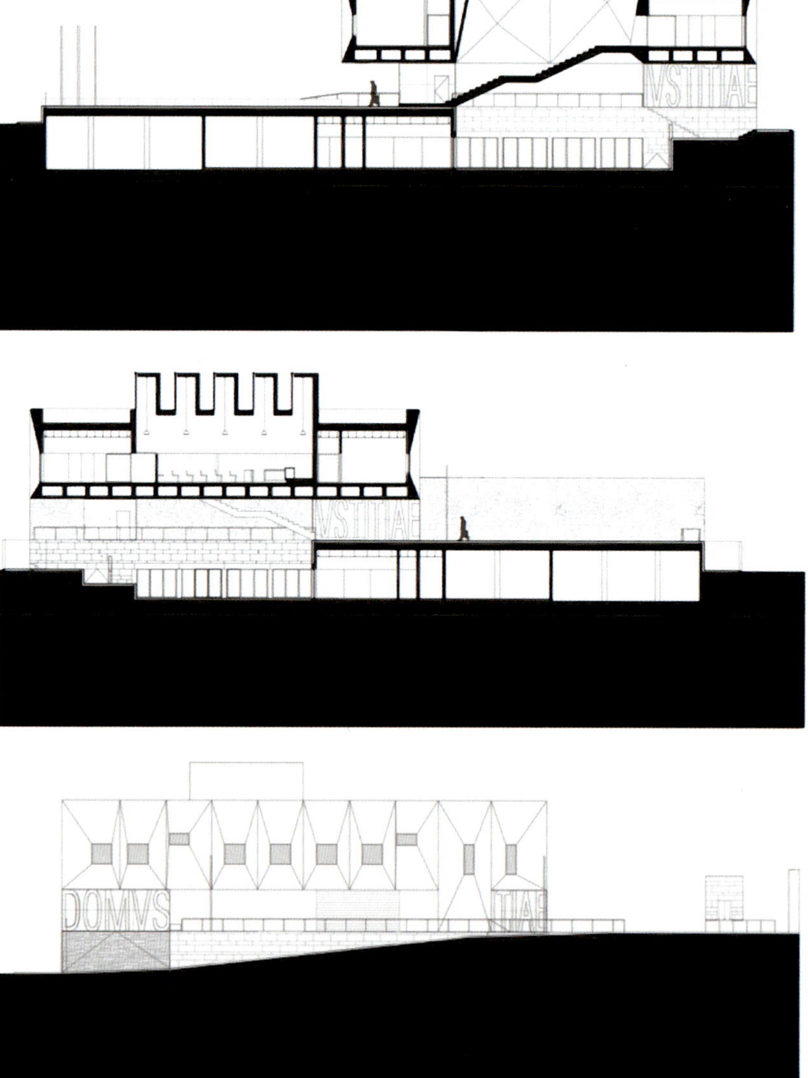
DOMVS

DOMVS

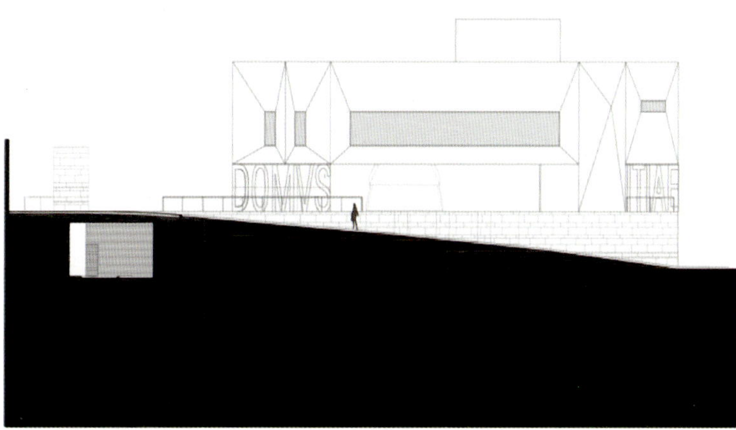
DOMVS
IVSTITIAE

圣帕尔滕法院与广场

建筑设计：Christian Kronaus + Erhard An-He Kinzelbach

项目位置：奥地利，圣帕尔滕

项目面积：2633 m²

项目年份：2007-2011

图片摄影：Thomas Ott

这个项目从一次公共设计竞赛中脱颖而出，设计目标是对原有法院进行扩建，为地方法院、区法院和州检察官办公室提供空间，另外项目还包括对原有法院前面的公共空间进行再设计，附加一个新的地下停车场。

在城市规模上，这个新建筑缩小了原有法院与附近监狱的距离。前者是一个三层的地标性建筑，扩展设计的一个重要挑战是要尊重历史使新旧一脉相承，而且要把新建筑看成一个独立的有其独特特征的新个体而不仅仅是一个附属物。连接新和旧之间的媒介不仅仅表现在正规条件下而且也表现在空间和组织水平上。因此特别地开发了一个有效连接三层老建筑与五层新建筑的系统，并将不同高度天花板连接起来。

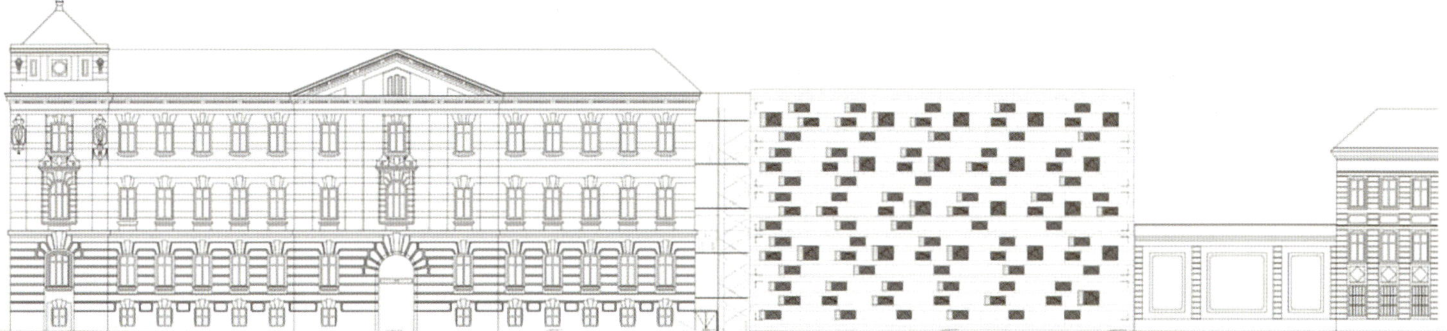

加拿大驻柏林大使馆

建筑设计：Kuwabara Payne McKenna Blumberg Architects (KPMB Architects) with Gagnon Letellier Cyr architectes and Smith Carter Architects + Engineers
项目地点：德国，柏林
项目面积：18万sqft
项目年份：2005
图片摄影：Foto Design、A-Frame

加拿大驻柏林大使馆位于莱比锡广场和波茨坦广场的交接处，这里还有部分未倒塌的柏林墙。德国迁都柏林之后，加拿大驻柏林新使馆的建设成为加拿大政府的一项重要工作。经过全国设计竞赛层层筛选，KPMB最终获得了该使馆的设计权。新加拿大驻柏林大使馆是第三波重建项目中众多推荐建造的建筑之一，设计表达了加拿大独特的文化元素，但同时符合柏林严格的设计规范。

对大使馆的设计还是采用了莱比锡广场原始的八角形城墙建筑风格，这些都遵照中央柏林办公区的严格计划和设计纲领。与其他很多大使馆不同，这座建筑更多的传达出开放、公共的特征，并暗示着加拿大的民主形象。建筑并没有相对独立的用地，而是根据城市的历史肌理，嵌在城市建筑之中，共同构成一排连续的界面。正因为如此，这个建筑便有了联系莱比锡广场与波兹坦广场的功能。场地中有一条横穿的公共通道，如今已被称为“加拿大通道”。

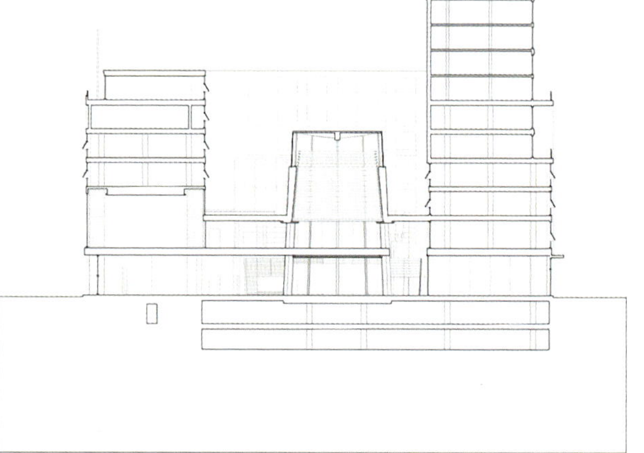

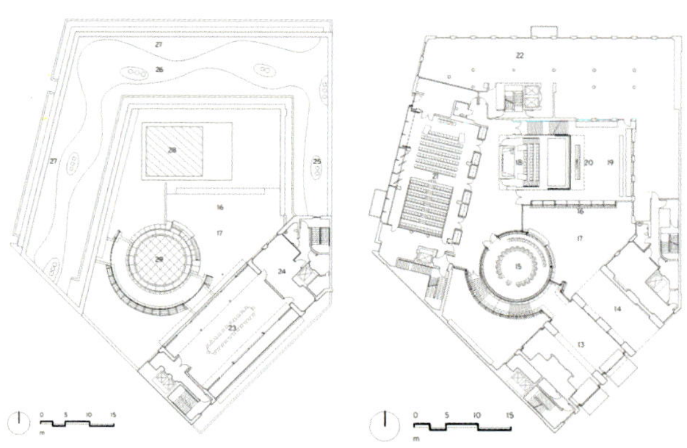

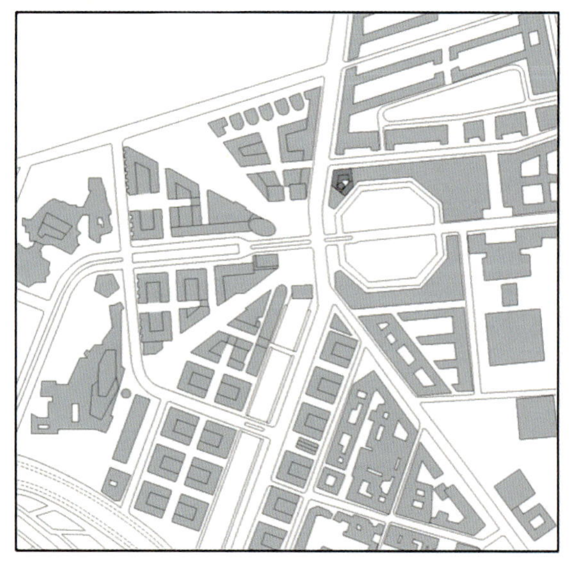

旧金山金门大街公共事业委员会大楼

建筑设计：KMD / Stevens + Associates

项目位置：美国，旧金山

项目面积：277500 sqft

竣工日期：2012.7

位于金门大街525号的PUC大楼是旧金山公共事业委员会所在地，是一个政府行政大楼。该建筑即将竣工，已经被授予该类别最绿色建筑称号，并有望超过LEED白金认证要求。建筑师自己也有建筑目标，包括在该地区居民楼中创造城市空间，在室内工作场所创造一个健康愉悦的环境来提高工作效率并成为旧金山城乡最具价值的代表。

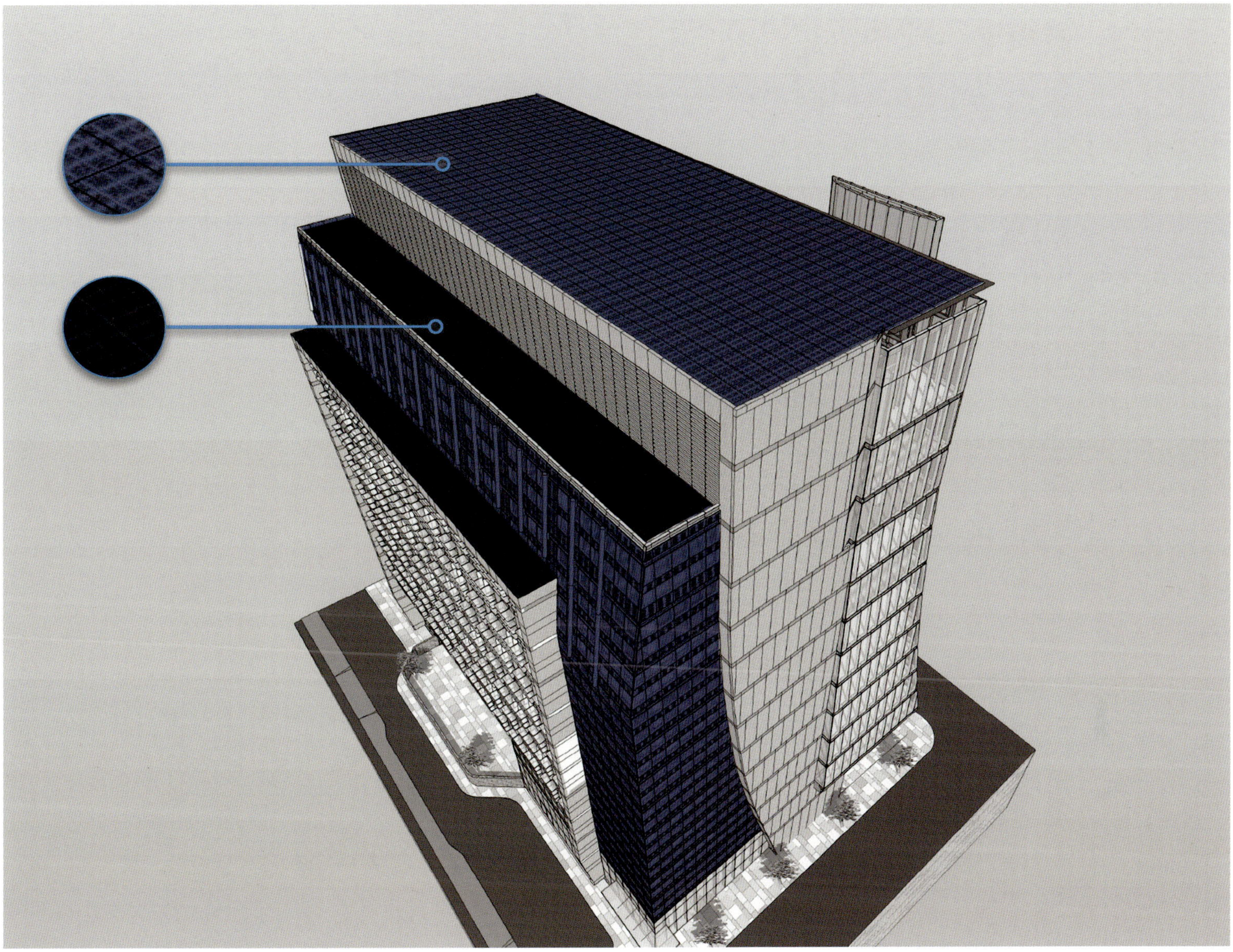

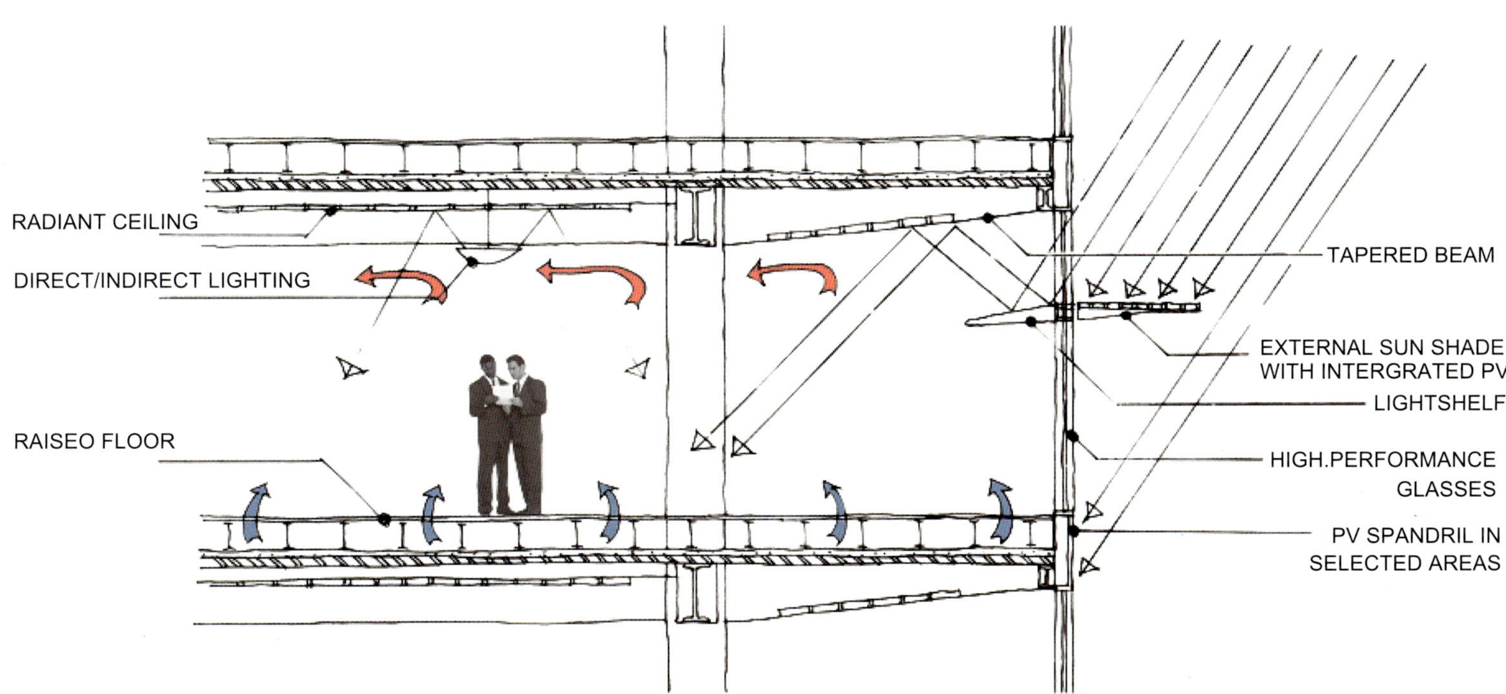
RADIANT CEILING
DIRECT/INDIRECT LIGHTING
RAISEO FLOOR
TAPERED BEAM
EXTERNAL SUN SHADE
WITH INTERGRATED PV
LIGHTSHELF
HIGH.PERFORMANCE
GLASSES
PV SPANDRIL IN
SELECTED AREAS

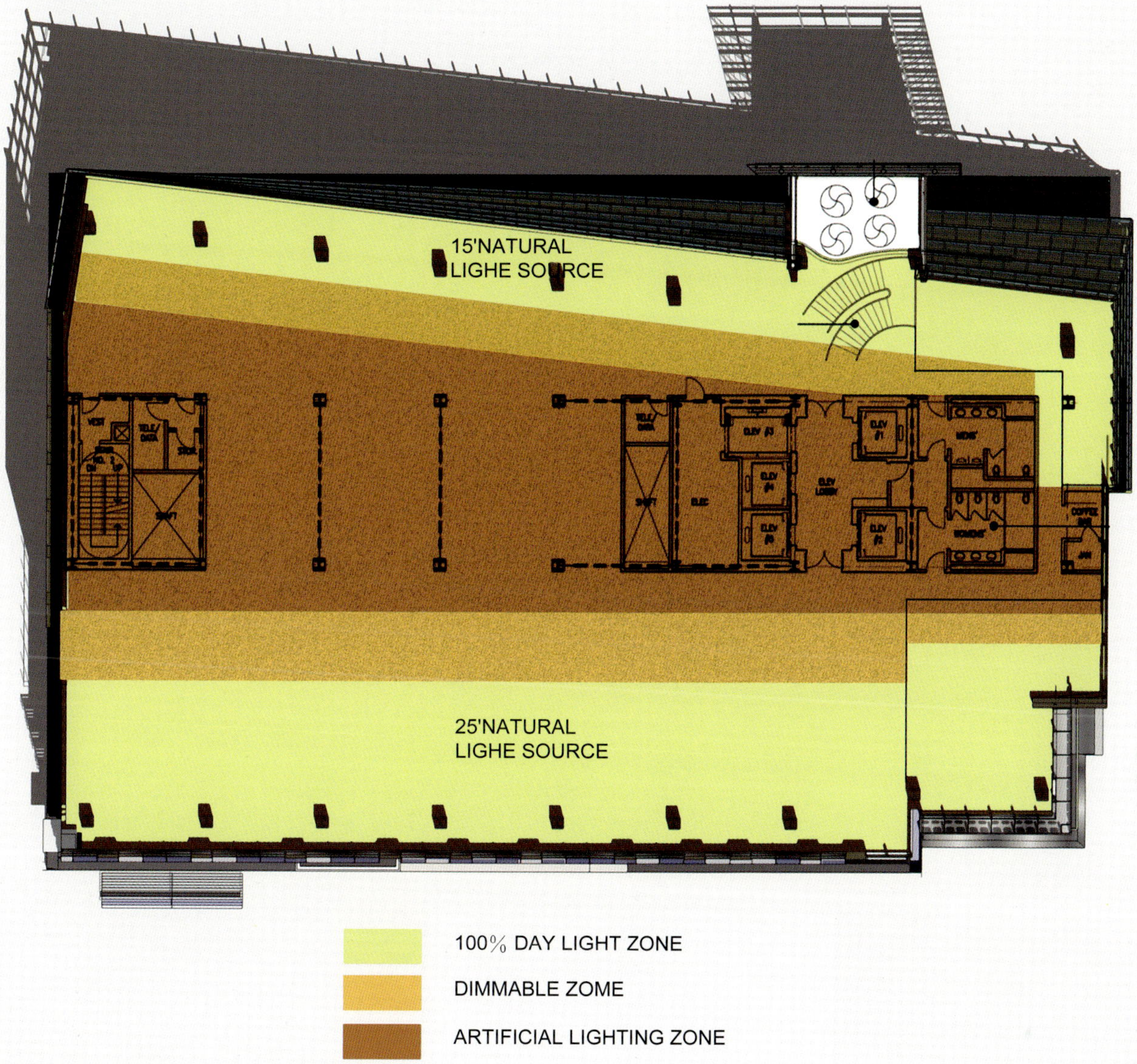

15'NATURAL
LIGHE SOURCE

25'NATURAL
LIGHE SOURCE

100% DAY LIGHT ZONE

DIMMABLE ZOME

ARTIFICIAL LIGHTING ZONE

文化艺术

斯洛伐克科希策图书馆信息中心

建筑设计：KOPA
项目地点：斯洛伐克，科希策
项目年份：2009
项目面积：1935 m^2
图片摄影：Ľubo Stacho, Štefan Pacák

科希策技术大学图书馆信息中心建在科希策技术大学校园的西侧。无论在运营模式上还是体量规模上，都按照20世纪80年代建造的大礼堂而建。大礼堂由两个平行的体量组成，中间是垂直的交流空间。图书馆信息中心也由两个体量组成。北侧的是一个理性纯粹的体量，建筑内的楼板被设计成平台的形式。两个在建筑内交叉的中庭将日光分散到每一个楼层。

南侧的体量高三层。最南面的边缘随街道的走向建造，因此与矩形的建筑体系并不完全在一条线上。南侧体量有一些与书籍无关的集中的功能，包括一间网络学习室、一间多媒体室、一间演讲室和一个开放式剧场。这里有学习大厅——东侧边缘的平台。大礼堂和图书馆之间的体量作为支持设施使用。南侧体量内还有书籍存放处和图书管理部门。经过图书馆的检查站后交通流线就变得比较自由。两个体量通过通道相互连接，平台之间则通过楼梯相连。

读者可以坐在桌旁、楼梯上或者讲台上，也可以枕着双臂躺在露台上晒日光浴或斜靠在扶手上站着观看空间中各个楼层上的人们。各个楼层和楼梯的内部世界的设计灵感来自翁贝托·艾柯(Umberto Eco)，而采光天窗的设计灵感则来自太阳本身。立面的设计借用了生产大厅和仓库立面的设计，因为它们有着相同的功能。

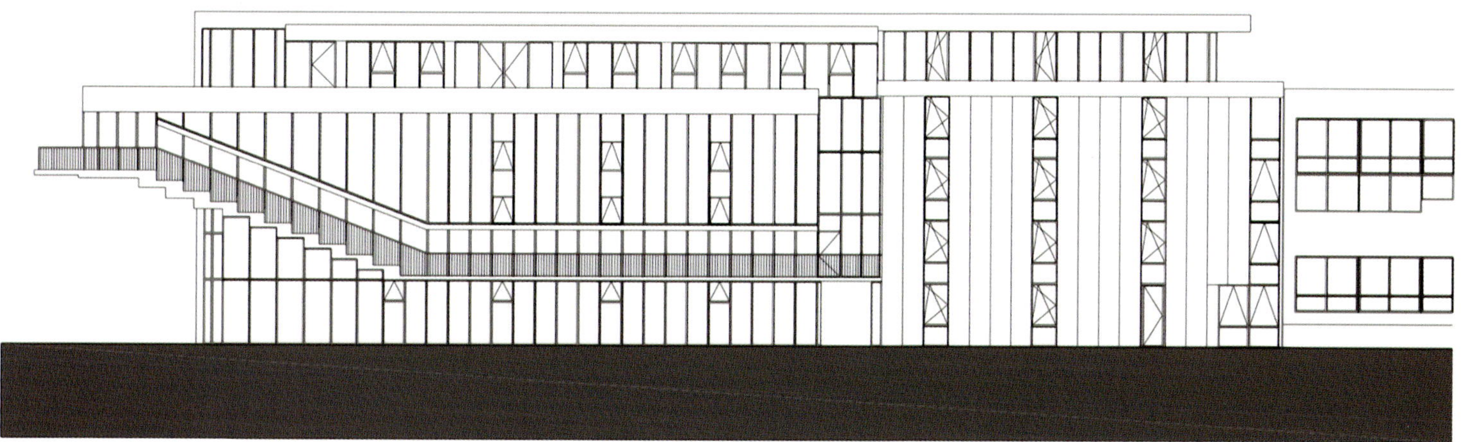

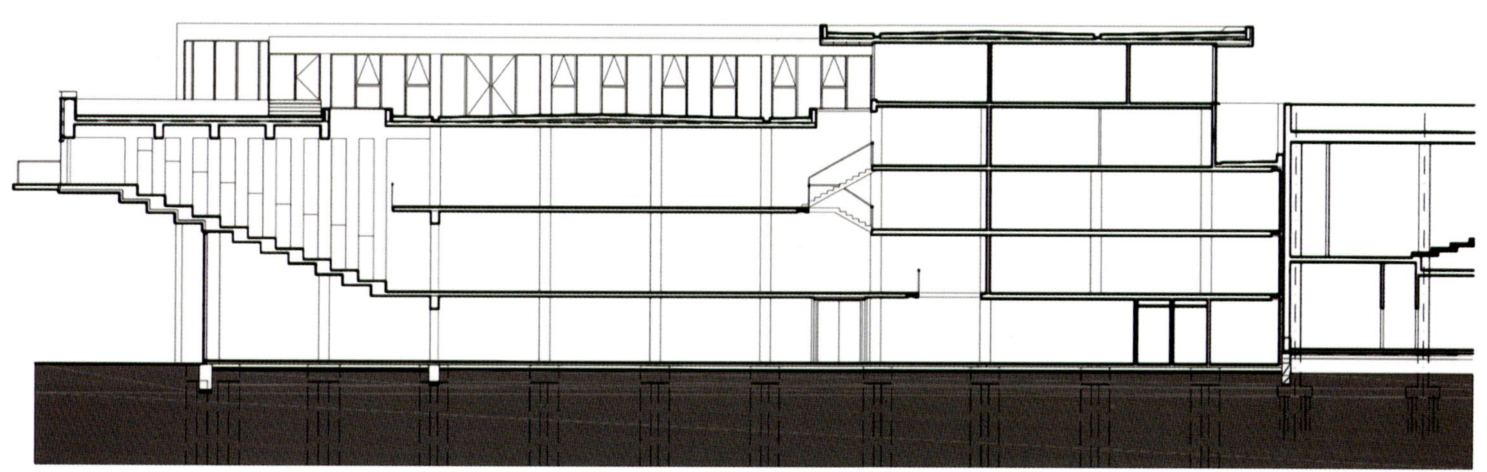

TECHNICKÁ
UNIVERZITA
V KOŠICIACH

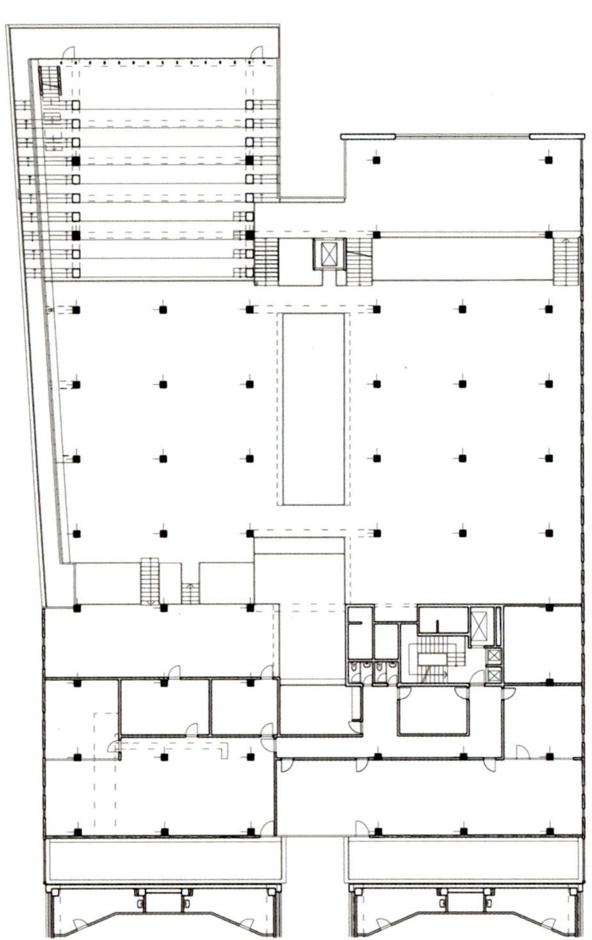

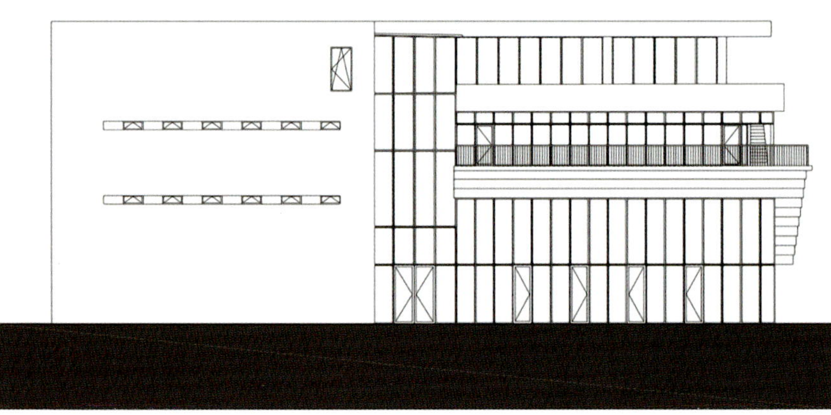

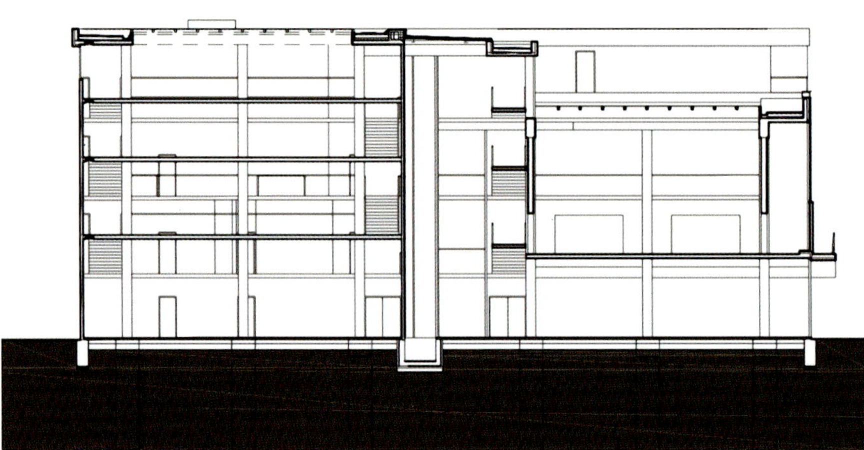

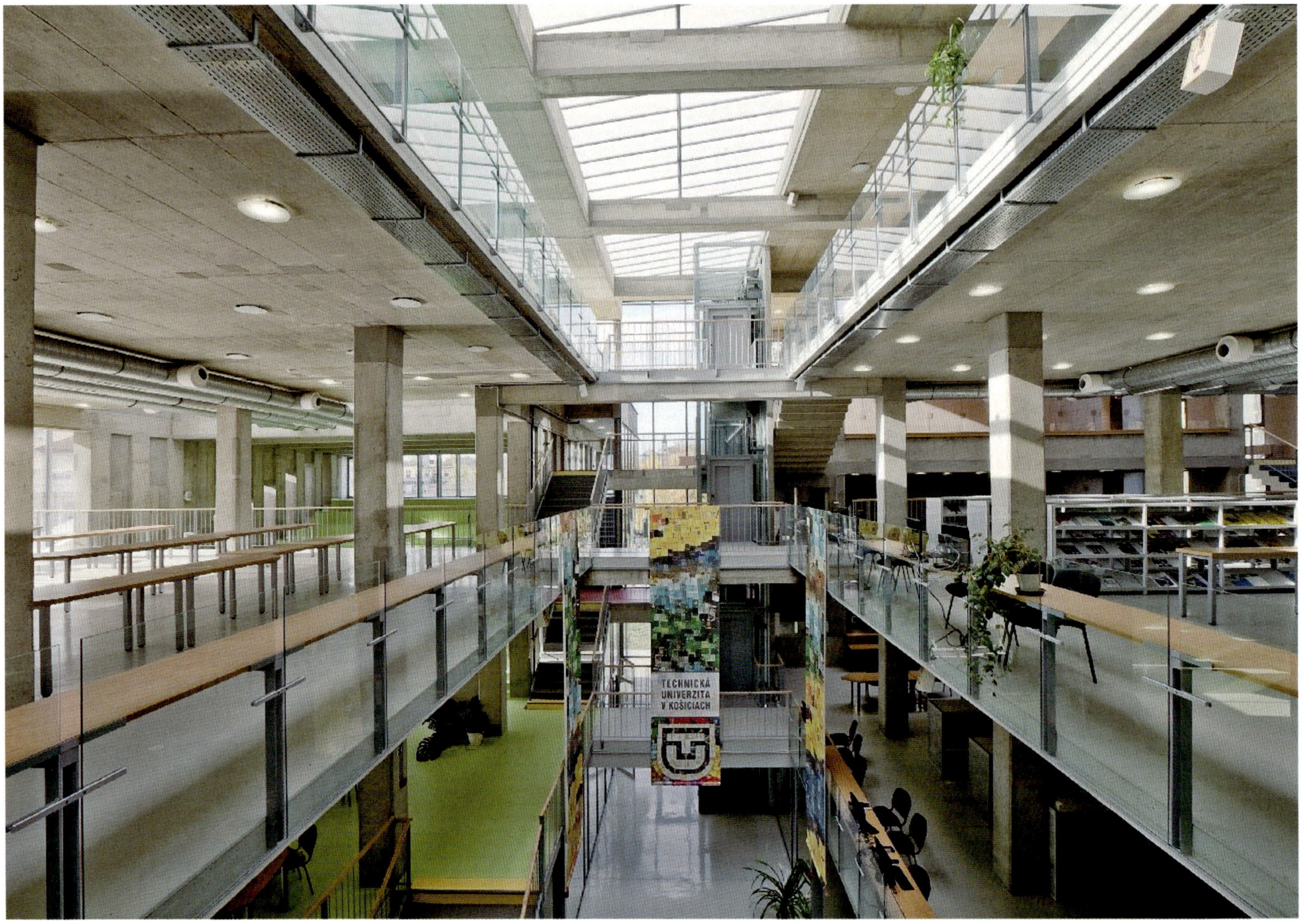

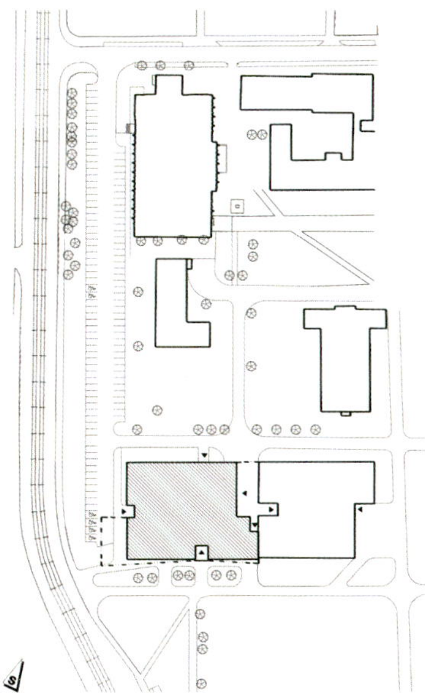
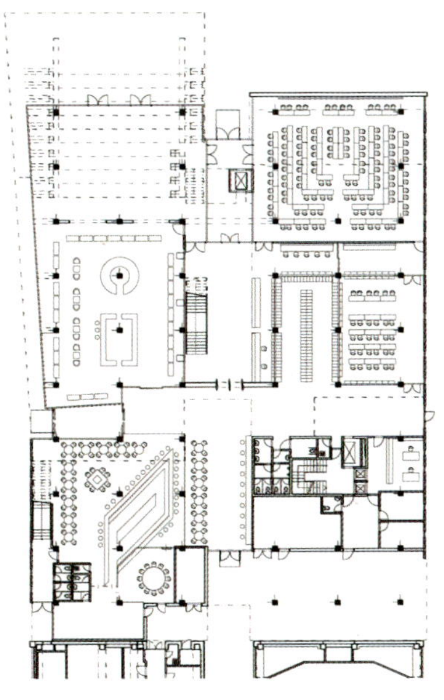
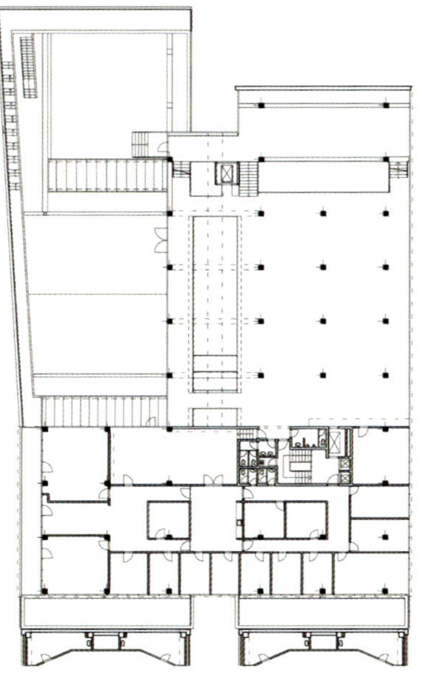

美国Anacostia图书馆

建筑设计：The Freelon Group Architects
项目位置：美国，华盛顿
项目面积：22000 sqft
图片摄影：Mark Herboth

Anacostia图书馆是一个让附近居民引以为傲的市政建筑，各种各样的空间可以满足多种多样的社会需要。该馆包括一个大公共会议室（可容纳100人左右）、两个小会议室、一个儿童学习室、多个更小的供小组学习与辅导用的房间，里面还有一个为各个年龄段人们提供印刷及非印刷品的书架区，并安装了连接虚拟空间的公共电脑和无线连接设备。

该项目已获LEED银级认证，各种节能策略可使该建筑节能22%。作为一个公共图书馆，设计团队把这项目当成一个用可持续理念来教育社区居民的机会。一个大生物滞留池被设计成适宜居住的高度可见的形式，并装有可永久性说明的屏幕。内外水都采用减排措施。地板送风系统不仅可以提高天花板空间的送风效率而且可提高用户用控制系统互动的效率。阅览室的室内采光也是一大显著特征。屋顶太阳能热水供暖系统可提供热水。为达到可持续的目标，棕色地带的选择与开发也至关重要。

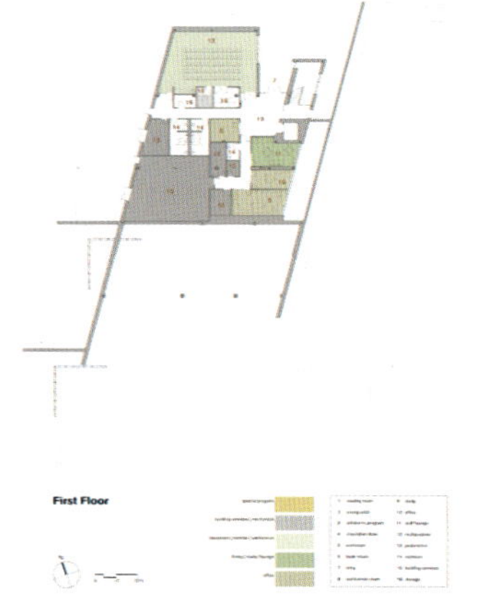

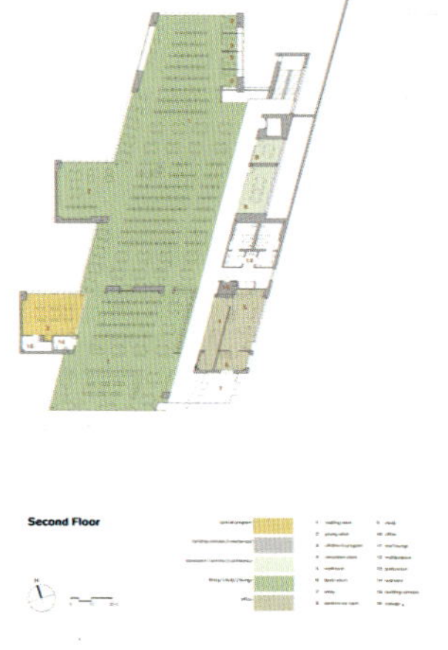

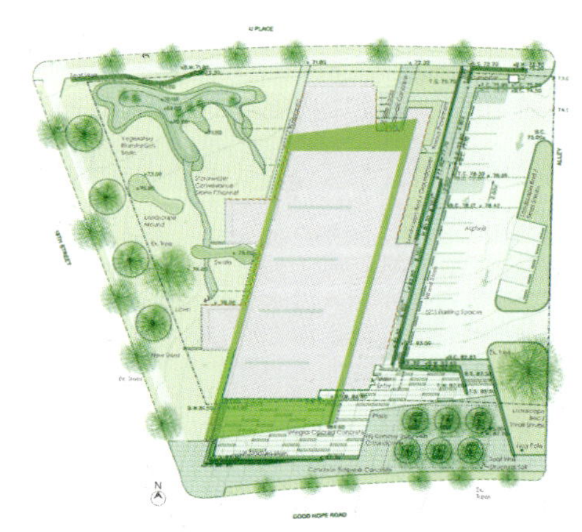

Kirkwood公共图书馆

建筑设计：Ikon.5 architects

项目位置：美国，特拉华州

项目面积：22500 sqft

项目年份：2009

图片摄影：James D’Addio

该项目坐落于一个商业购物地带高速公路旁边，Kirkwood公共图书馆就像一个向市民呼吁读书学习与探索的路边广告牌。Ikon.5建筑公司被授权为日益多元化的社区建造一个分馆，以作为一个社区中心的标志。

该馆两侧遍布商场和快餐店，大平面标志分布在图书馆所在的高速公路上，离高速路站点一站地的地方是一个小型居民区。在这一背景下，柯克伍德公共图书馆看起来就像一个设置在高速公路上为社区所用的图书馆。

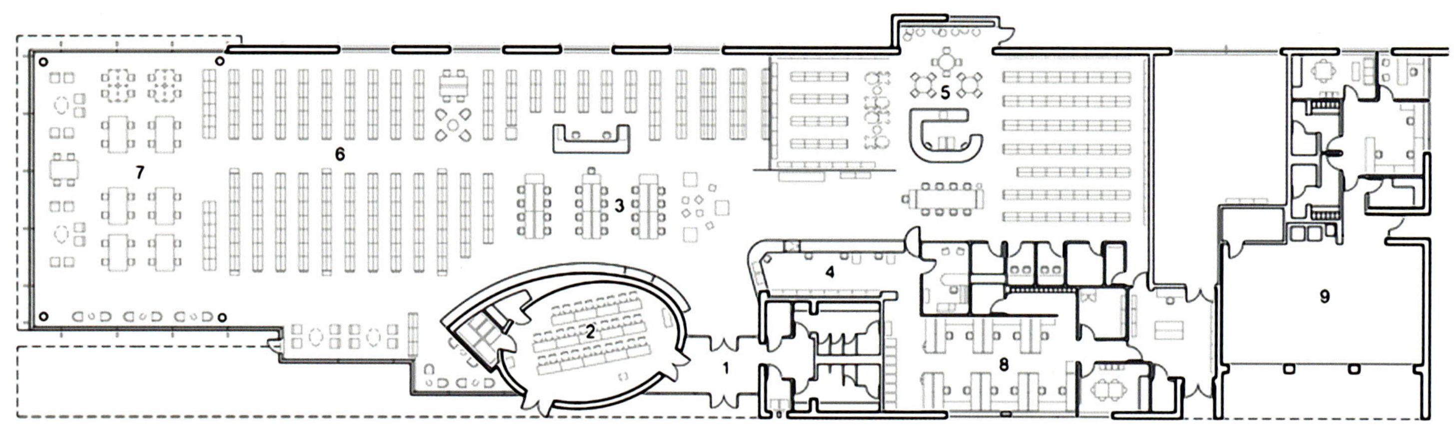

FLOOR PLAN

Legend

1.Entry

2.Community Meeting room

3.Technology Work Stations

4.Access Services

5.Children%s Library

6.Fiction/Non-Fiction

7.Main Reading Room

8.Staff Office

9.Emergency Medical Services

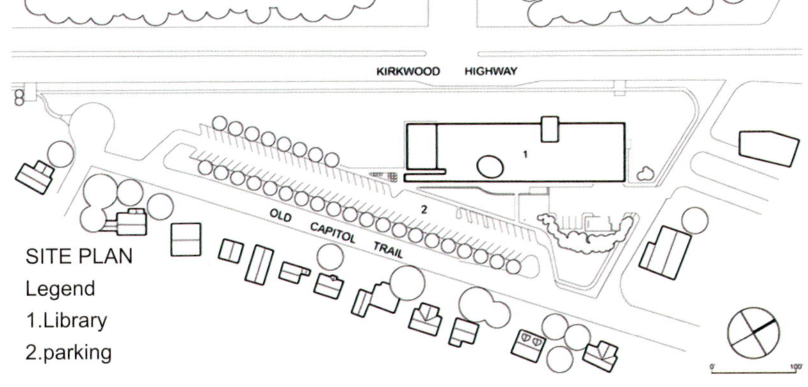

SITE PLAN
Legend
1.Library
2.parking

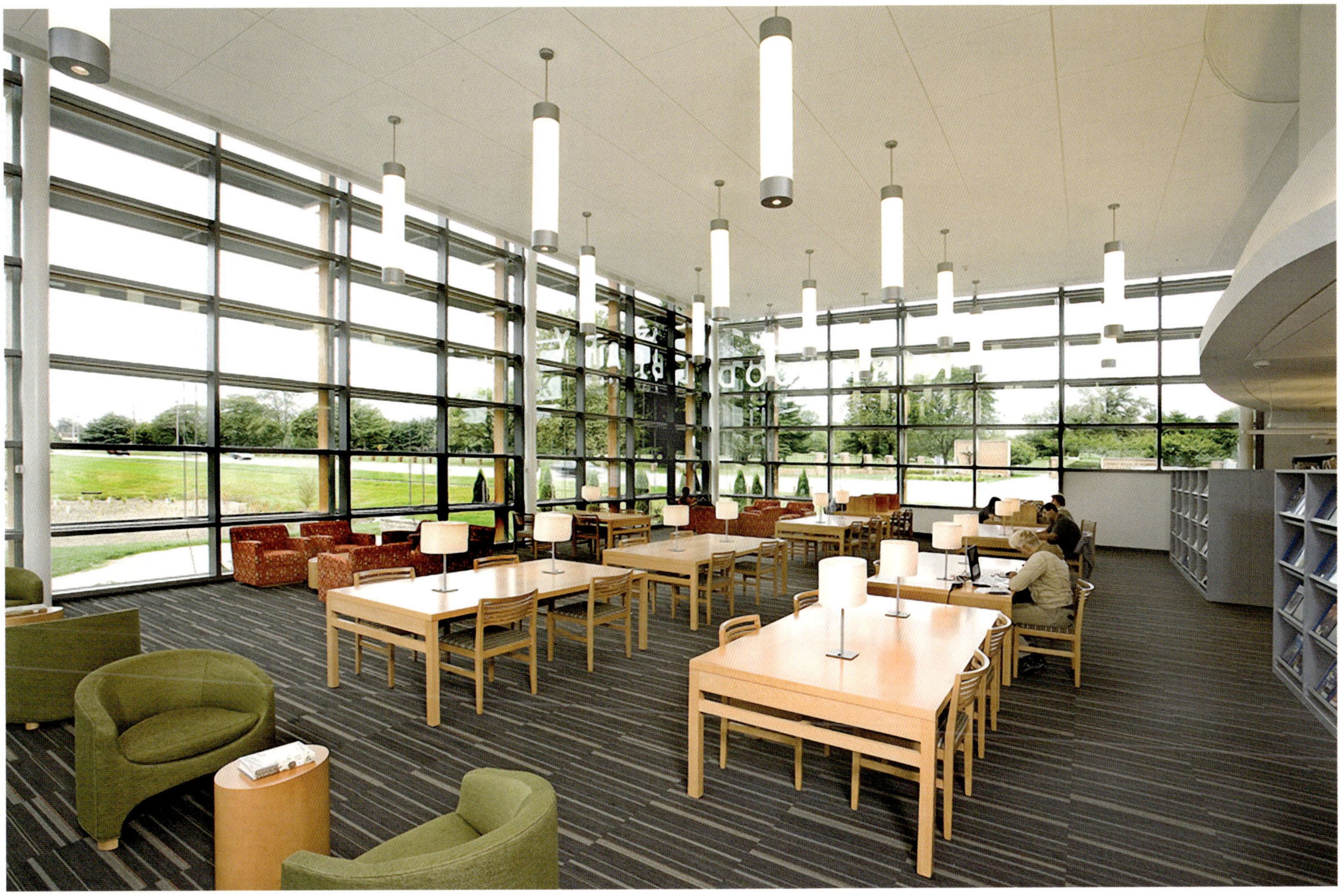

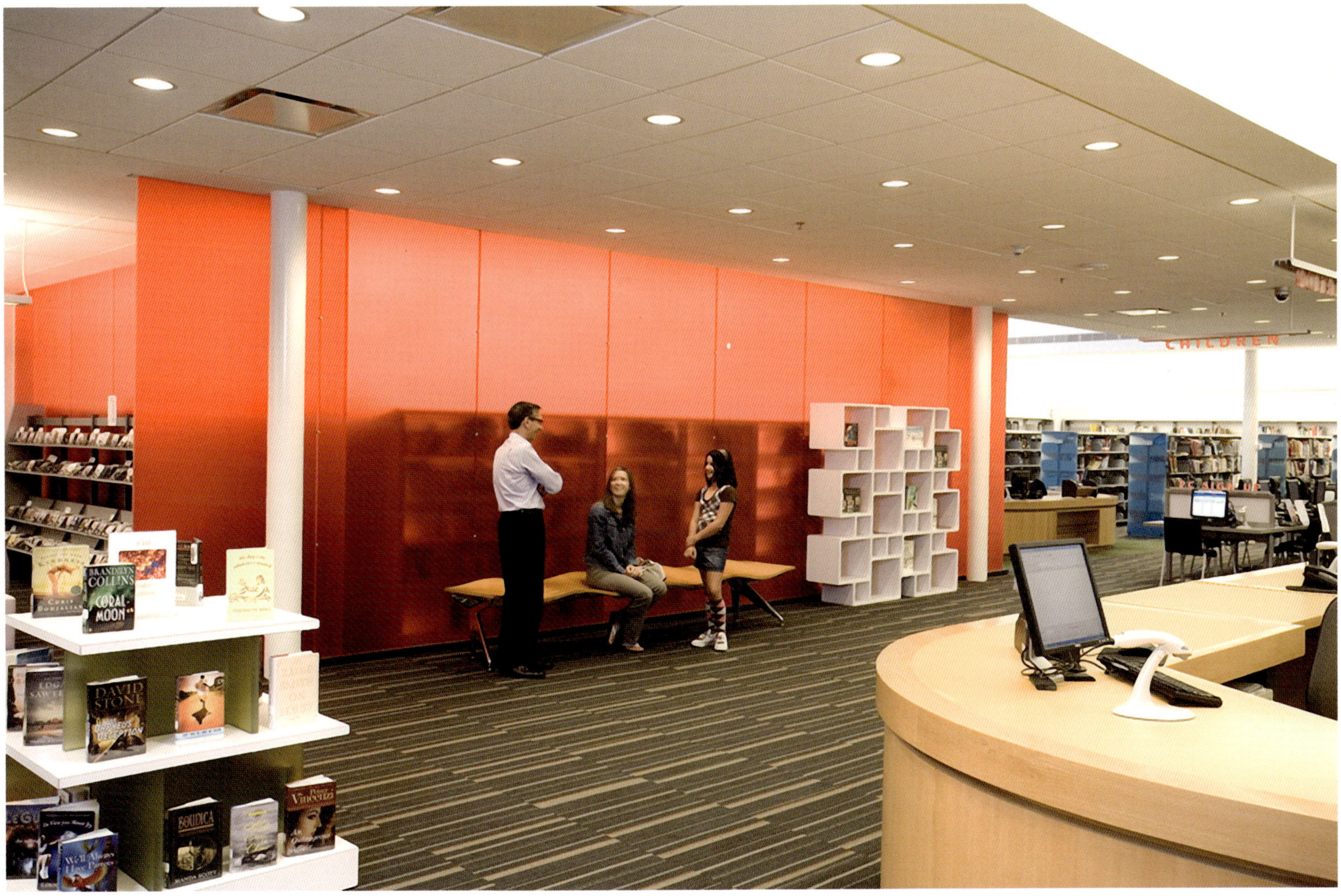
CHILDREN
BRANDILYN COLLINS
CORAL MOON
DAVID STONE
BOUDICA

Hockessin 公共图书馆

建筑设计： Ikon.5
项目地点： 特拉华，纽卡斯尔
项目面积： 15000 sqft
项目年份： 2008
图片摄影： James D’Addio

Hockessin 公共图书馆是一座位于特拉华纽卡斯尔市占地15000平方英尺的新建筑，它分为儿童图书馆、一般馆藏、Hockessin 档案、视听收集、信息技术、社区会议室。Ikon.5建筑设计事务所承担了这个公共图书馆的设计工作。扩展的图书馆像一个漂浮在公园里的玻璃亭子。

原有馆址北临一条主路，西临停车场，东临湿地，所以只能向南扩展，南面面朝一个植物茂密的乡间公园，但是被临近图书馆的一个有一百年的冲积平原所限制，为了避开障碍，扩展的部分像悬臂似的向外伸出越过平原突进公园。取公园的悬空优势，新建筑主要以玻璃为材料，以使公园的景色在里面的儿童图书馆中尽收眼底，并为家庭提供让人兴奋的良好氛围。这个儿童图书馆充满了自然的光线、景色、花香以及特拉华州的动植物景观，使它成为了一个学习自然环境的实验室。铝和陶瓷烧结多孔玻璃设计遮挡了外面的阳光，使人想起附近公园里摇曳的树叶与垂柳。

老图书馆扩展项目主要增加了以下功能：儿童收藏室、社区会议室、公共检索服务。这个扩增使图书馆整体藏书增加，并满足日益增长的社区需要。

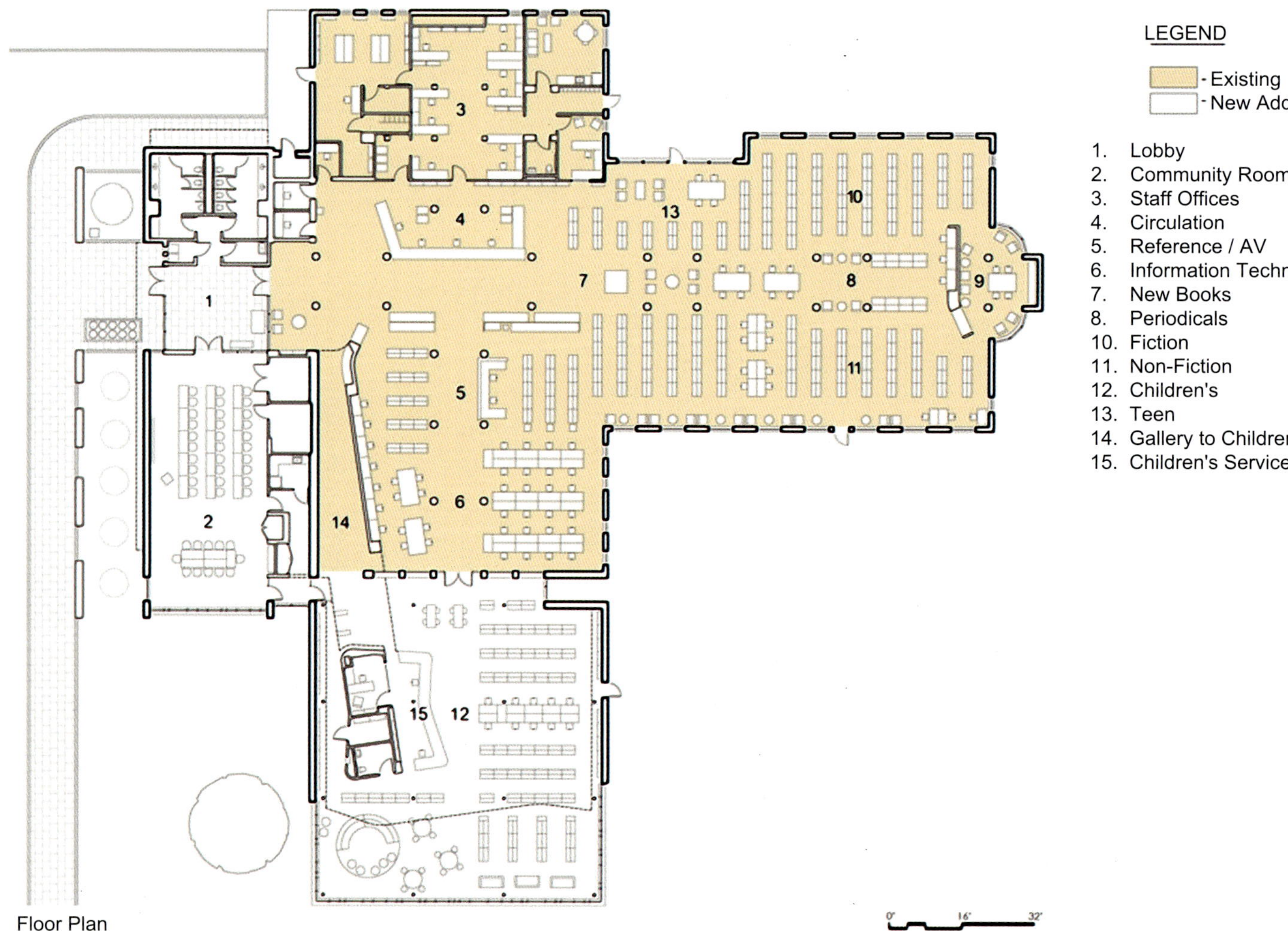

Floor Plan

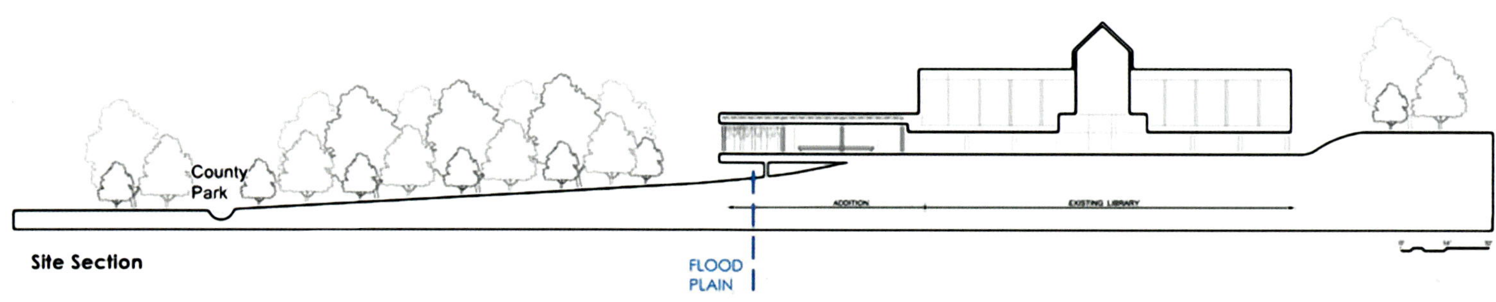

Site Section

HOCKESSIN

Inspiria科学中心

项目设计：AART architects

项目地点：挪威，萨尔普斯堡

项目年份：2011

项目面积：6,500 m²

图片摄影：Adam Mørk

这个科学中心是北欧最先进的科学中心之一，也是萨尔普斯堡重要的资产之一，这一宏伟计划反映在建筑设计中，以一个三折叠的形式惊人呈现，隐喻着这是一个融合环境、能源与医疗的交流平台。

室内包括70个互动展厅、工作室，还有北欧最先进的天文馆。这个科学中心预计每年将吸引10万名游客，他们主要是学术参观、家庭参观和游客参观等。

科技中心将交流与建筑融合成一个充满创意并且包罗万象的整体，以此提供新的学习空间，并作为一个可能的窗口支持可持续性思想，以提高人与环境的生命质量。因此，科技中心被设计成一个被动式的节能屋，与自然和使用者都保持着紧密联系。

建筑采用大面积的玻璃立面，增强了室内采光和通风，加强对自然光线的利用，减少人工照明的使用。与此同时，一个玻璃包裹的封闭性侧翼体量从焦点的环形中庭延伸开来，使得中庭宛如整个建筑中一颗跳动的心脏。

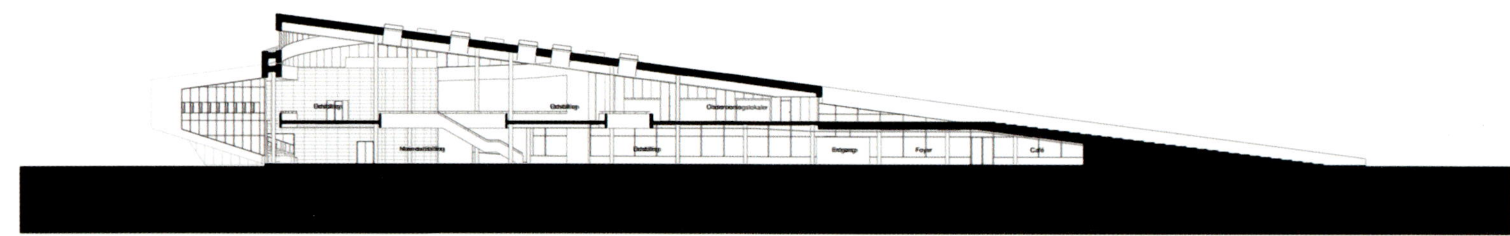

inspiria

INSPIRIA Planetarium

伊珀尔文化中心

建筑设计：BURO II & ARCHI+I
项目地点：伊珀尔，比利时
施工管理：THV Vanhaerents - Alheembouw
图片摄影：Klaas Verdru

位于伊珀尔附近新的青年文化中心旨在成为一个各年龄段，各国人民非正式聚会的场所，以此向这个包容而祥和的传统城市致敬。最近牲畜市场的消失为建造这座新的纪念碑式的建筑腾出了空间。该项目把公共功能和私人功能协同起来，把文化中心、青年聚会中心和教育工程活动中心结合在了一起。

该建筑公共和私人区域界限分明，要想进入文化中心，必须通过建筑下面新站台的前庭。可以容纳554人的大厅是唯一一个不需要灯光的功能性空间，它位于这座建筑的中心，成为了经典的“盒中盒”结构，在声学上与建筑的其他部分隔开。通过特殊技术的应用，该大厅可以当作剧院、音乐厅来使用。公共与私人区域的相互结合使扩大该项目的功能范围成为可能。所有的支撑结构围绕大厅成U字形分布，俯瞰四周。

此外建筑还有一个特别的空间被用来建造混凝土楼梯，楼梯将诸多的功能区域连在一起。吧台和前厅户外的梯田结构风景迷人，从那里可以看到整个车站和市中心迷人的景观。年轻人用来聚会的音乐厅可以容纳500人。

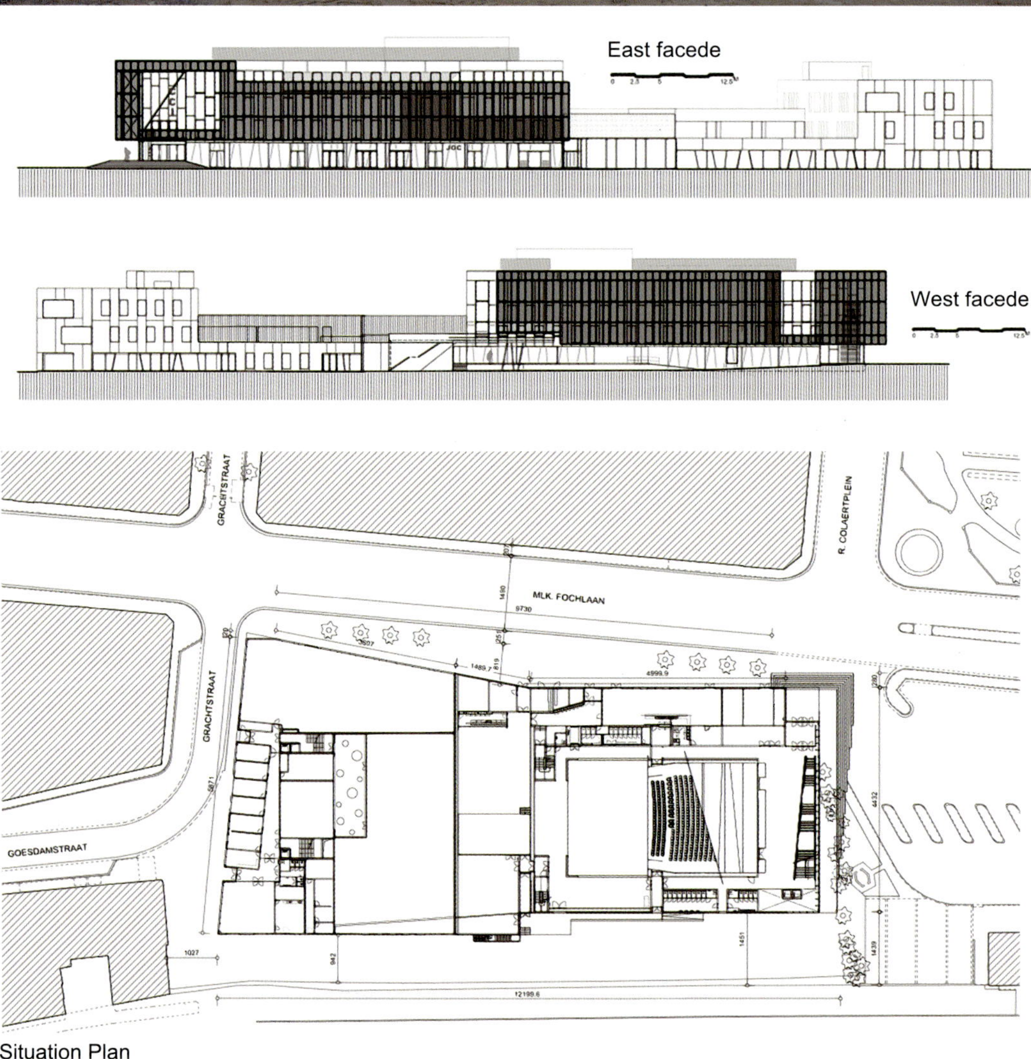

Situation Plan

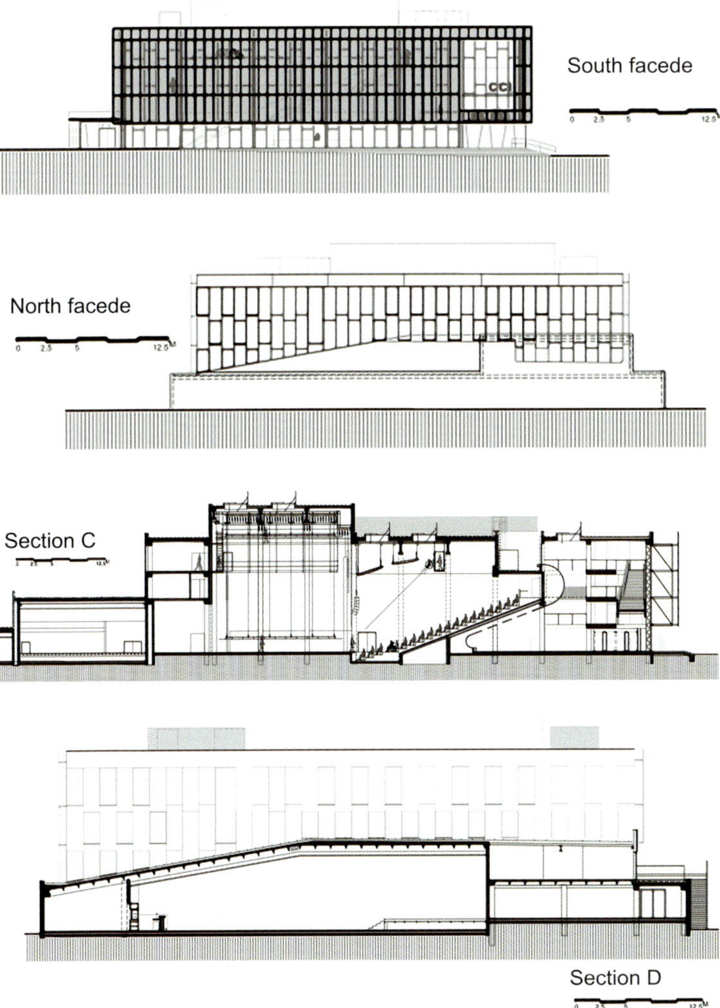
South facede
0 2.5 5 12.5M
North facede
0 2.5 5 12.5M
Section C
Section D
0 2.5 5 12.5M

VESTIAIRE

Raif Dinçkök Yalova文化中心

建筑设计：Emre Arolat Architects

项目位置：土耳其 亚洛瓦省

项目年份：2010

建筑面积：7900 m²

图片摄影：Courtesy of Emre Arolat Architects

城市是由不同的文化层次堆积而成的，不同时期有着不同的文化呈现，它们随着时间的发展互相靠近甚至重合。在土耳其的亚洛瓦市，不同的层次则是互相矛盾的，它们之间的对比形成主要的特点。这个建筑靠近场地的西侧，朝着边缘倾斜，以为城市花园争取更多的空间。

从外面看建筑没有给人一种文化中心建筑普遍存在的光鲜亮丽，它更多的是控制自己的欲望，远离色彩绚烂、散漫和盛气凌人的外部世界。通过此种表现，设计没有强加一种秩序，而是试图教育游客。它最终变为一种极其开放的解决策略。为了满足建筑的不同功能和必要的尺寸，建筑设计为特殊的形式。建筑设有可容纳600人的多功能用房、150人的工作间、礼堂和展览空间、图书馆等。办公室和餐厅在不同高度相互连通。

斜坡把各区连接起来，造成一个有遮篷的内街，更加丰富了游客的生活，里面主要都是娱乐活动和服务空间。

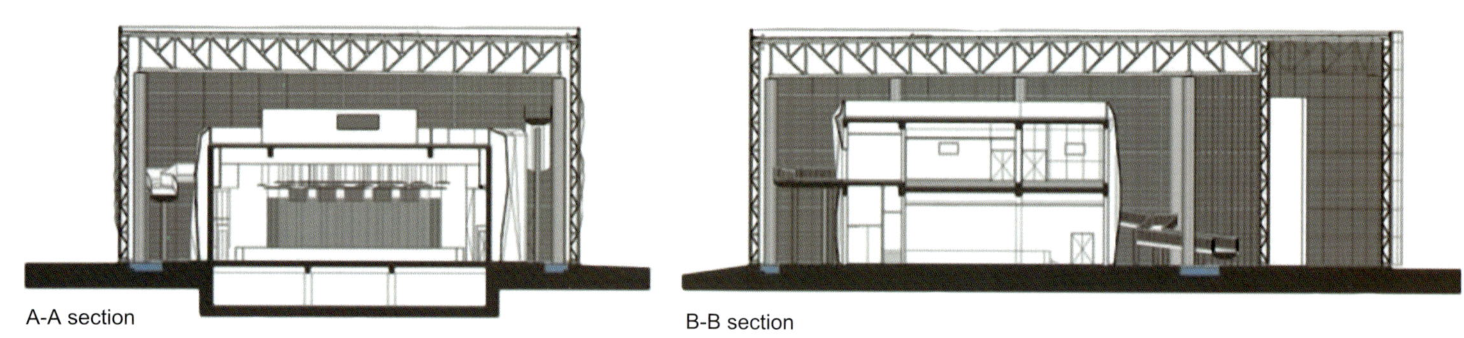

A-A section

B-B section

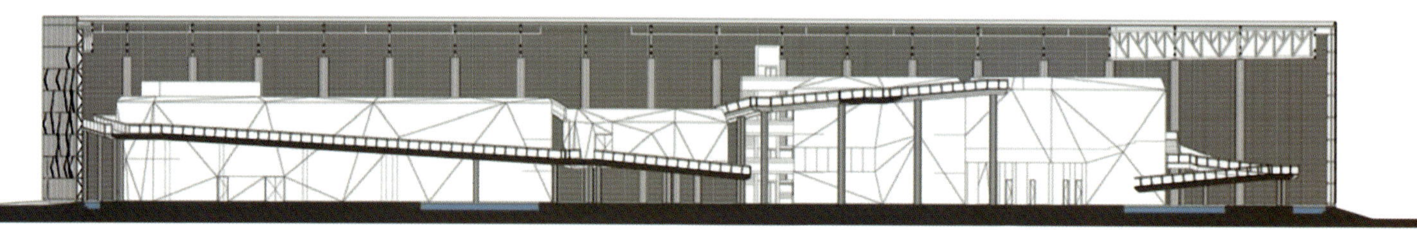

C-C section

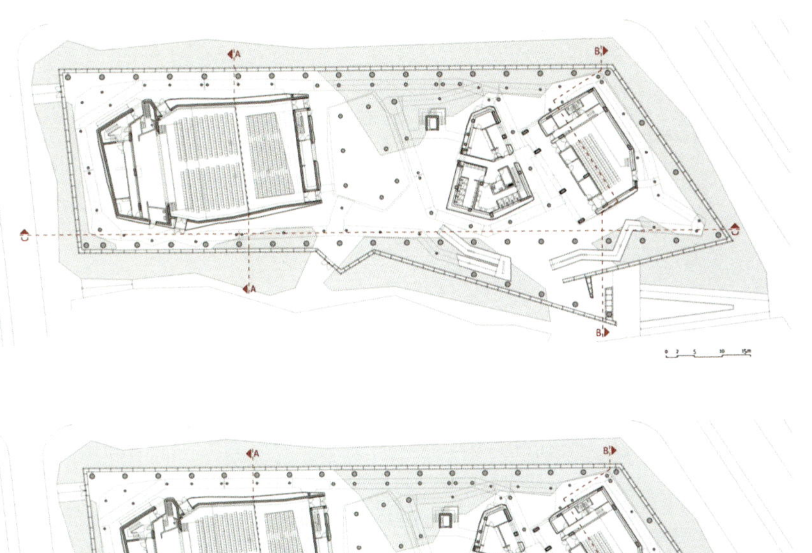

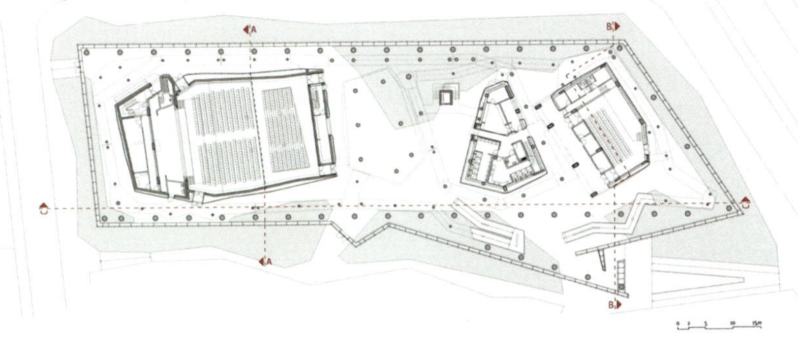

丹麦文化运动设施基金会

建筑设计：SEA with Elkiær + Ebbeskov
项目地点：Balling, Denmark
项目工程：Bascon Engineers
项目面积：5000 m²

SEA和Elkiær + Ebbeskov已经宣布了由丹麦基金会文化运动设施承办的设计Pulsen大赛的最终获奖者，Pulsen是一个未来社区中心。获奖者从43位参赛选手中脱颖而出。这座耗资6200万的丹麦克朗社区中心将建造在代买西北部的Balling村。Pulsen建筑里包含有医护中心、运动中心和健康中心、文化空间和学习中心等。运动中心中的活动极为广泛，从手球到瑜伽；健康中心有温泉、SPAS和健身区域。文化空间和学习中心有举办活动的空间，也有音乐艺术表演空间。这项工程就像是建造一座村中之村一样，村子的主要功能布局在几个单独的建筑当中，建筑是由街道和广场相连。在内部相连的区域，人们可以玩耍、聚会、就餐。

运动和健康是关系着几代人的问题。因此，健康就是这座位于Balling村建筑的完美主题。但只有健康还不能把大家聚集在一起。因此设计师们决定将这座建筑建造成一个既有街道又有广场的“小镇”，这样就可以为居民们提供一个新的不同的设计，他们可以在这里尽情地享受。

这个大户外池塘秉承着冰岛蓝色泻湖精神而建，像冰岛一样，里面的温泉水来自地下，当地的供热厂正在计划像为数不多的几个丹麦厂家一样利用地下水的地热加热方法。一旦这水用于加热，它也将会被健身所用于SPA以及室外泳池洗浴。这意味着你可以在室外100%纯天然的温水里游泳，并且以一种可持续的方式。

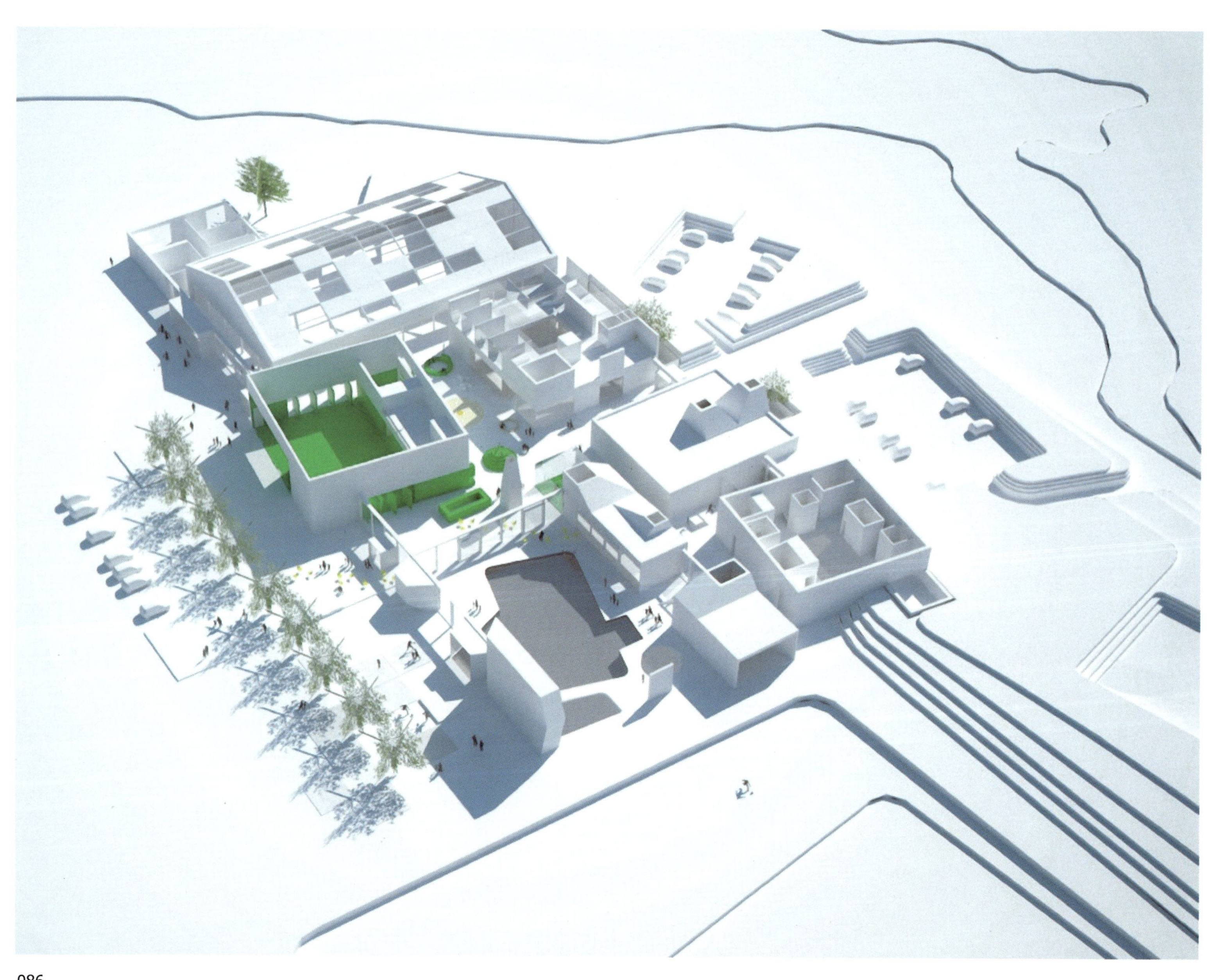

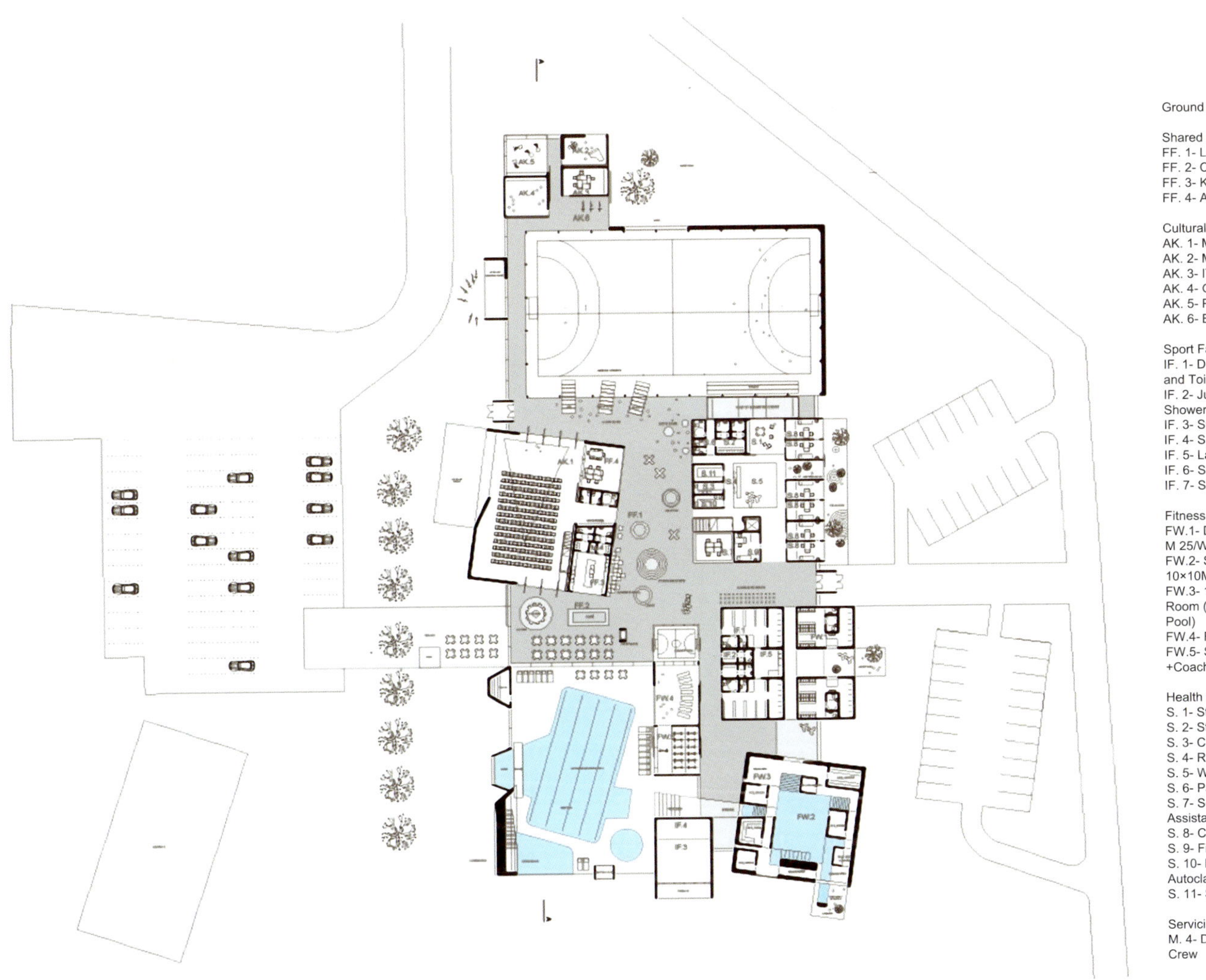

Ground Floor Plan

Shared Facilities
FF. 1- Lobby/ Toilets/ Gallery
FF. 2- Cafe/ Meeting Room
FF. 3- Kitchen
FF. 4- Administration

Cultural Activities
AK. 1- Multi-purpose Hall
AK. 2- Music Centre
AK. 3- IT/AV Room
AK. 4- Glass and Ceramic Workshop
AK. 5- Painting Workshop
AK. 6- Bike Workshop

Sport Facilities
IF. 1- Dressing Rooms with Showers and Toilets
IF. 2- Judges' Dressing Rooms with Shower and Toilet
IF. 3- Sports Club's Room
IF. 4- Sport Club Office
IF. 5- Laundry
IF. 6- Storage Room
IF. 7- Storage Room for Equipment

Fitness and Wellness Centre
FW.1- Dressing Rooms (Seperated M 25/W 35)
FW.2- Swimming Pool (Pool 10×10M)+2 Smaller Ones
FW.3- 1 Spa, 1 Sauna, 1 Steam Room (Combined with Swimming Pool)
FW.4- Fitness Centre
FW.5- Spinning (For 12 Bikes +Coach)

Health Care Centre
S. 1- Staff Room
S. 2- Staff Dressing Room
S. 3- Cleaning Staff
S. 4- Reception Office
S. 5- Waiting Room
S. 6- Patients' Toilet
S. 7- Secretary/ Nurse/ Laboratory Assistant
S. 8- Consulting Rooms
S. 9- First Aid Room
S. 10- Laboratory + Sterilization/ Autoclave
S. 11- Storage and Archives

Servicing Maintenance
M. 4- Dressing Room For Kitchen Crew

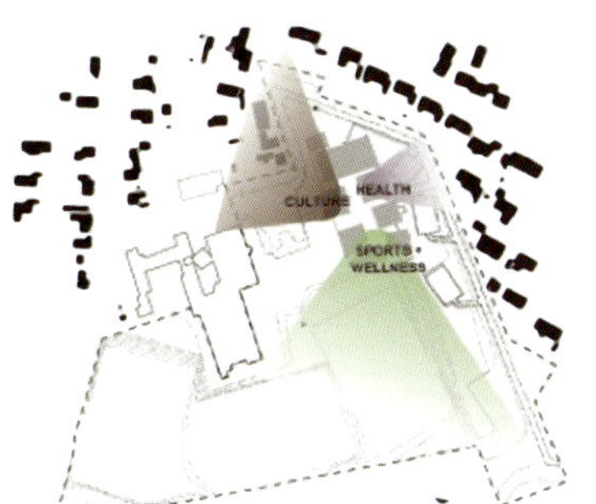

PROGRAMME LOCATION

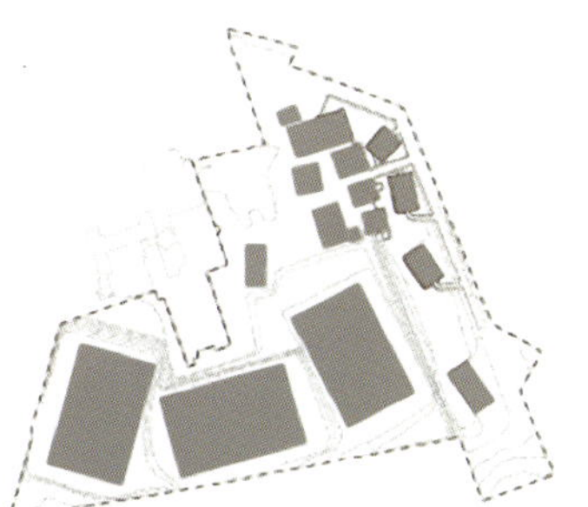

DISTRIBUTION OF PROGRAMME

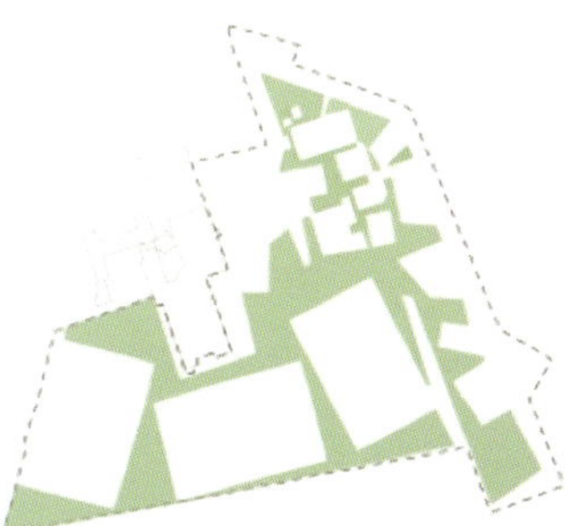

IN-BETWEEN SPACE

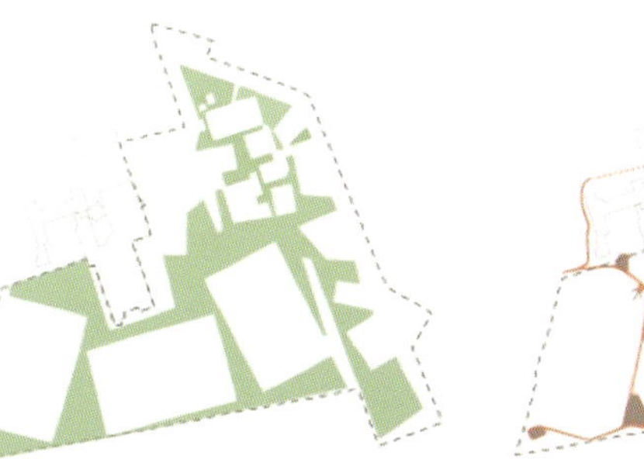

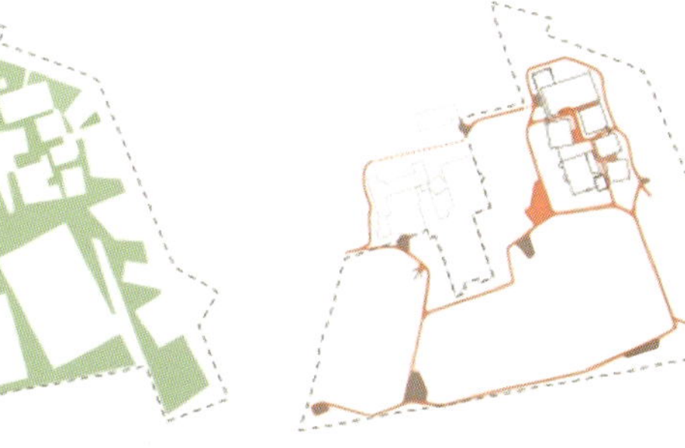

EXERCISE PATH

FACADE_SOUTH

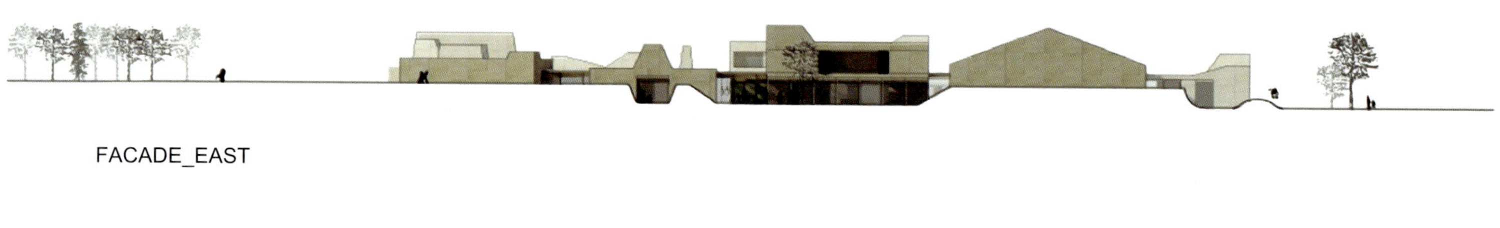

FACADE_EAST

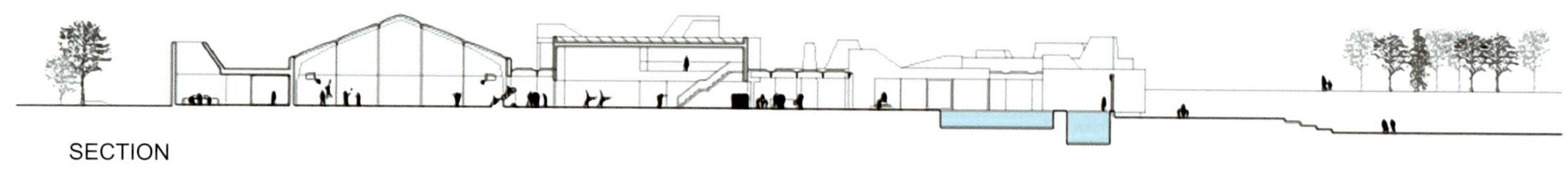

SECTION

FACADE_WEST

ACTIVITY_TETRIS CLIMBING WALL

ACTIVITY_DOGVILLEI HOPSCOTCH

ACTIVITY_DOGVILLEI BUBBLES

ACTIVITY_SPORTS FIELD

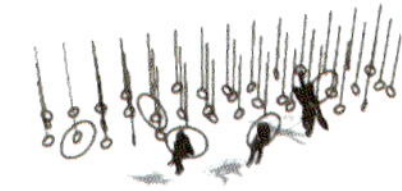

ACTIVITY_JUNGLEIRINGS

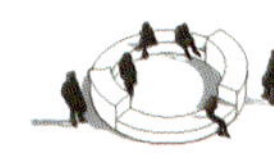

ACTIVITY_MEGA FURNITURE

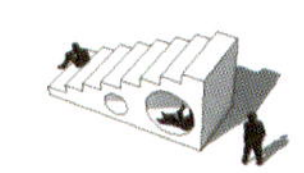

ACTIVITY_TRIBUNE WITH SECRET SPACE

ACTIVITY_DOGVILLEIL LABYRINTH

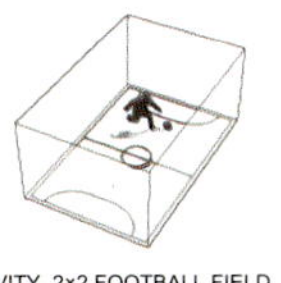

ACTIVITY_2×2 FOOTBALL FIELD

ACTIVITY_DOGVILLE RUNNING TRACK

ACTIVITY_TABLETENNIS

ACTIVITY_DOGVILLE IDANCE INSTRUCTION

艾尔西诺文化交流中心

建筑设计： AART Architects
项目位置： Elsinore, Denmark
项目年份： 2011
图片摄影： Adam Mørk

艾尔西诺毗邻富有魅力的文化胜地，现在当地的一个老船厂已被改造成为一个17000平方米的文化知识中心，其中包括音乐厅、展览区、会议室和公共图书馆，意味着这里也从工业重镇转变为文化中心。

设计师期望通过这个项目联系过去与未来，加强当地社区身份，展现国际面貌并与世界接轨。过往与现在的对比渗透整个文化中心。原有的混凝土结构被保留并加强，如果你仔细观察，会发现院子的角落会出现看似不经意的脱皮墙皮。历史与现代，无处不在的渗透和交互。铸铁楼梯、混凝土构件、现代型的玻璃结构等种种交叉重叠。衬托外界漂亮的景观，巨大的玻璃外框看起来支离破碎但却将景色完全地渗透进室内。建筑大气独特，宽敞舒适。同时也考虑到对环境的影响，不仅仅从外观美学上，还从可持续性方面进行了考虑。

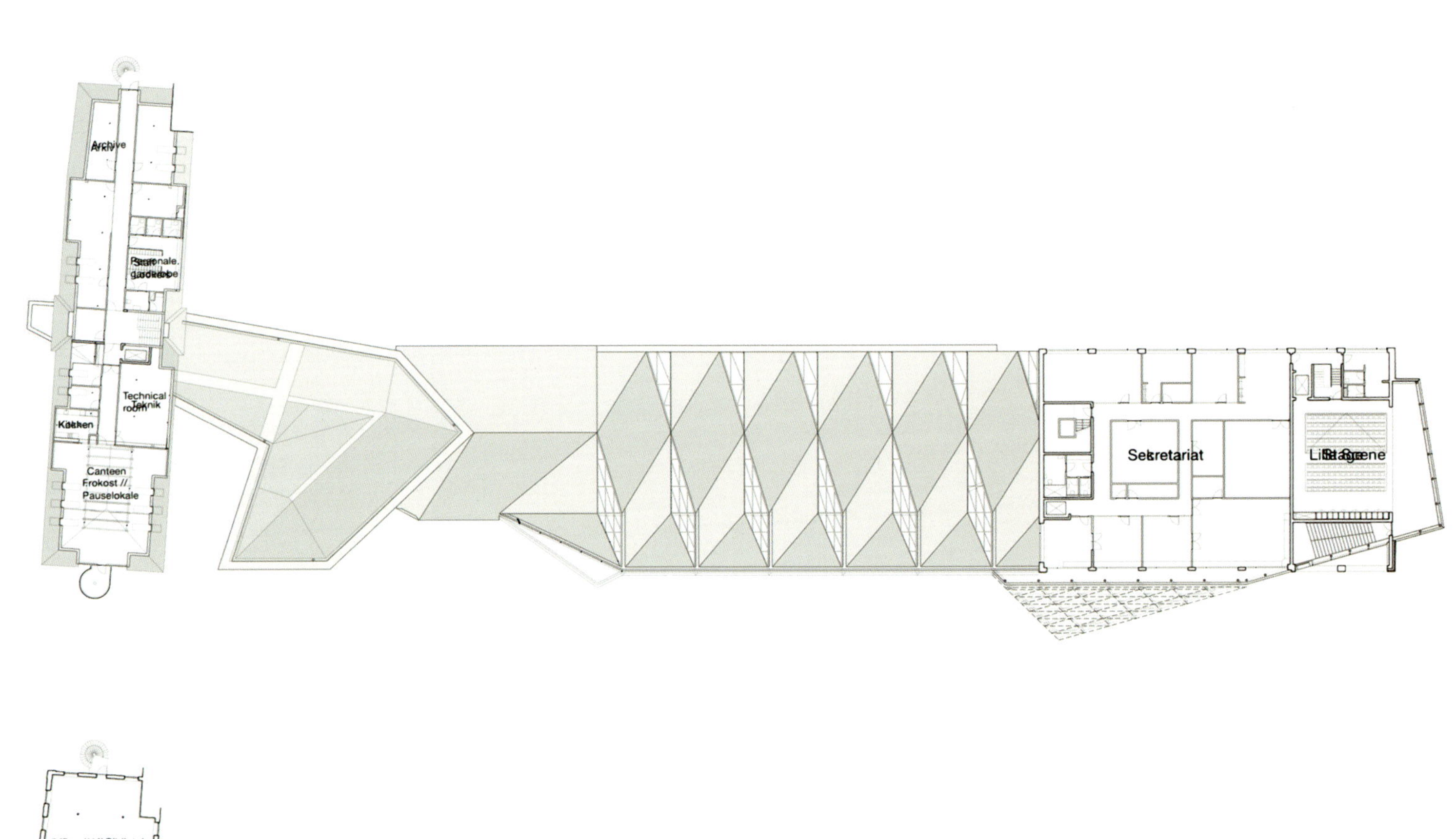

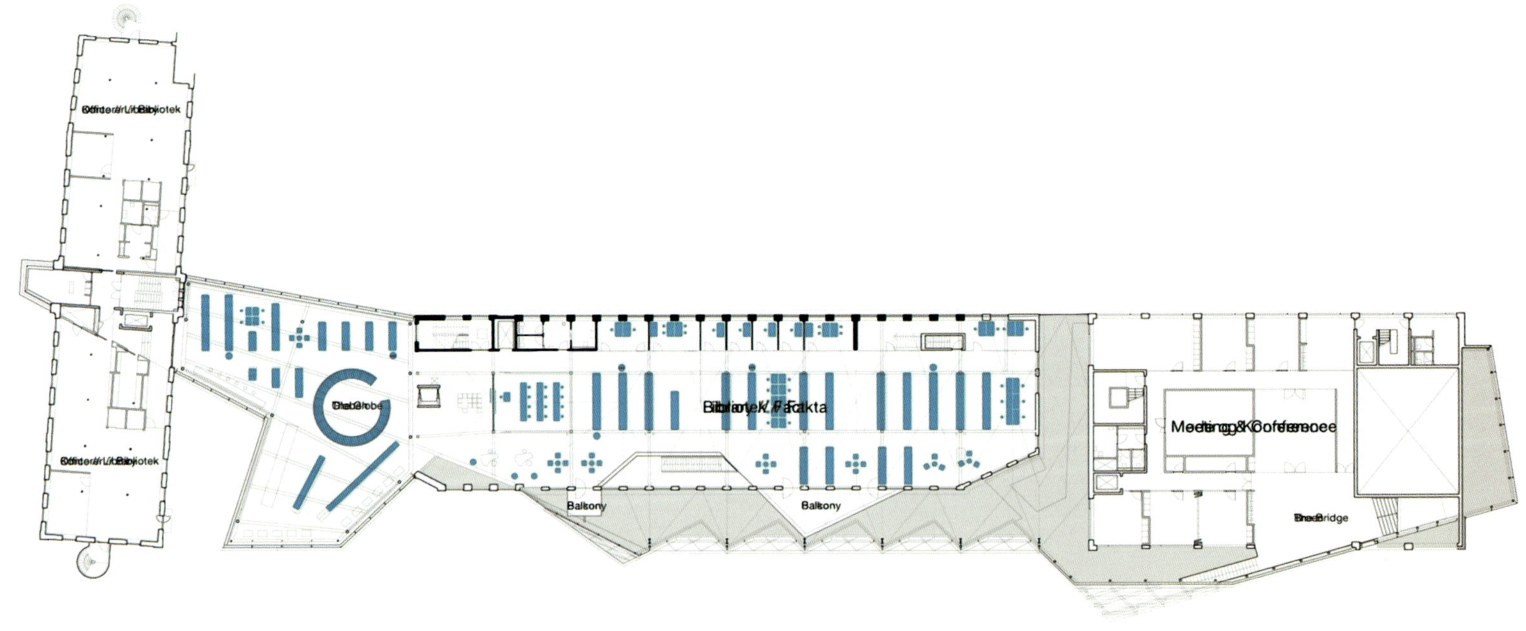

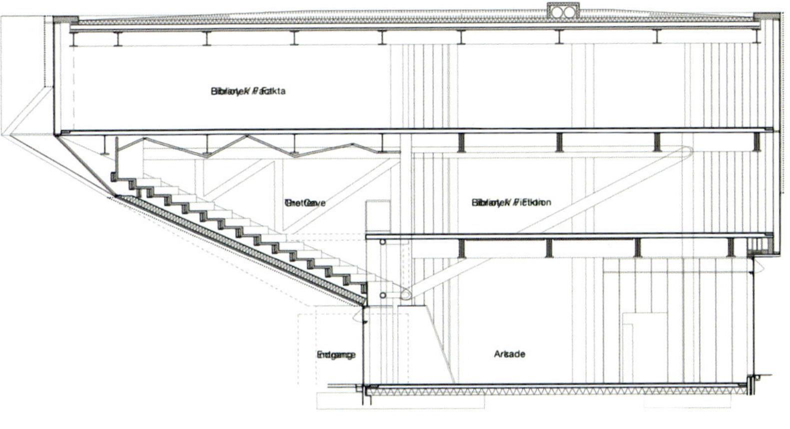
Arkade

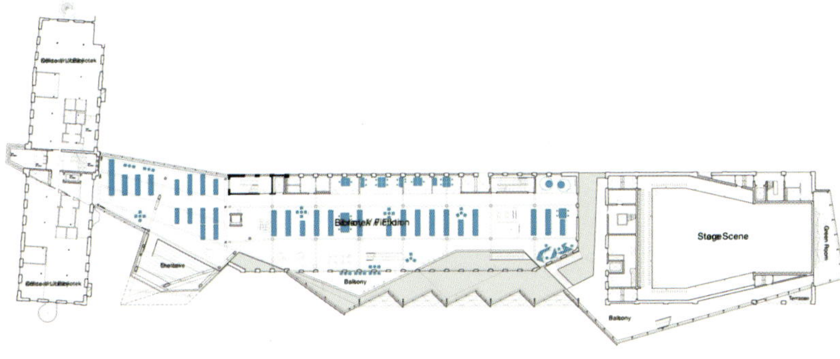

加拿大魁北克省Claire＆Marc Bourgie艺术馆和Bourgie音乐厅

建筑设计： Provencher Roy + Associés Architects

项目位置： 加拿大，蒙特利尔

项目面积： 59000 sqft

项目年份： 2011

图片摄影： Tom Arban

蒙特利尔美术博物馆（MMFA），在2010年庆祝它的150周年纪念日，并很高兴地宣布，其新的59000平方英尺的加拿大魁北克省Claire＆Marc Bourgie艺术馆和Bourgie音乐厅于2011年10月14日向公众开放。MMFA的展览面积增加20%，包含一个画廊空间，它是以前画廊的两倍。新馆设有18953 nsf的画廊空间，主要用于展示魁北克和加拿大的历史与当代艺术。

展厅将为数以千计的学生、游客等展示加拿大丰富的文化遗产，为了能建立起视觉艺术和音乐之间的对话，博物馆的扩建包括翻修以及将之前的Erskine教堂中殿改造为一个444座位的音乐厅等。玻璃和大理石的运用平衡了原先的教堂与后来兴建的周边建筑之间的关系。扩建建筑的设计曾经获得魁北克城市发展协会颁发的2011年优胜奖。

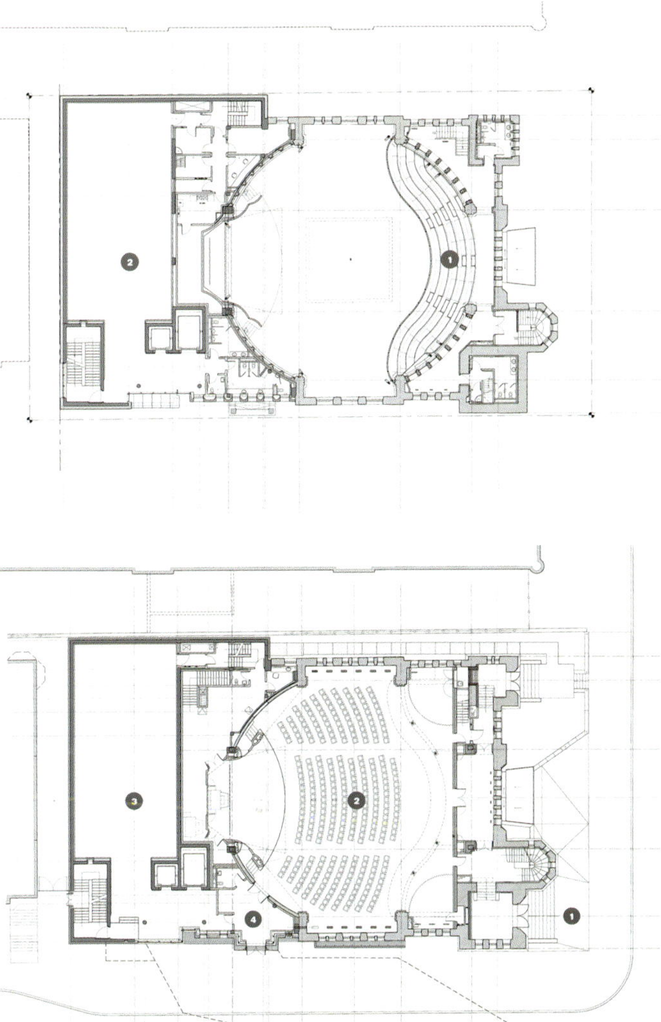

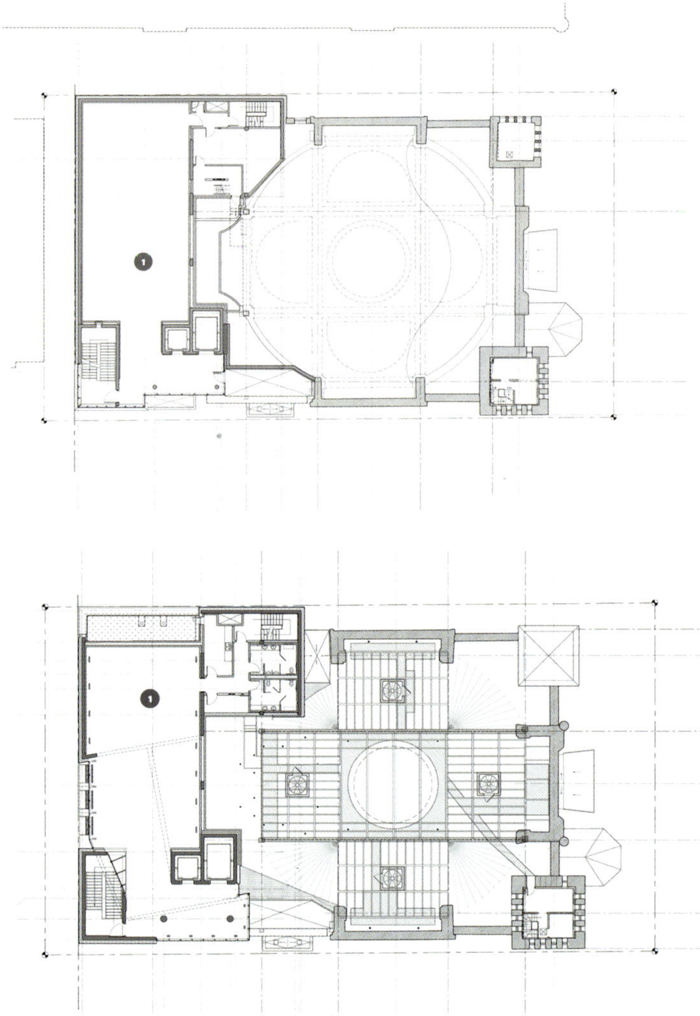
1
1

冰岛哈尔帕音乐厅及会议中心

建筑设计：Henning Larsen Architects

项目位置：冰岛，雷克雅维克

项目面积：28000 m^2

项目年份：2011

图片摄影：Courtesy of Henning Larsen Architects

这个大型的项目位于陆地和海洋的交接处，它巨大的光芒四射的雕塑形体既映照着天空也映照着海港空间，同时是对城市动感生活的再现。壮观的外立面是由亨宁哈拉尔森事务所，丹麦/冰岛艺术家奥拉维尔•埃利亚松，来自德国的工程公司Rambøll和艺术工程公司GmbH密切合作完成的。

音乐厅和会议中心共占地28000平方米，位于一个独立的场地内，有着面向海洋和雷克雅维克附近山体的绝佳视野。中心包含一个建筑前面的到达处和前厅空间，中间是四个大厅，后面是办公、管理、彩排和更衣室等空间。三个大厅依次排列，公共通道位于南侧，后台通道位于北侧。第四层是一个包含有小型私密展示厅和宴会厅的多功能大厅。

从前厅看去，大厅形成一个山形的体量，如同海岸的岩石，与生动和开放的立面形成鲜明的对比。“岩石”中心是建筑最大的大厅，即主要的音乐厅，这是一个充斥着激情红色的空间。项目设计还包含当地Batteríið Architect事务所的努力。

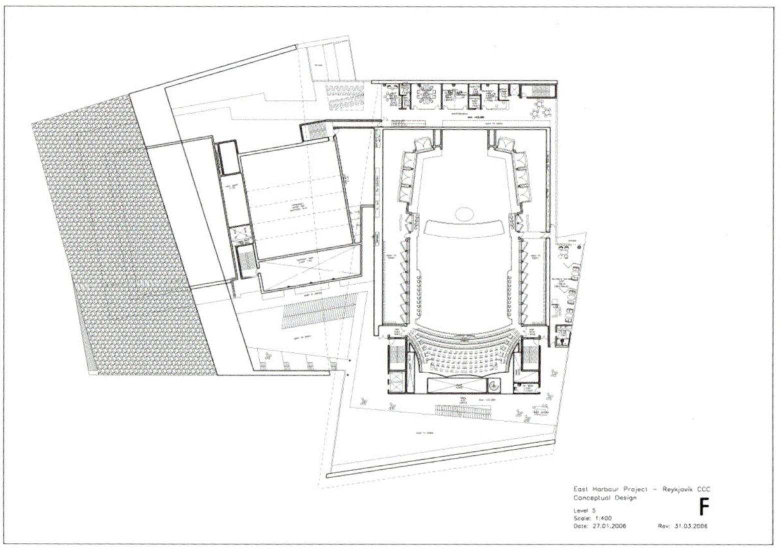
East Harbour Project – Reykjavik CCC
Conceptual Design
F
Level 5
Scale: 1:400
Date: 27.01.2006
Rev: 31.03.2006

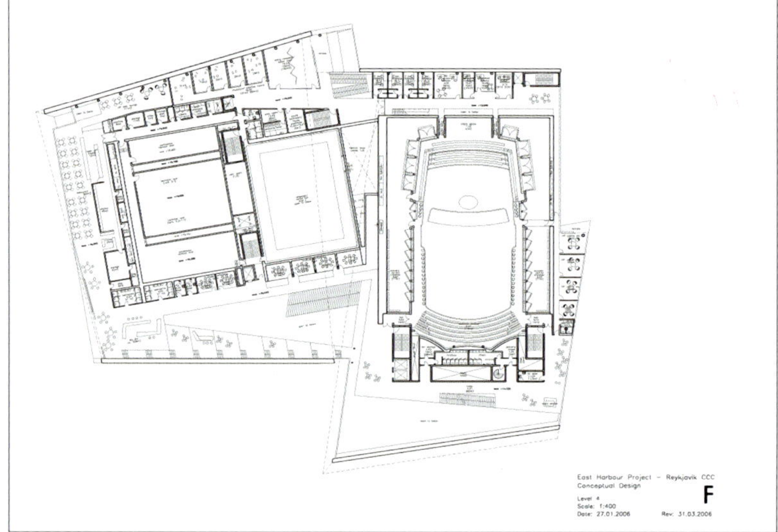
East Harbour Project – Reykjavik CCC
Conceptual Design
F
Level 4
Scale: 1:400
Date: 27.01.2006
Rev: 31.03.2006

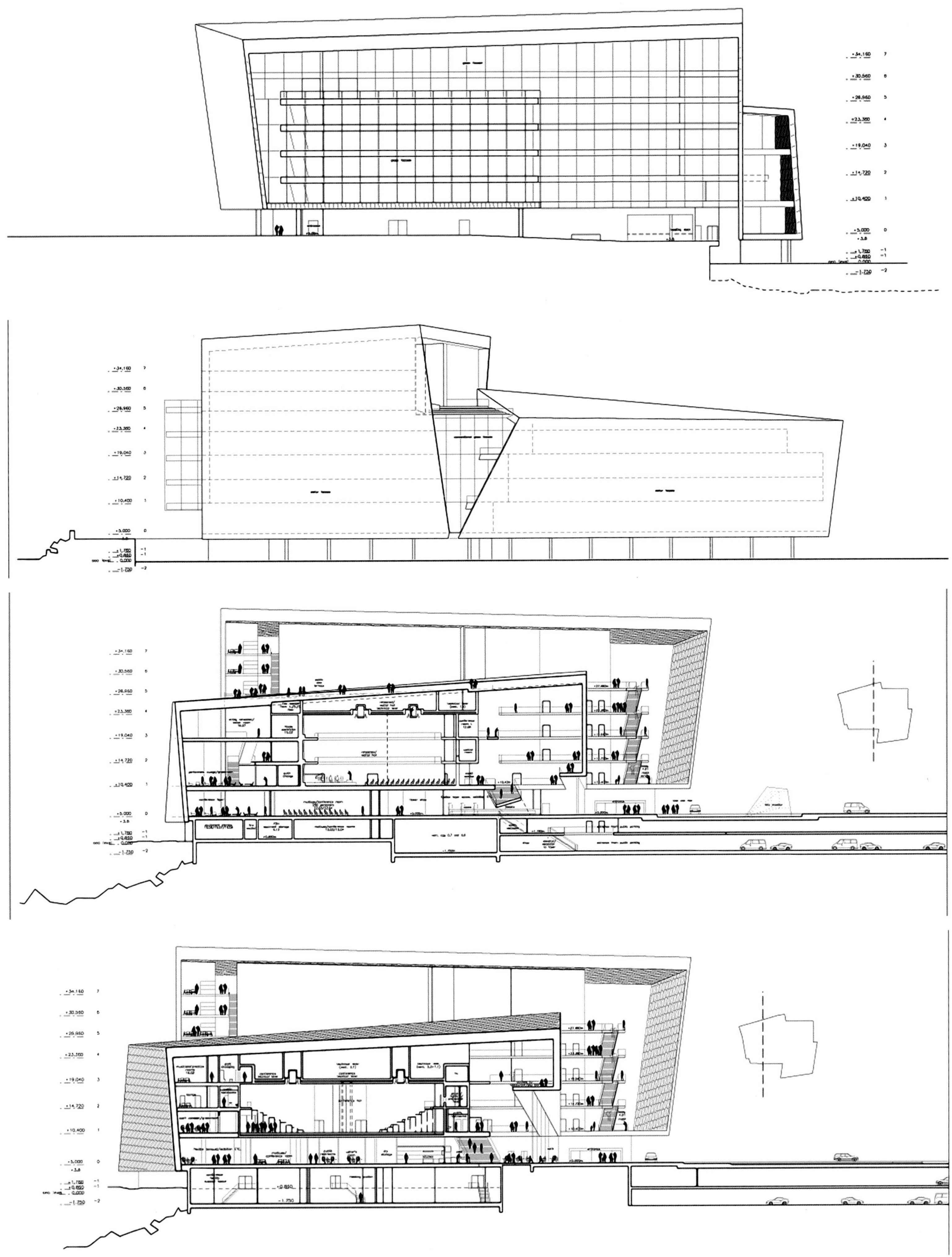
+34.160 7
+30.560 6
+28.960 5
+23.360 4
+19.040 3
+14.720 2
+10.400 1
+5.000 0
+3.6
+1.750 -1
+0.850 -1
0.000
-1.720 -2

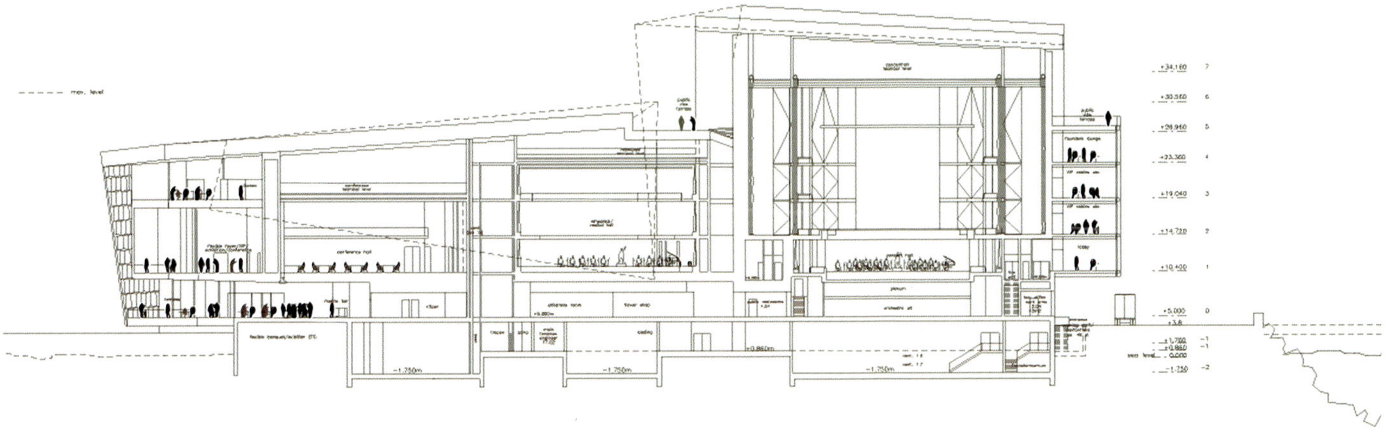

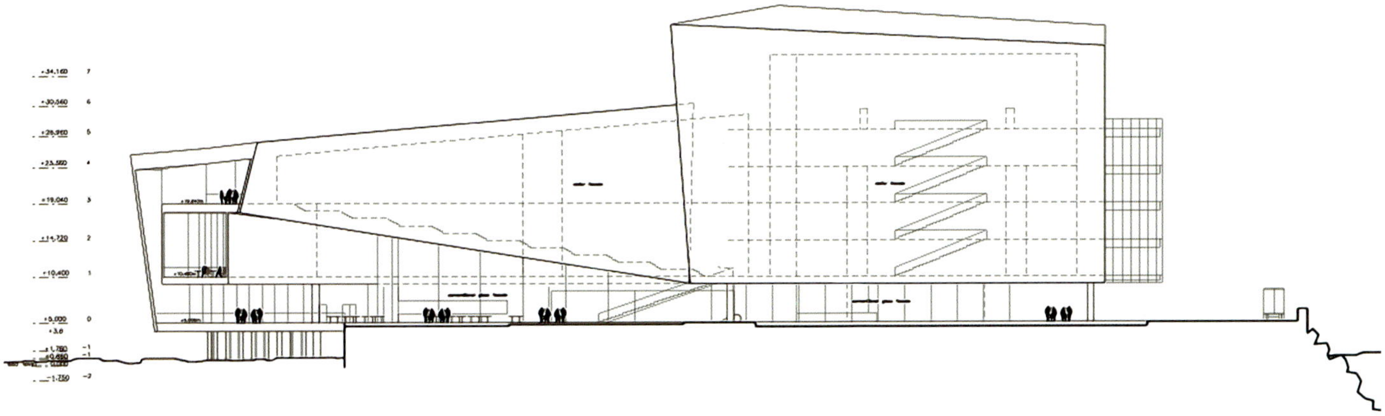

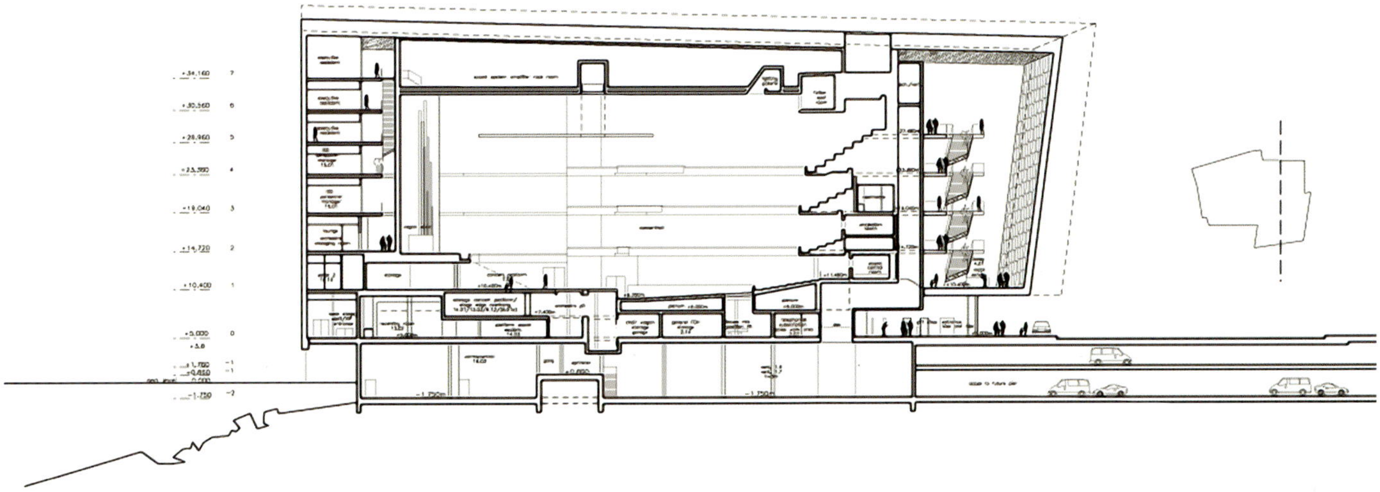

以色列特拉维夫时尚艺术研究生院

建筑设计： Chyutin Architects
项目位置： 以色列，特拉维夫
项目团队： Chyutin Bracha; Chyutin Michael; Dahan Jacques.
项目面积： 8000 m²

时尚艺术研究生院是学校主入口的标志性建筑，坐落在校园的中心广场上，建筑的第一层面向广场开放，使广场看起来仿佛是建筑的前厅，设计从整个校区规划考虑，着力创造出各院系学生之间的互动空间，希望通过该建筑汇聚各院系学生。

建筑共7层，面积达到8000平方米。上面6层在路面标高以上，底层需要通过下沉式广场进入。下沉式广场通过宽大的楼梯与广场连接。建筑内部围绕中庭形成环路，中庭伸到了建筑中的每个楼层和公共空间中，这里是开放的多层次空间，消除了学科和部门间的界限，能够长期灵活地提供适应研究生活动的空间。

建筑为双层幕墙，内层是玻璃幕墙，外墙是白色金属穿孔板，一些板能沿垂直的中心轴打开，不同的开启位置能为建筑的外观提供无限动态形式，同时工业金属板也象征着学校设计创新的特点。贯穿东西侧的窗户为中庭带来明亮的光线。屋顶天窗可通风并为室内降温。穿孔板作为教室外的遮阳幕墙，可加速空气流通。

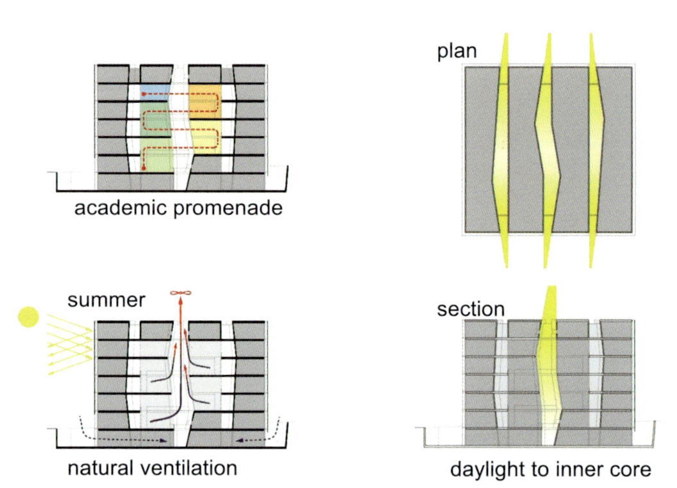

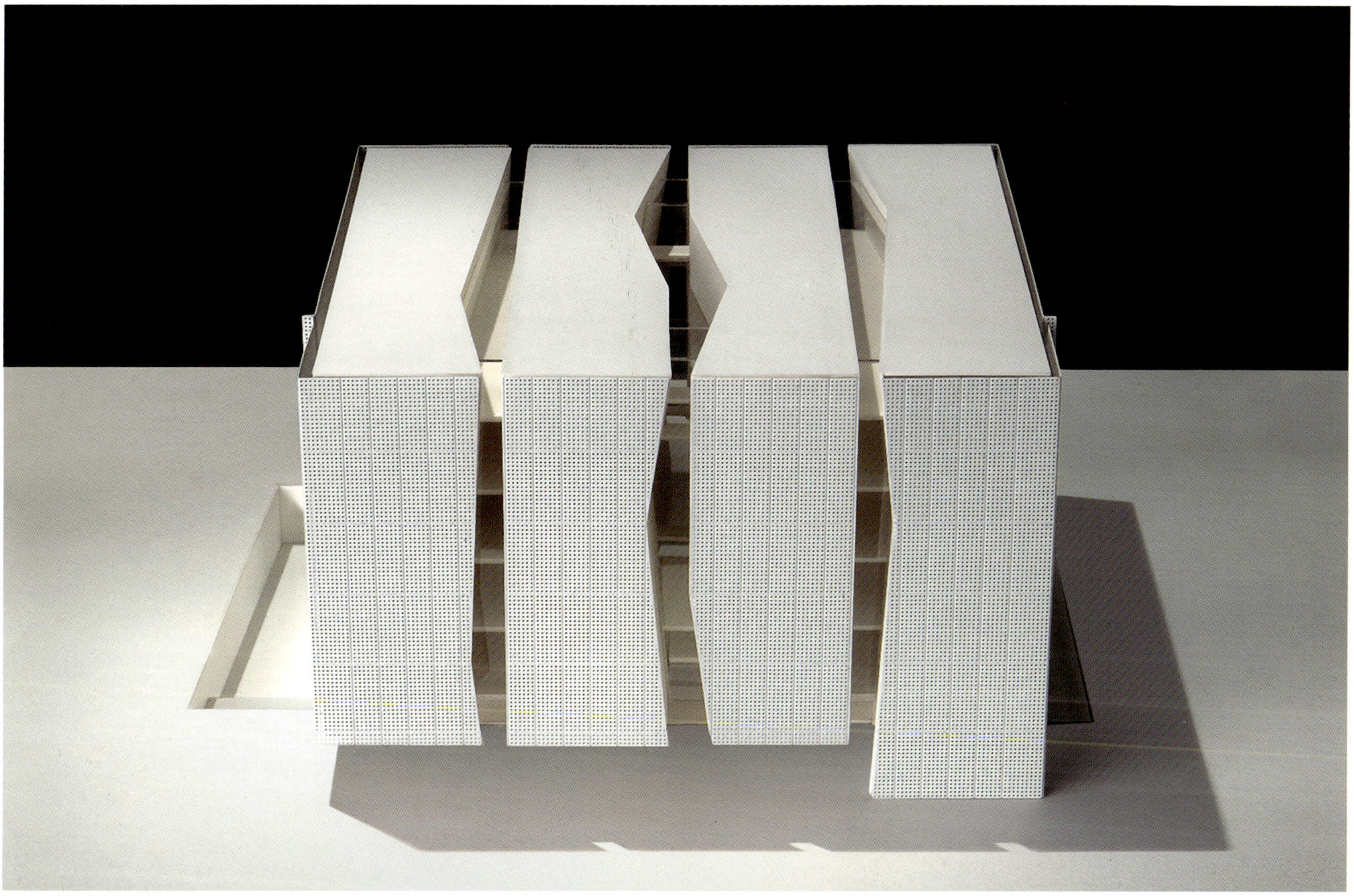

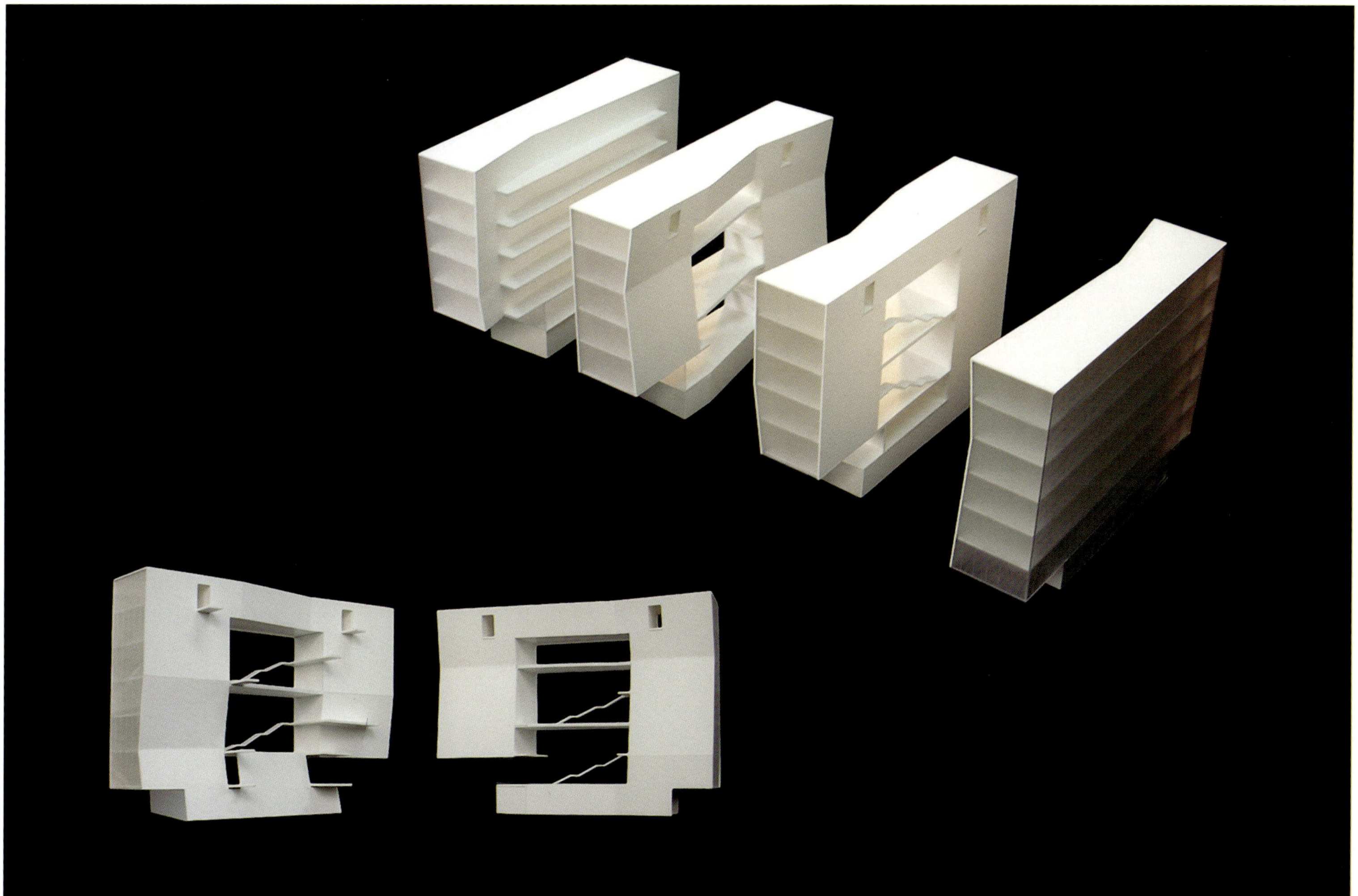

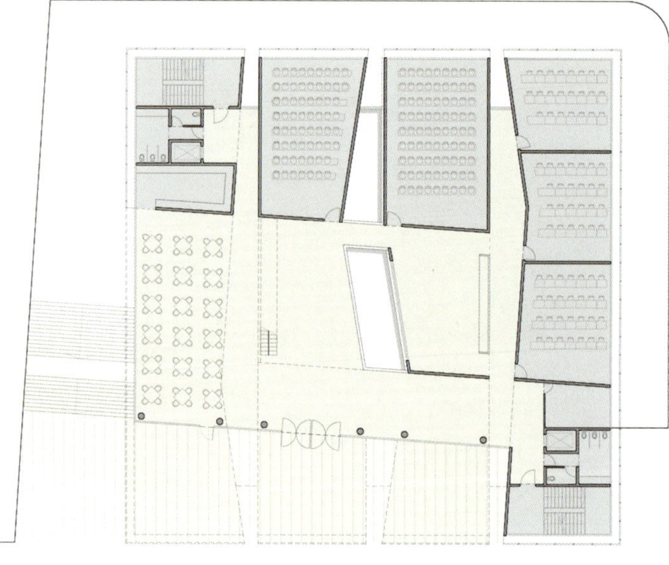

Grounf Floor

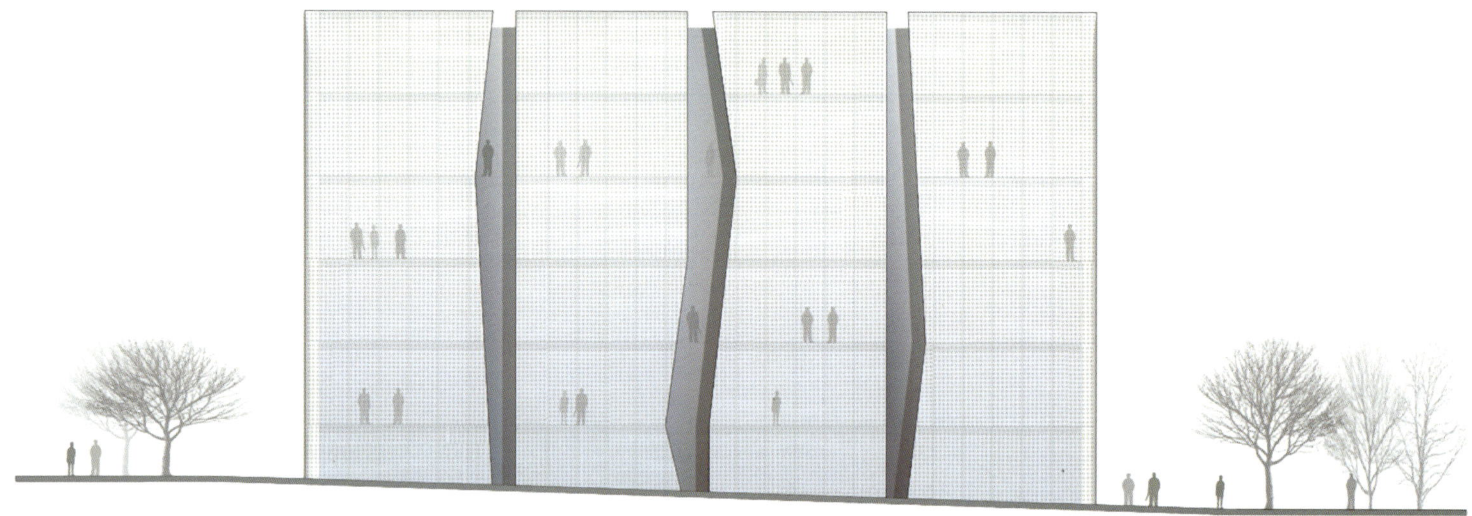

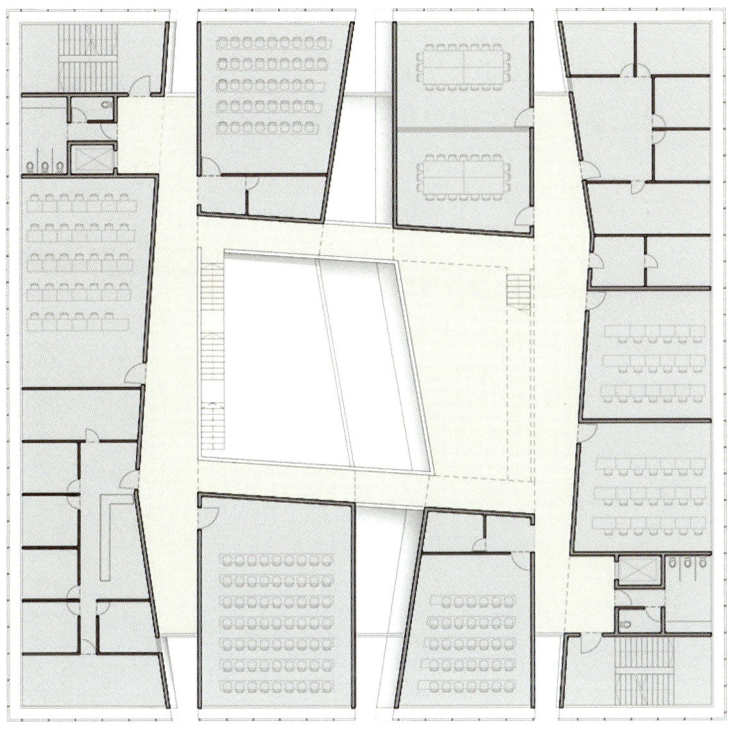

Studios floor

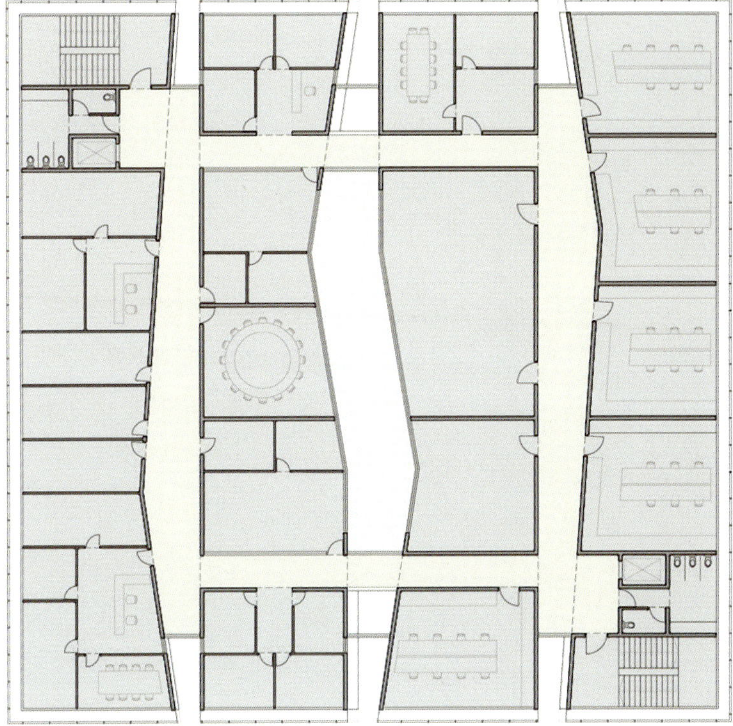

Administration Floor

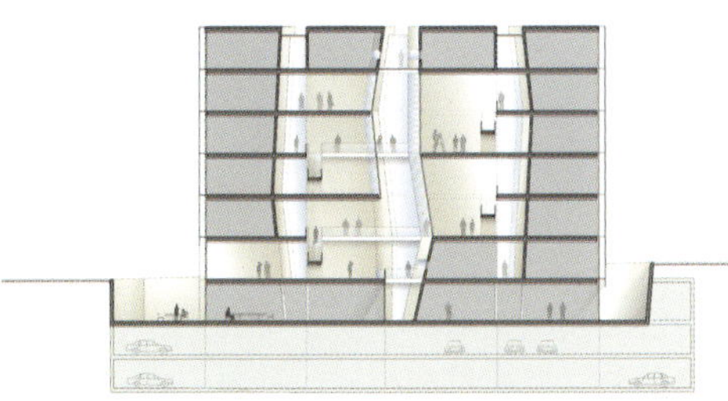

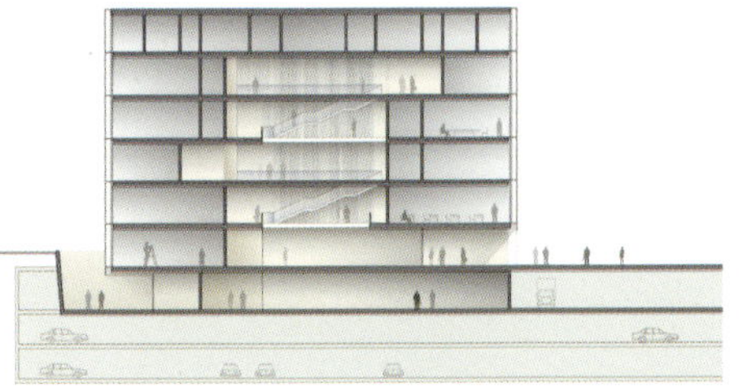

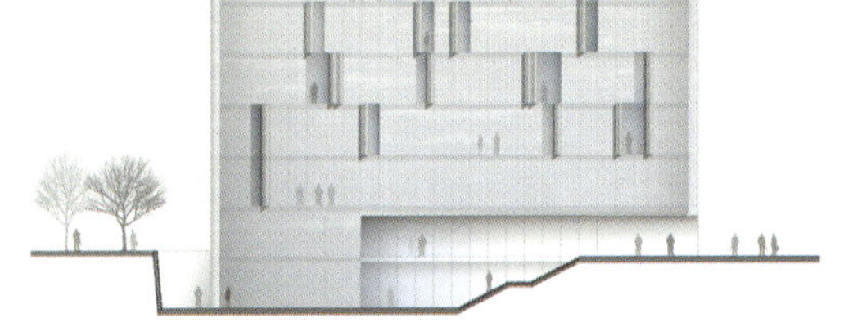

爱沙尼亚NO99稻草剧院

建筑设计：Salto AB

项目位置：爱沙尼亚，塔林

项目年份：2011

图片摄影：Martin Siplane, Karli Luik

NO99稻草剧院由 Salto AB设计，建筑本身一方面是一个纯功能性的结构，一方面又是一个艺术性的装置。它包含特殊的夏季剧目，是一个临时性的建筑，持续运行半年，有效使用期是从2011年5月一直到10月份，为特殊的文艺项目建造。

剧院位于塔林市中心，Skoone bastion堡垒的上面（塔林保存最好的巴洛克式防御工事）。20世纪初，曾经是一个公共花园，后来随着城市的发展，这块存在争议的土地被搁置起来。在这样的背景下，NO99稻草剧院希望能够激活该地区的功能潜力，让这里重新回到现代城市中来。

建筑的吸引性在于其颇具争议的有历史性的建筑用地上，全身发黑的建筑表面所表现出的静谧以及建筑屋角叠加的设计样式。矩形的结构正好位于之前的一个海军夏季剧院之上，之前的一个楼梯被用作一个带有盖顶的走道和新剧院的入口。建筑周围被不同的室外娱乐空间包围，包括下棋板、乒乓球、秋千等，都带有非商业化的很低调的感觉。

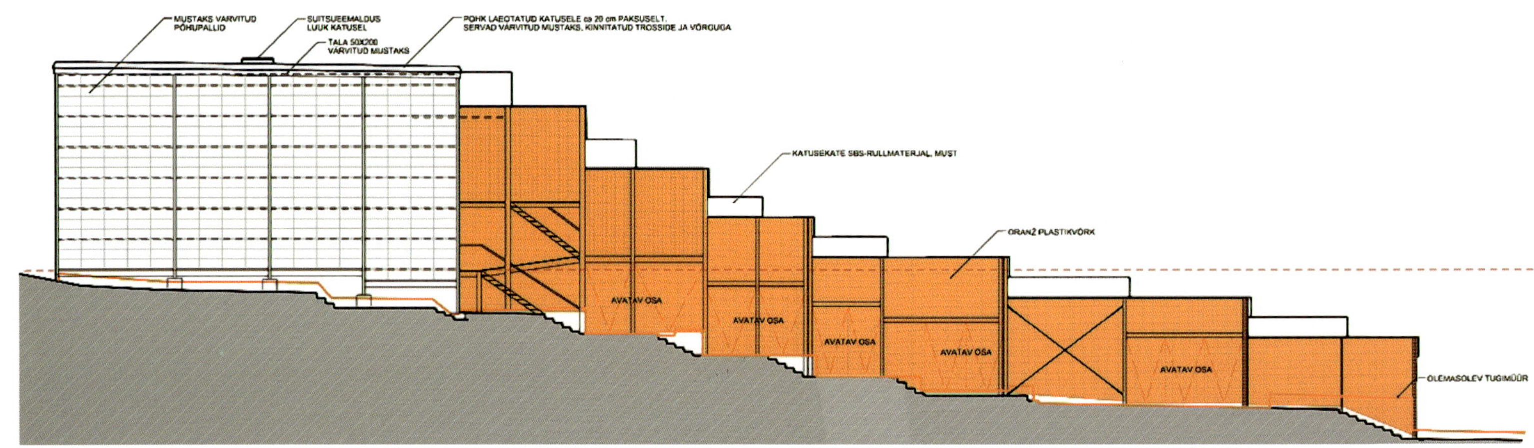

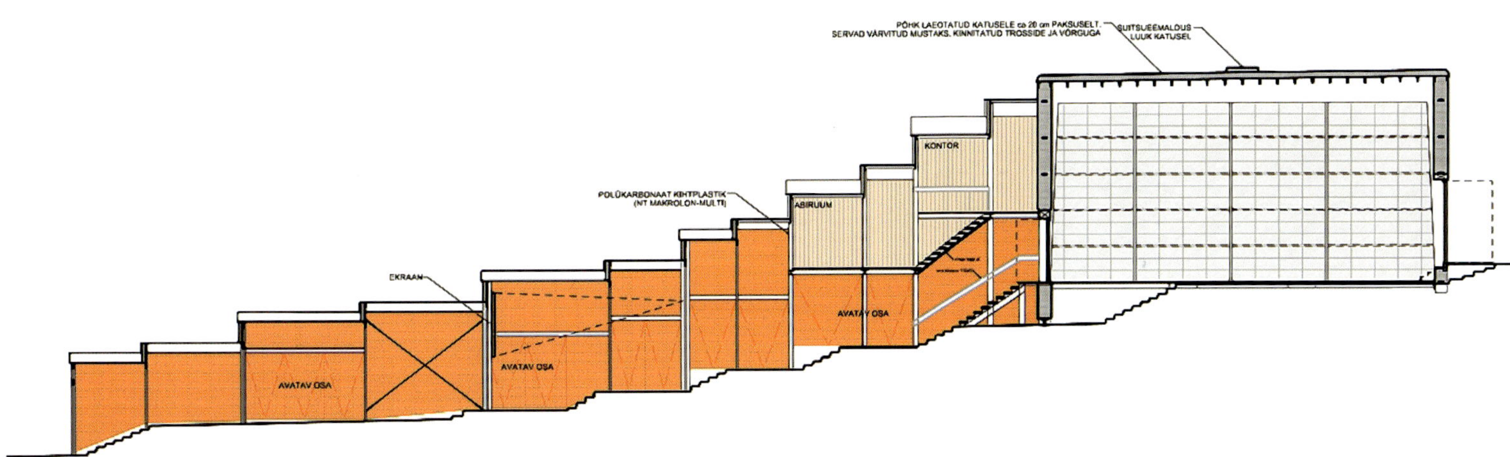
PÕHK LAEOTATUD KATUSELE ca 20 cm PAKSUSELT.
SERVAD VÄRVITUD MUSTAKS. KINNITATUD TROSSIDE JA VÕRGUGA
SUITSUEEMALDUS
LUUK KATUSEL
KONTOR
POLÜKARBONAAT KIHTPLASTIK
(NT MAKROLON-MULTI)
ABIRUUM
EKRAAN
AVATAV OSA
AVATAV OSA
AVATAV OSA

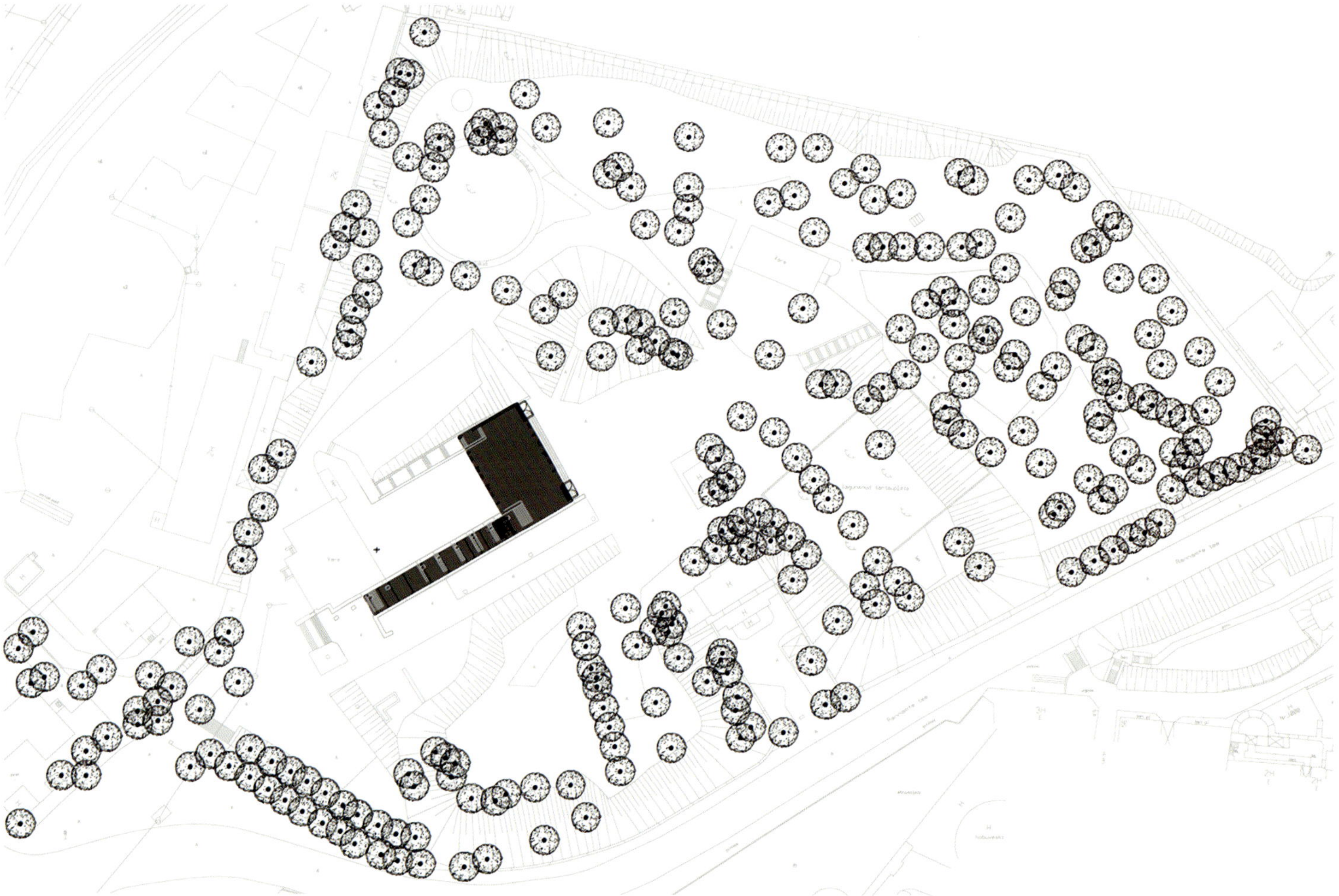

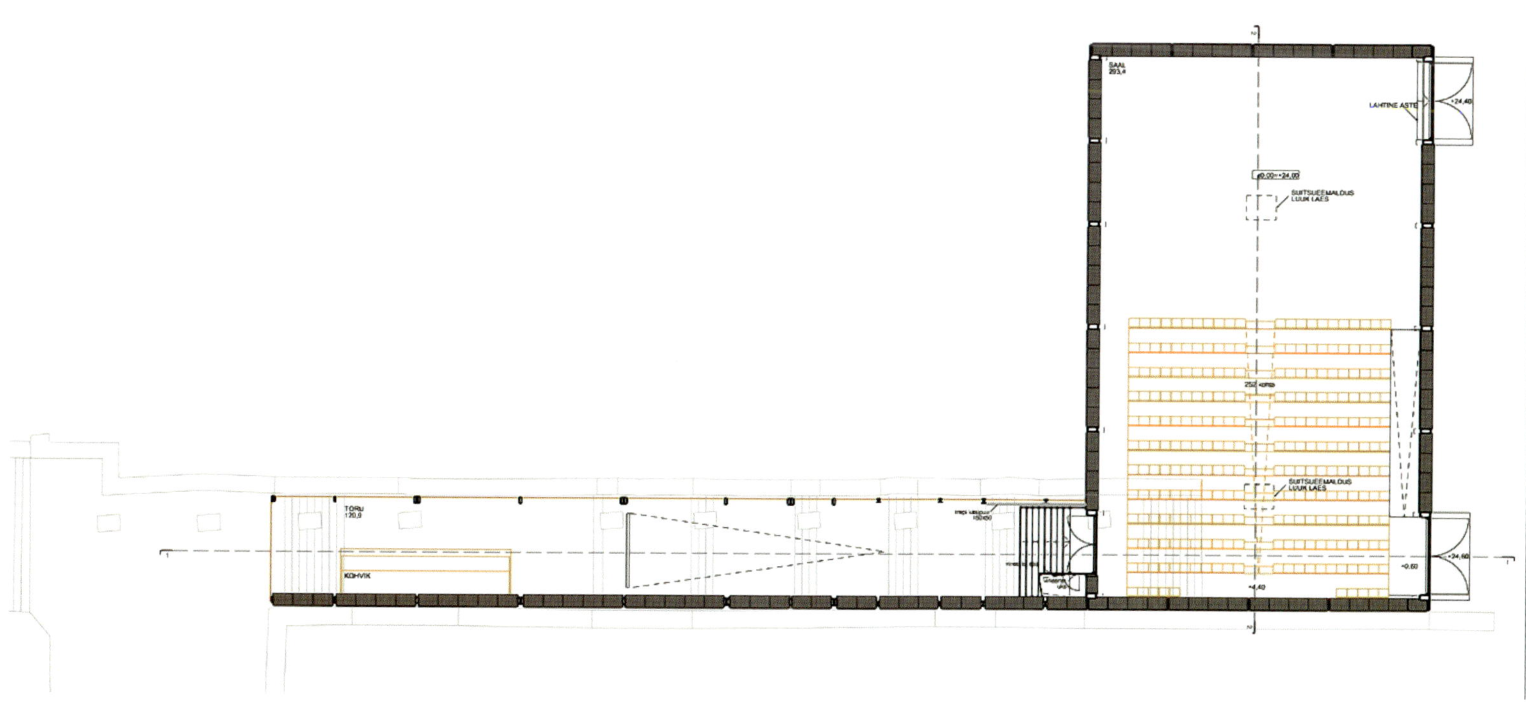
SAAL
LAHTINE ASTE
SUITSUEEMALDUS
LUUK LAES
TORU
KOHVIK

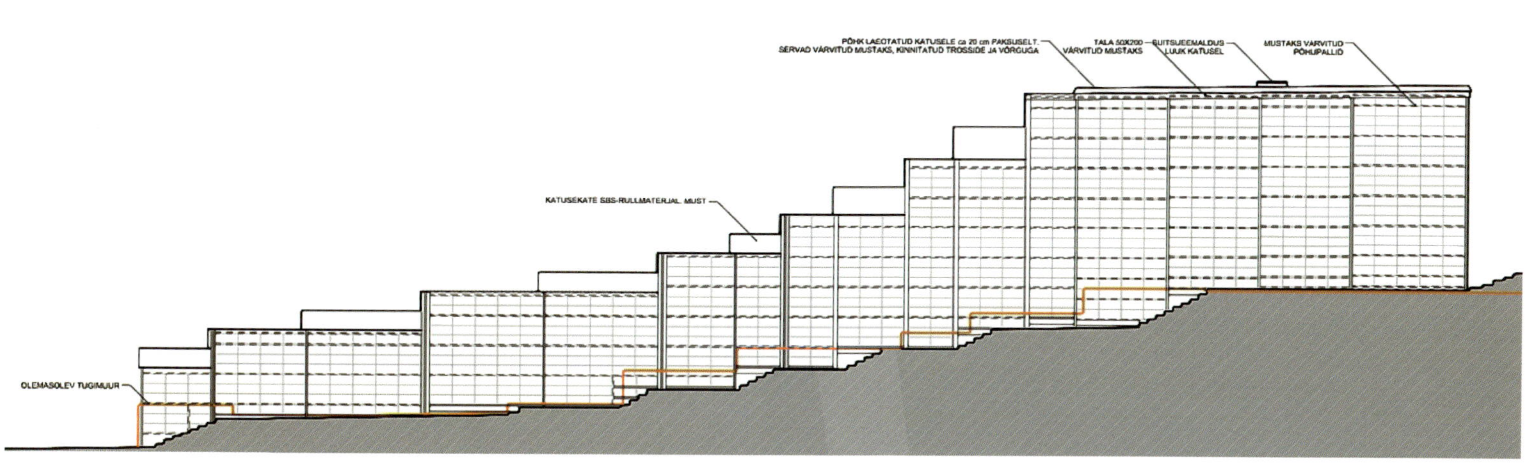
PÕHK LAEOTATUD KATUSELE ca 20 cm PAKSUSELT.
SERVAD VÄRVITUD MUSTAKS, KINNITATUD TROSSIDE JA VÕRGUGA
TALA 50X200
VÄRVITUD MUSTAKS
SUITSUEEMALDUS
LUUK KATUSEL
MUSTAKS VÄRVITUD
PÕHUPALLID
KATUSEKATE SBS-RULLMATERJAL MUST
OLEMASOLEV TUGIMUUR

纽约公园皇后剧院

建筑设计：Caples Jefferson

项目位置：美国，纽约

项目面积：1077.67 m²

项目年份：2010

图片摄影：Nic Lehoux

美国纽约公园的皇后剧院是一个重新连接的场所，在菲利普•约翰逊于1964年设计的世界博览会展馆有趣的圆形几何体基础上进行扩建。新结构状如星云，是一个透明的观景亭，从这里能欣赏到如梦似幻的公园美景，而世博会标志“大地球仪”和约翰逊天文台大厦及临时展馆仍然在寻求得到拯救的机会。这是一个为该地区而设计的聚会场所，其丰富的材料和薄暮时分的室内色彩非常有节庆气氛，汇聚于此的109种民族文化亦是皇后剧院引以为荣之处。

新结构是为该地区设计的可容纳600人的会客室，坐落于约翰逊设计的纽约州展馆巨大椭圆形的轴线上。设计师面临的挑战是要创造一种螺旋形式的印象，同时控制在仅能建成大型平板玻璃单元的预算范围之内。我们运用格式塔心理学原理，并从艺术的角度出发设计了一个玻璃墙结构体，金属肋板突出于每一个垂直节点。肋板的效果是为了让人将注意力集中在即将消失的景色上，因为在曲线结构里向四周看过去，它们会逐渐消失不见。

螺旋式上升的水平窗棂进一步增强了这种空间曲线运动的感觉。幕墙的设计采用了各种各样的现代技术，其中低含量乳胶漆用于减少太阳辐射，以硅胶密封接头代替金属帽，充气式保温单元用于减少取暖费用以及层压玻璃户外灯具既能增加单元的规模，也能避免恣意破坏公物的行为。利用数字设计和制造技术可独立制造5000多个独特的玻璃板，用在音乐厅中给人以完美的圆形的错觉。

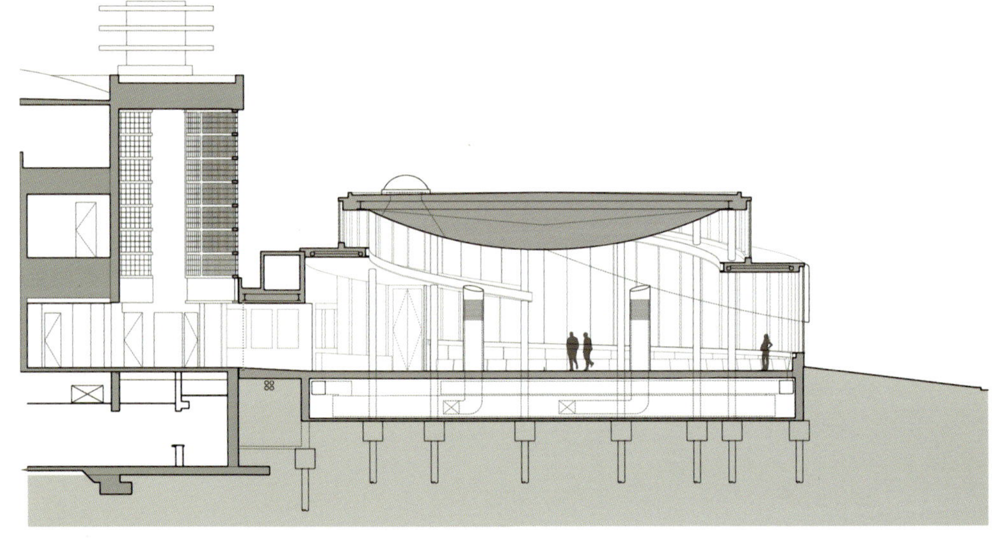

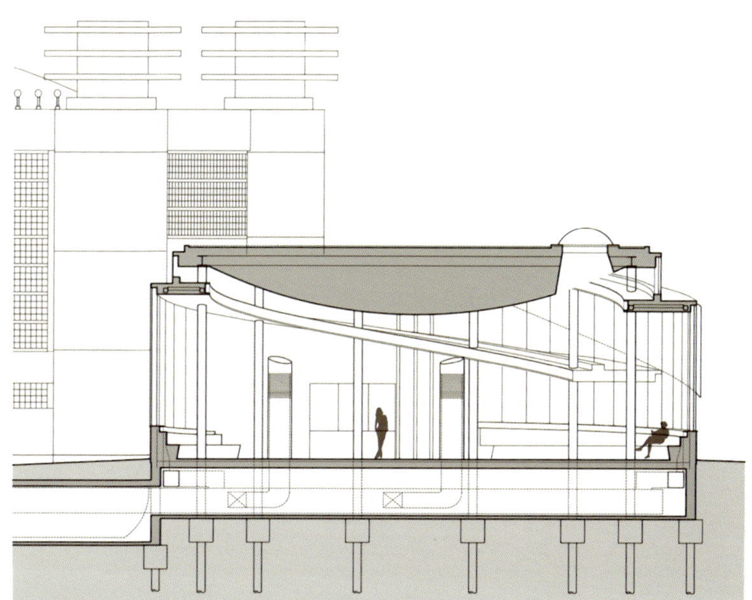

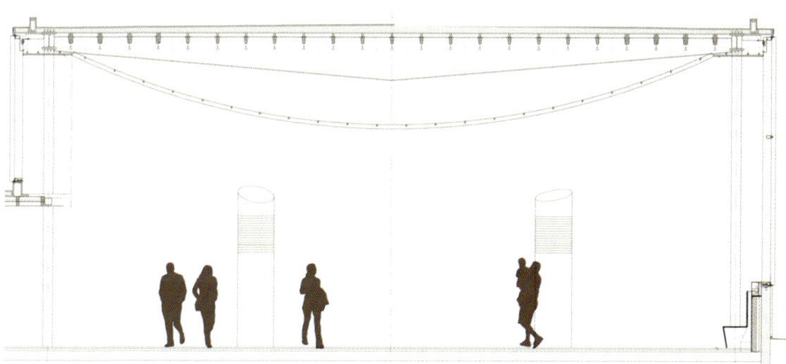

21世纪国家电影资料馆

建筑设计：Rojkind Arquitectos / Michel Rojkind, Gerardo Salinas

项目位置：墨西哥

项目面积：20188 m^2

效果渲染：Rojkind Arquitectos, Axel Fridman

墨西哥国家文化和艺术委员会宣布21世纪国家电影资料馆项目将委托给Rojkind Arquitectos设计。委员会要这样一个项目就要对电影中持续的变化做出理解，就如同电影（moving pictures）这个词本身表达的意思一样。今天影像已经不只是在屏幕上移动，而是随着人们共同移动，我们走到哪里它就走到哪里，从一个大家的聚会空间走出来，变得无处不在。

新建的电影资料馆必须要保护墨西哥国家的电影遗产，同时也要保护和反映其他国家的电影文化。这里不仅有电影，还有娱乐等空间，设施都是利用最先进的技术打造的。设计的概念是将电影从典型的空间中移除，如公园里的电影、广场里的电影等，让它不是一种与空间相关的电影体验，而是将空间本身变成电影的体验，即公园、广场本身就是一场电影。

通过这种方式，国家电影资料馆成为一个连接人们与多媒体的物理及虚拟空间的场所。界面包括两个重要元素：连接制造该馆的不同元素以及屋顶的连续背景，其用自己的方式连接。该项目包括对综合楼的整体改造。

在原有放映室的基础上，该建筑现在增加了五个拱顶室，其中四个收藏了以35mm 和 15 mm 格式存放的超过15,000 个的世界经典影片。第五个收藏了肖像材料，包括明信片、照片、幻灯片、底片和视频。为了储藏50000卷以上的电影，拱顶表面将从1500平方米增加到2200平方米。数码修复实验室和画廊空间将有500平方米；办公室被重组，从1900米缩减到1800米。

GROUND FLOOR

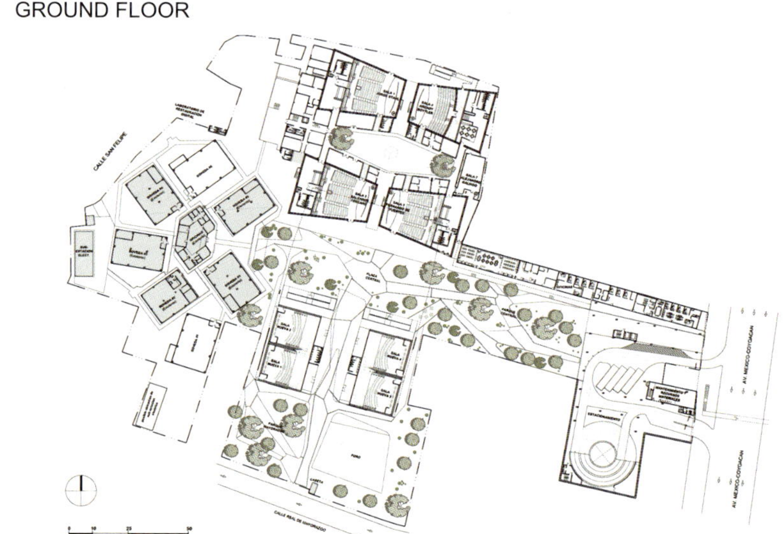

SCREENING ROOMS
1000 seats(4@250)

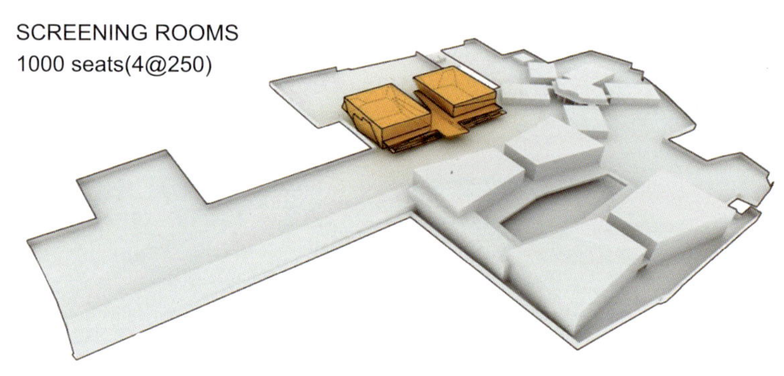

ROOF STRUCTURE
6,900m^2

EXISTING THEATERS RENOVATION
2849m^2

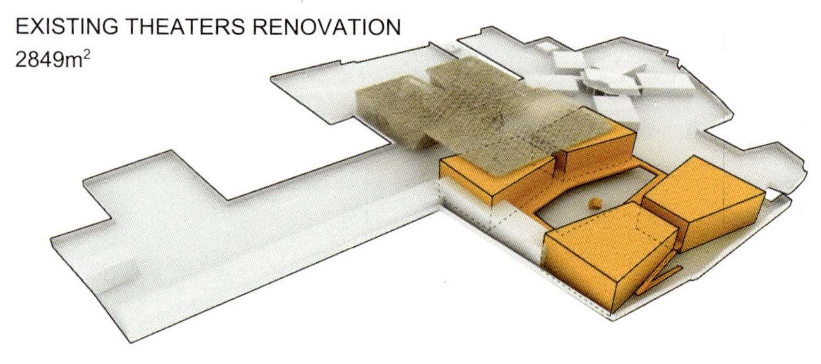

SEATS

Current State
2,050 seats

Proposal
3,050 seats

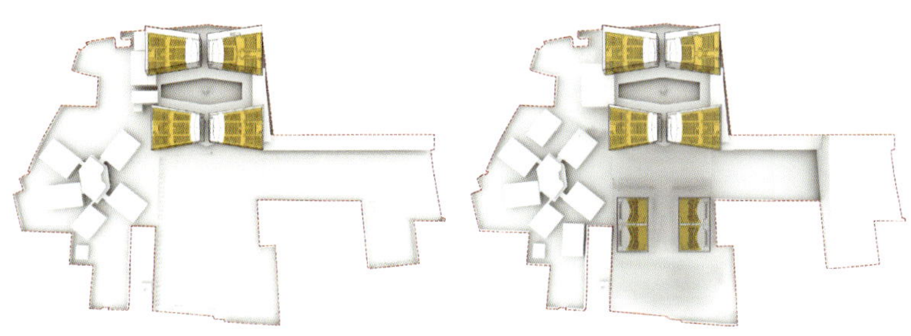

ARCHIVE VAULTS

Current State
125,000 seats

Proposal
50,000 additionnal volumes

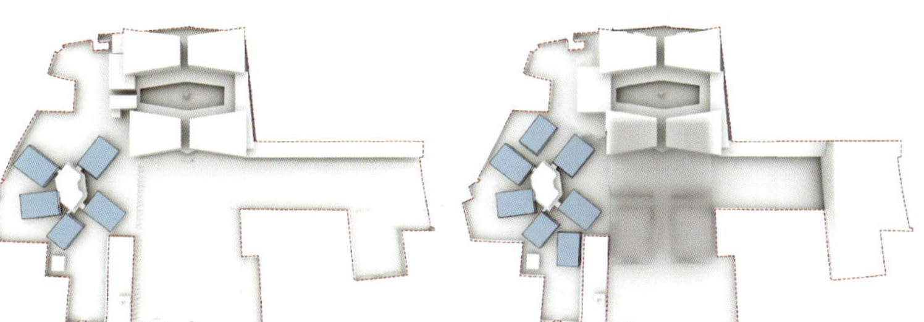

克罗地亚主教会议大厦

建筑设计： Zagreb 大学建筑学院建筑设计系，Nenad Fabijanić教授

项目地点： 克罗地亚，Zageb

项目团队： Sonja Tadej, Marija Grković, Zvonimir Pavković, Željko Pavlović, Davor Pavlović

项目年份： 2011

项目面积： 11900 m²

图片摄影： Miro Martinić

克罗地亚主教会议大楼不仅是一个管理和文化中心，还是克罗地亚天主教主教的居住之所，建筑位于美丽的城市北部地区，到处是花园和绿色空间。建筑位于一个倾斜的斜坡上，包括一个公园和两个单独的建筑，即主教的管理办公楼和主教的住所。

建筑的前立面朝着主路，这条路是通向大楼的主要通道，建筑的前立面还充当中庭的外侧部分，它覆盖室内的院落和首层空间。白色的玛瑙板条覆盖同时也充当有效的遮挡。但是因为这个材料的光吸收和散发特性它在晚上才会显现出更加美丽的一面。

围绕内部庭院的中庭是办公室的所在地，中心区域有一个小教堂和一个会议室，朝向东侧的居民区位于其后。这两个区的区别在于所使用的材料，有的是混凝土的，有的是塑料外壳与黑玛瑙外壳的结合。建筑占据了斜坡的位置，建筑门面闪闪发光，动力活动在里面进行。

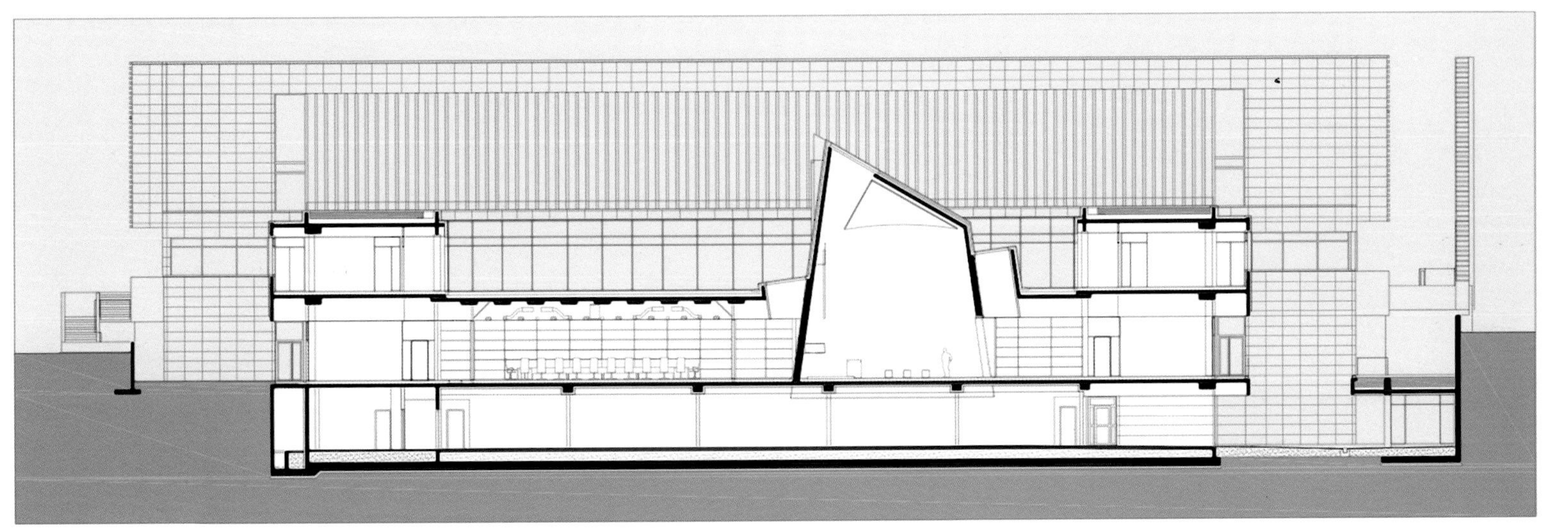

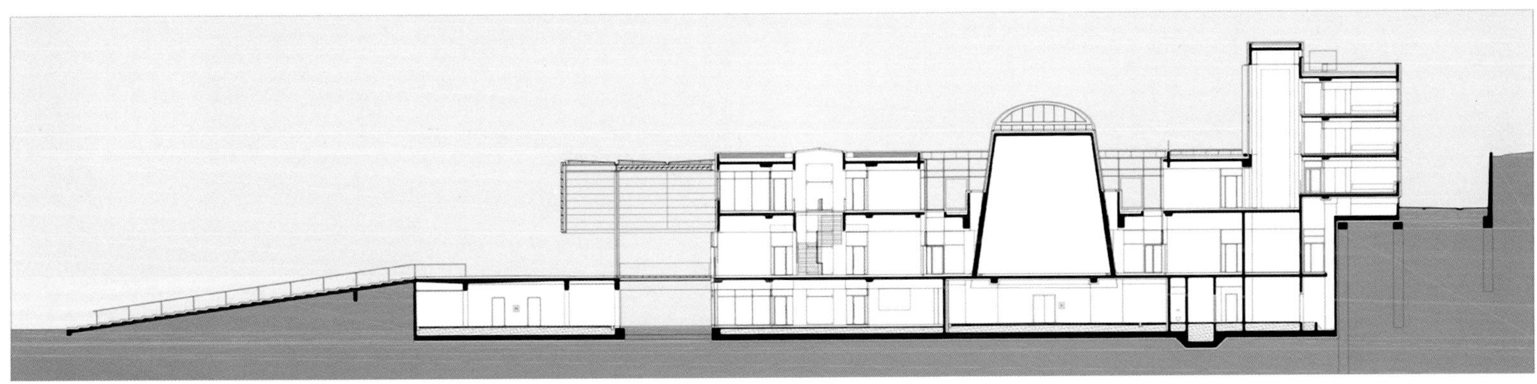

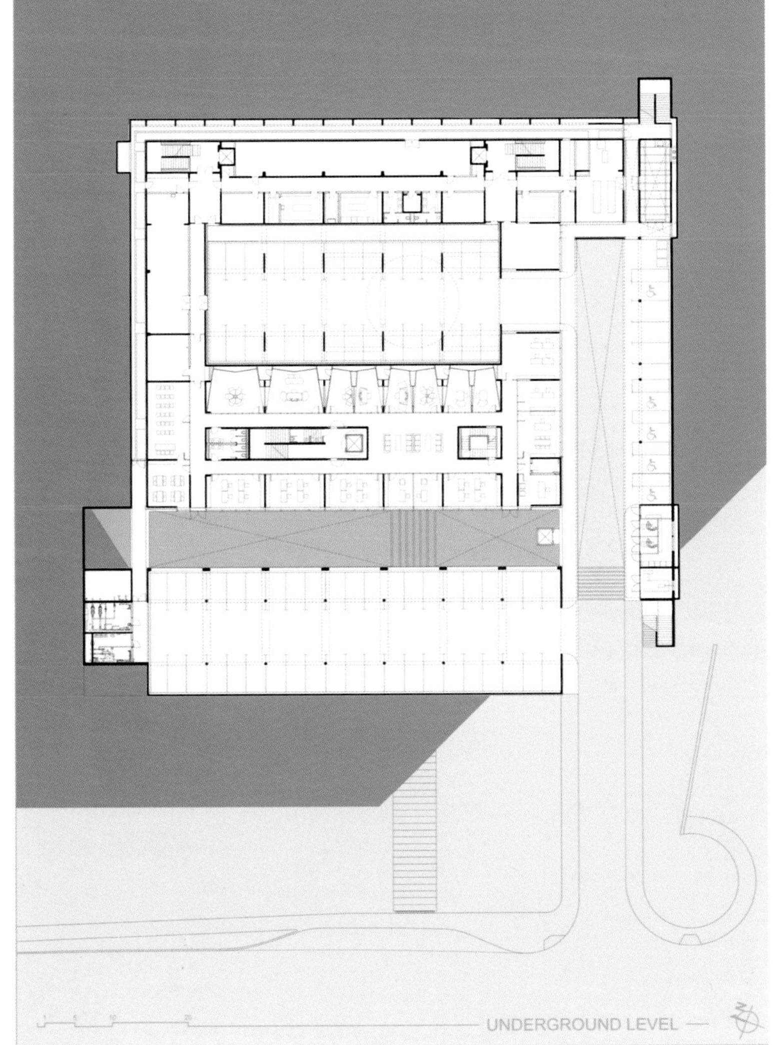

UNDERGROUND LEVEL

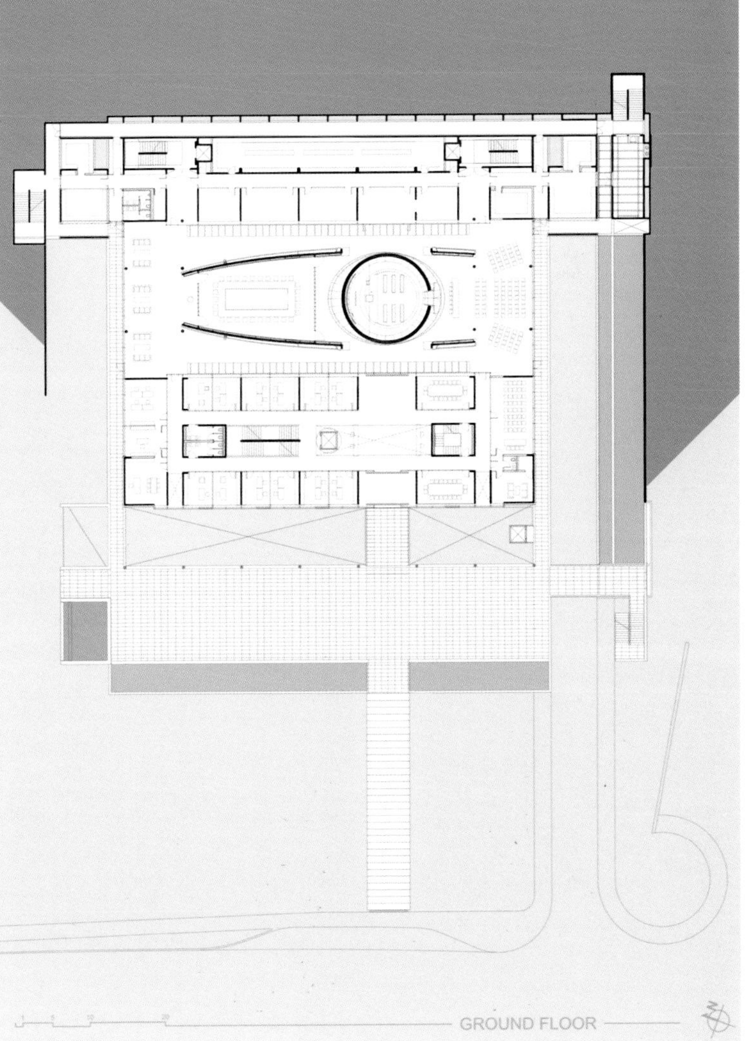

GROUND FLOOR

青森Nebuta节文化中心

建筑设计：Molo+d/dt+Frank la Riviere Architects inc

项目地点：日本 青森县

工程面积：4339 m²

项目年份：2006 - 2010

这个包含了博物馆与文化中心的建筑致力于传播与纪念日本北部城市青森县的睡魔节文化。建筑由涂有深红色搪瓷的钢铁丝带包裹，从而创造了一种独特的变化。

日本颇具历史和文化意义的Nebuta节八月份驾临青森。在Nebuta节上每年都要制作一种巨型灯笼，它们好似漂浮的勇士，展示着战争中的场景。节日期间将有二十多个Nebuta参加游行，伴随的还有鼓声、笛声以及身着传统服饰的人们载歌载舞。

青森Nebuta节文化中心是为这次Nebuta节修建的建筑，它位于青森火车站，面朝大海，建筑表面是十二米高的钢铁带子，它们将整个结构包裹，环绕形成一个室外的走廊，这是跨越现实世界和Nebuta神奇世界之间的一道门槛。每条带子都稍稍有些弯曲，以为灯光、景色和通道提供适当开口。

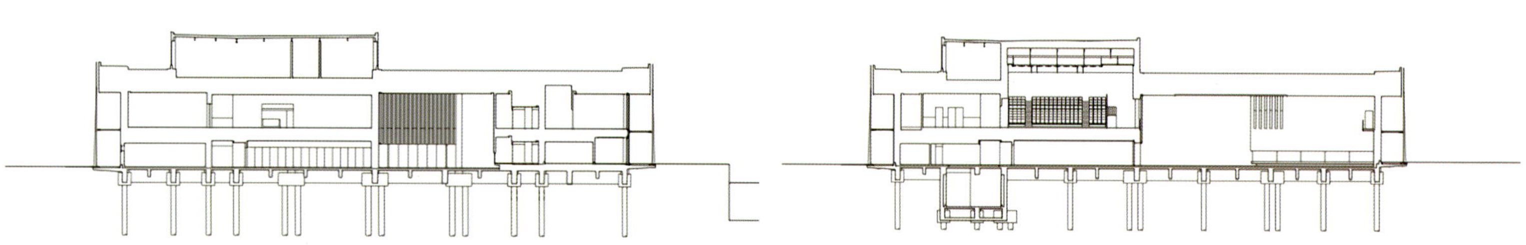

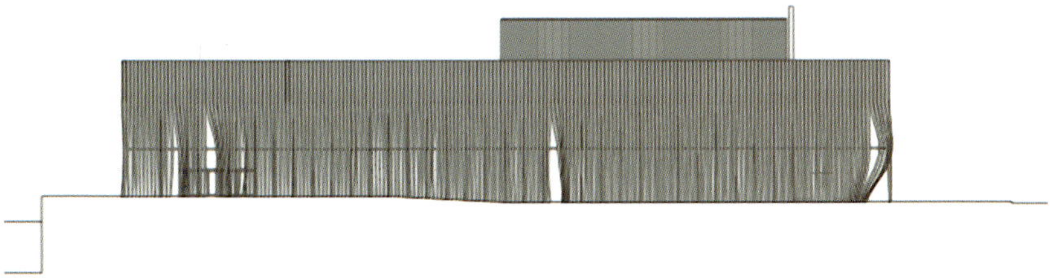

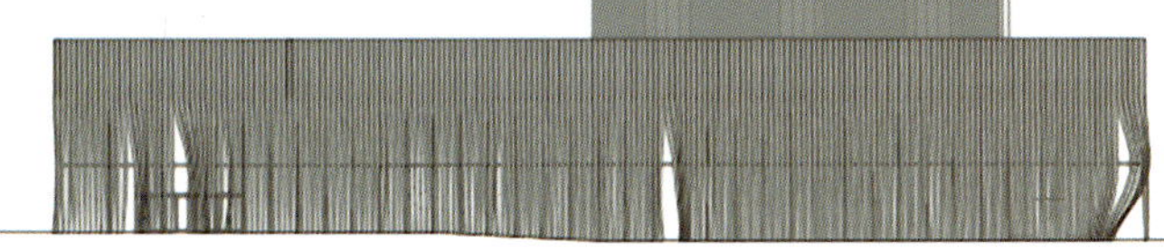

Quinte West基督教青年会

建筑设计：aTRM Architects - Scott Robinson
项目地点：Quinte West，加拿大
建筑面积：50000 sqft
图片摄影：Shai Gil

近日，由Quinte West市政府与基督教青年会共同合作设计的这座新的高水平娱乐设施落成，满足了附近社区日益增长的健身需求。这座建筑包括两个游泳池、一个巨大的体育馆、多用途的房间、健身区域和一个单独的工作室。此外，建筑内部还有一个循环流通空间，这是专为寒冷的冬天设计而成的。作为该中心的双重特性，建筑师在健身区域和外部储藏空间内打造了诸多社区空间，将其与城市的主要设施完美地融合起来。除此之外，建筑内部还有日托中心和管理员办公室。

该建筑位于一处空旷的商业工业产区，紧邻401高速公路。建筑的设计充分利用附近便利的交通设施，快捷而方便。为了能够使建筑本身成为一个巨大的公示牌，设计师将建筑空间精心布局，使得自然光线能够很好地照射到室内空间。

City of
Quinte West

漆咸肯特基督教青年会

建筑设计：Scott Robinson

项目位置：加拿大，安大略漆咸

项目面积：50000 m²

项目年份：2011

图片摄影：Lisa Logan

漆咸肯特区把这个新的基督教青年会视为吸引新家庭到来的一个关键设施，并且对建立和维持该区的生态和社会健康功不可没。青年会董事会主席Jim Loyer把它喻为加拿大最好的青年会，它不仅有益于该地的经济发展，也能提高该区居民的生活质量。

该青年会有6泳道游泳池、嬉水池、体育馆、步行道，有氧健身房、青年健身室、公共休息室。为适应社区内快节奏的生活方式，这个新的基督教青年会将为建构性项目提供空间，并为社区成员在闲暇时候打篮球或者在炎热的夏天游泳提供充足的便利。该设施同样融入了当代可持续绿色建筑的设计理念。

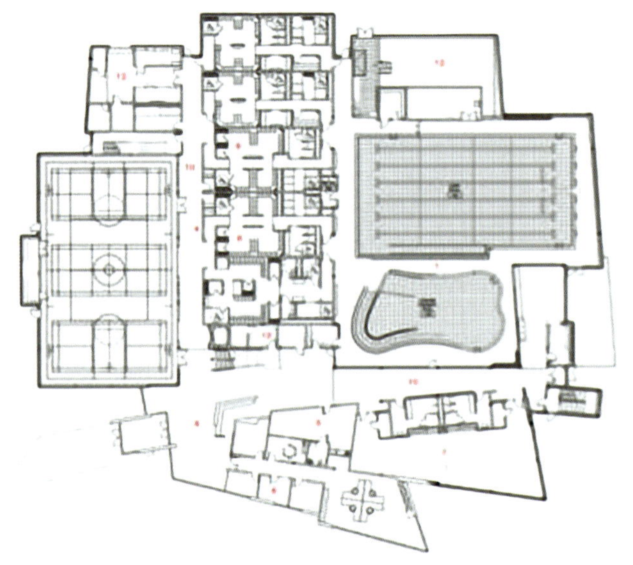

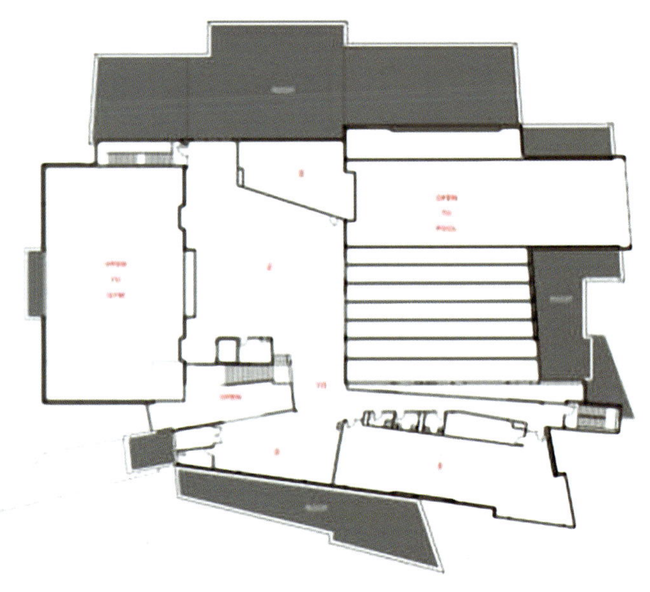

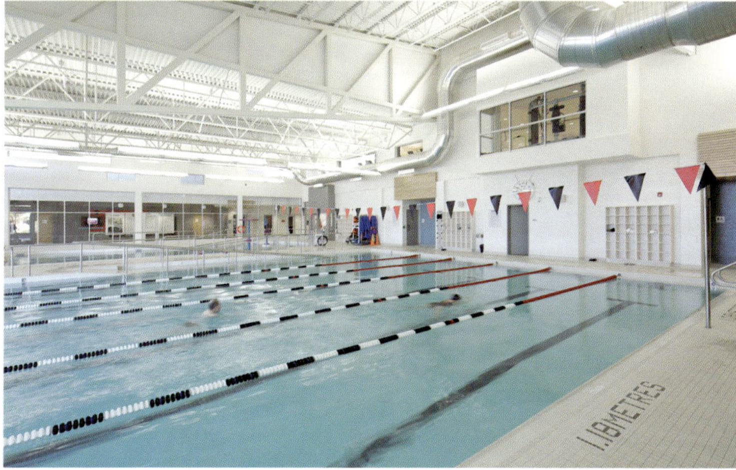

广州日报集团文化中心

建筑设计：IAPA建筑事务所

项目地点：中国广州

项目客户：广州日报集团

项目面积：18万 m²

IAPA向我们展示了广州日报集团文化中心的设计方案。这是一个大型的多用途建筑综合体，最近刚刚赢得了国际建筑设计大赛的优秀奖。中心包括办公、陈列、商业、旅馆、文化和服务空间，创造了一个具有生动意象、独特内涵和区域文化特点的建筑综合体。

文化中心地理位置优越，位于广州市琶洲商贸中心区，在市区南部新中轴线以东，珠江以北，广州塔的东面。

纸张和印刷是报纸文化最具代表性的两种元素，也是设计方案的出发点。折叠的纸张是最初的设计灵感来源。在信息时代，报纸是信息传播的重要渠道，为了表现出文化中心不仅仅是空间的载体，也是信息的载体，它的外观像数千张折叠在一起的纸。这是报纸文化的一个代表性标志。

IAPA把折叠纸张的理念从建筑延伸到了景观。外面的景观空间使用了大量的水和下沉景观花园，以强调中国南方水城的区域特征和当地滨水建筑的特点。不同高度的花园不仅模糊了建筑和景观之间的界线，也强化了建筑体量和周围景观和水体特点的全面整合及延伸。

文化中心博物馆的设计来自于中国古代伟大发明之一的活字印刷。丰富的字块方阵不仅使报纸博物馆具有多样的形状和突出的主题式室内外展览空间，也表达出了活字印刷和当代报纸文化之间深厚的历史渊源。

为了创造出纸张折叠的效果，除了选用悬挂板块的形式之外，IAPA还在外面加入了金属遮阳设施，以强调整座建筑的水平线条。这个方案有效地控制了建筑物的光照水平，也非常适合广州当地的气候特点。遮阳设施的密度和玻璃区域的大小由建筑内部的功能决定。设施的大小仔细考虑了人体尺寸和视野可达性等因素，无论站在窗边或是坐在办公室内，人们都能够欣赏珠江的迷人景色。

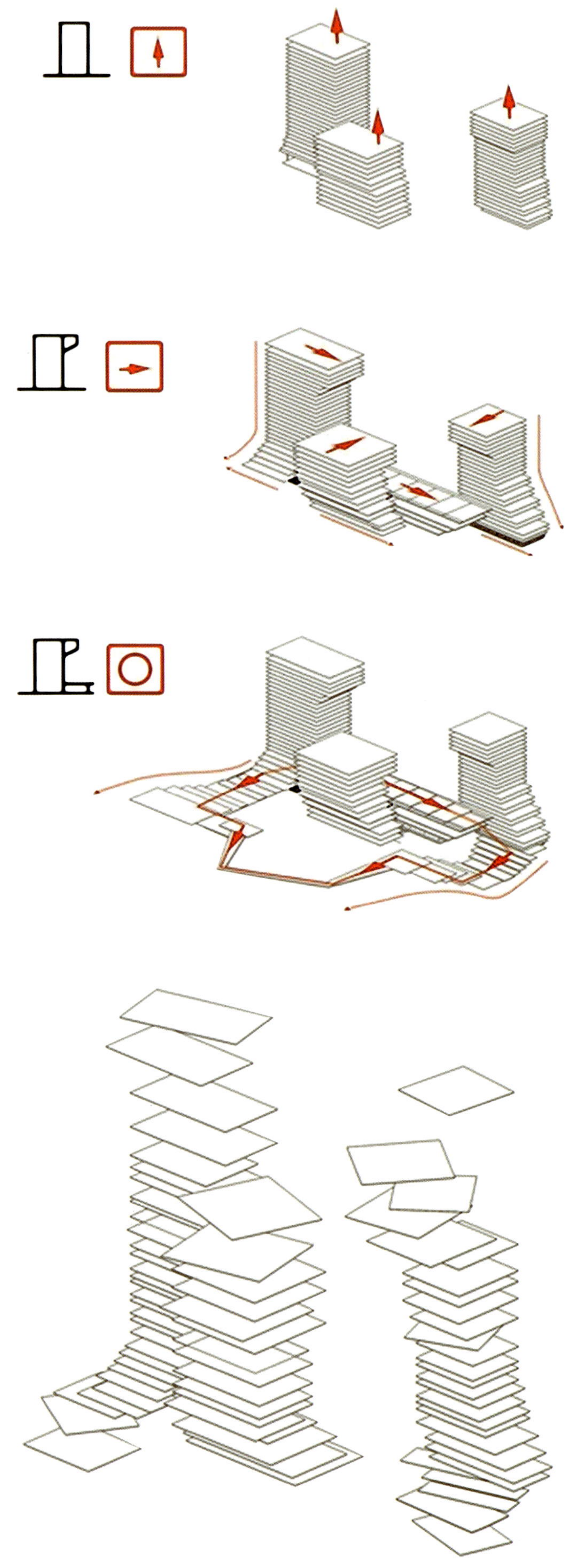

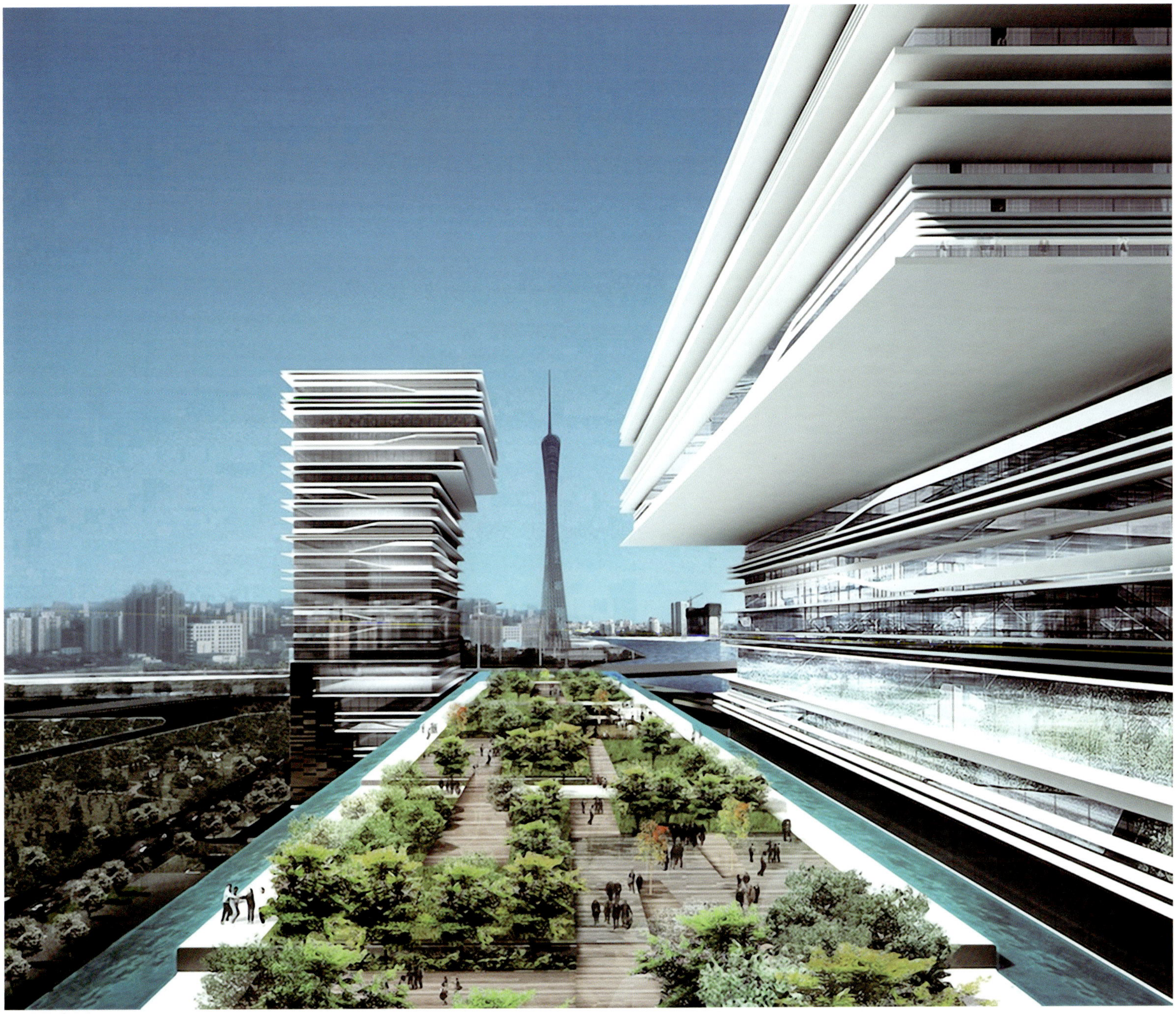

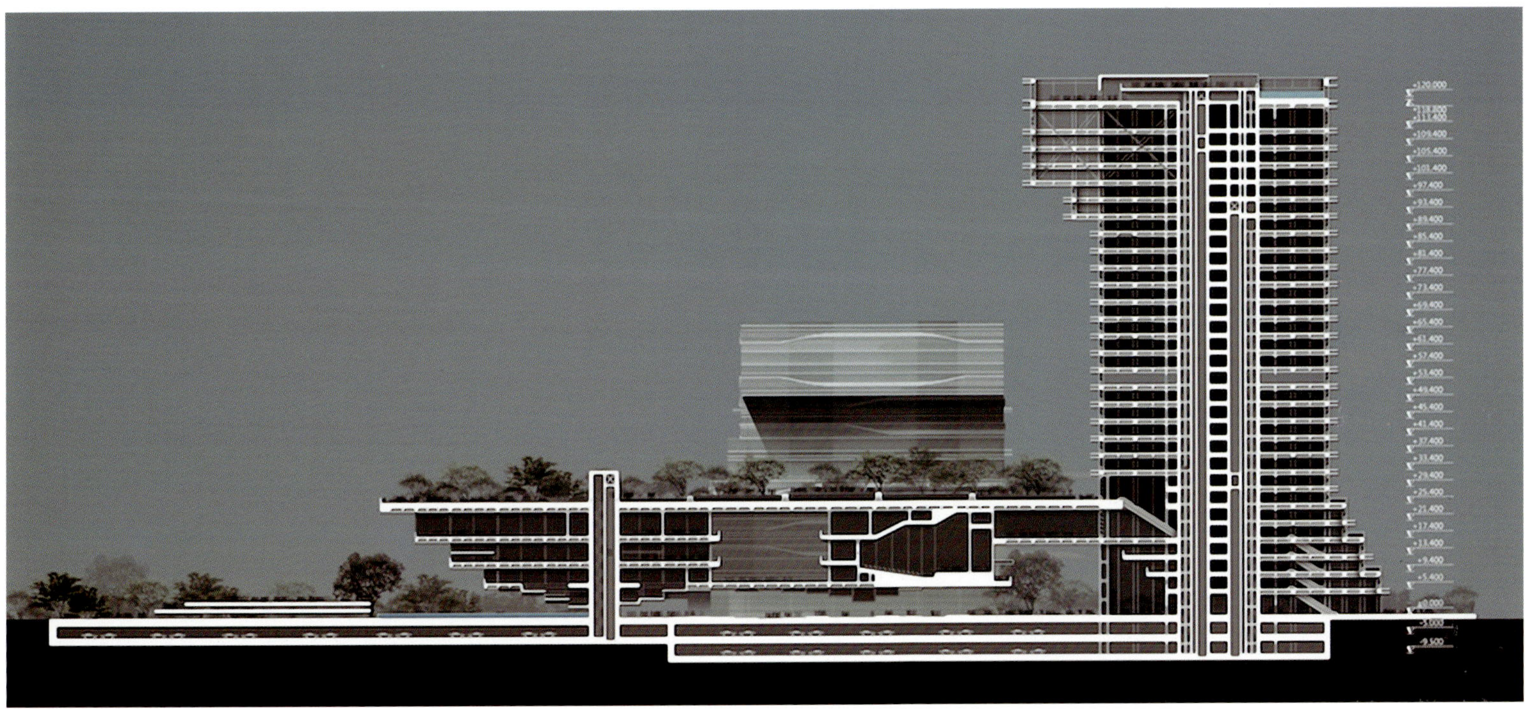

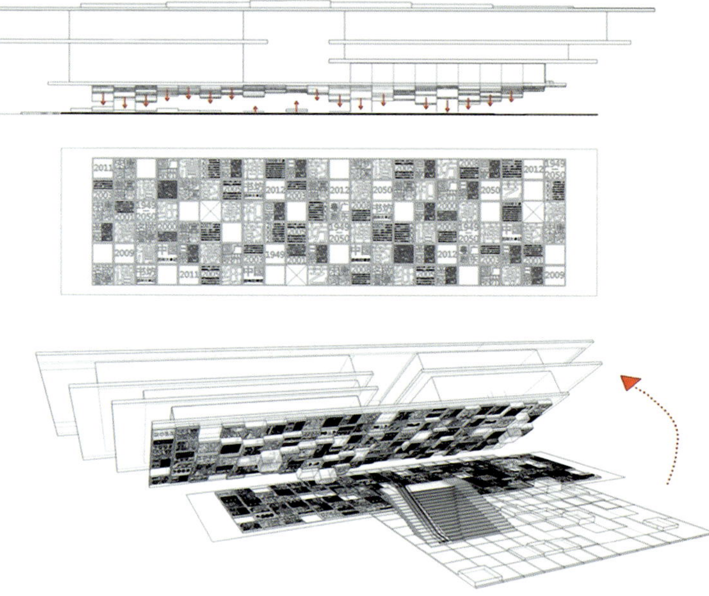

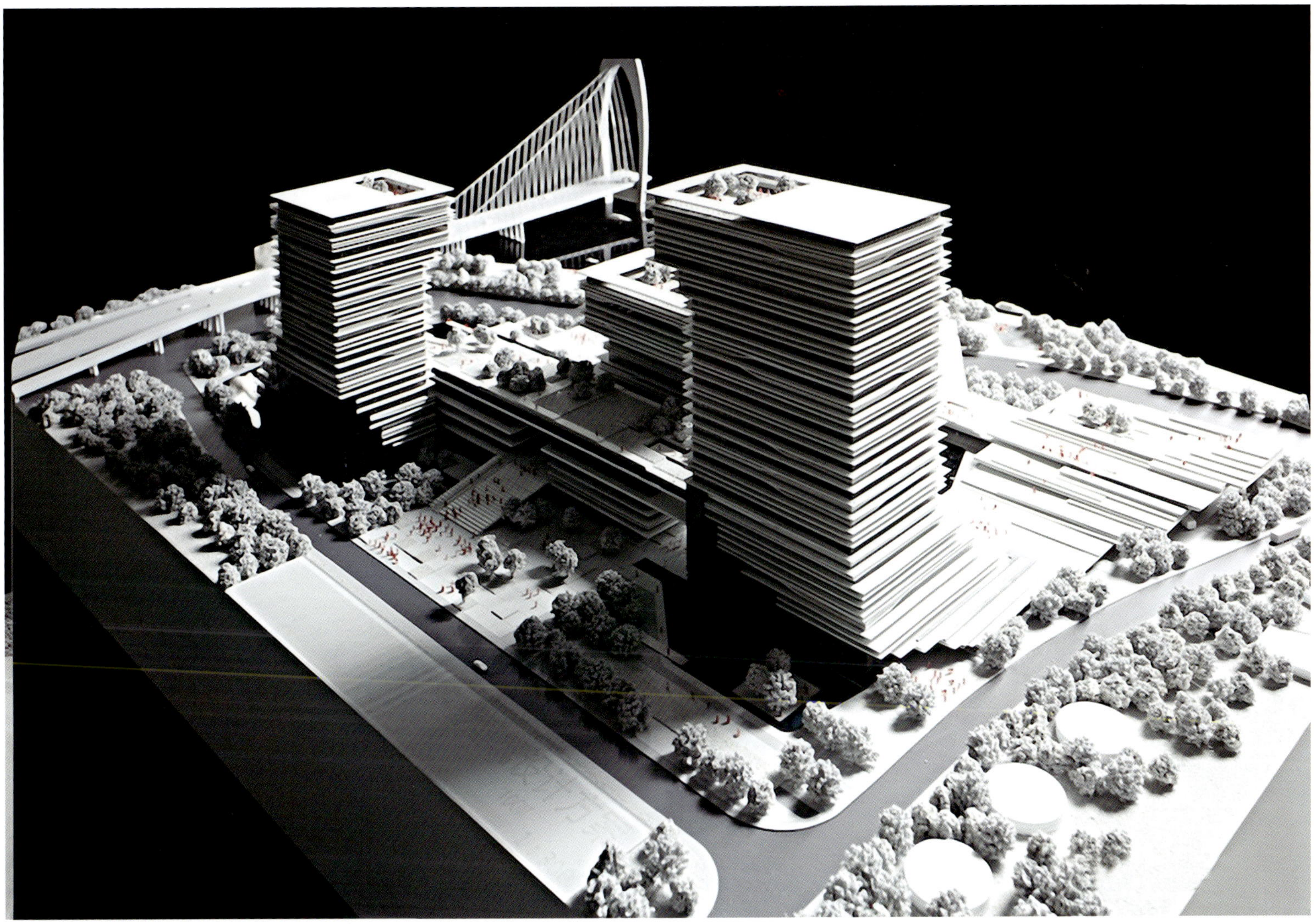

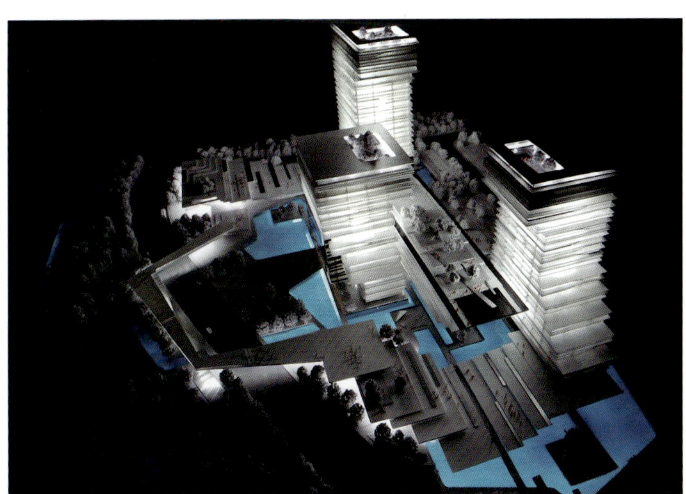

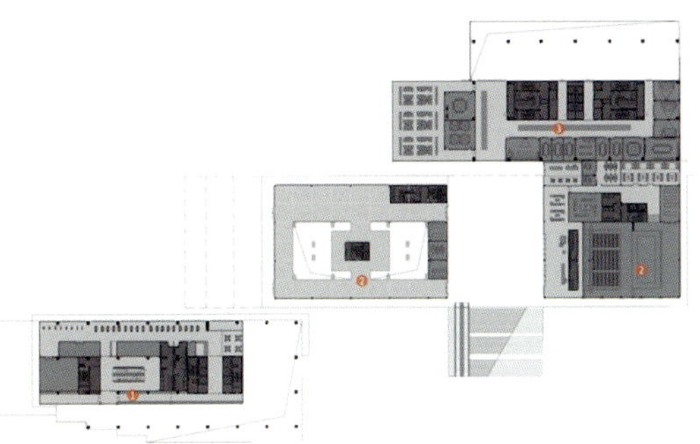

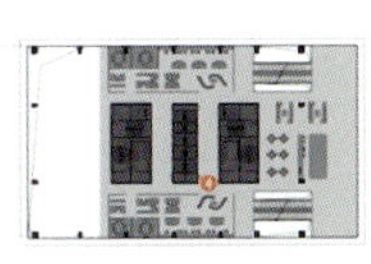

1 OPERATION RECEPTION ROOMS&SUPPORTING FACILITIES
B座 对外接待与配套设施大楼

2 NEWSPAPER MUSEUM
D座 报业博物馆

3 GUANGZHOU DAILY NEWSPAPER OFFICE
A座 广州日报社业务大楼

4 OPERATION ROOMS OF GUANGZHOU DAILY GROUP
C座 外租报业集团业务大楼

2ND FLOOR
二层平面 1:800

0 8 24 48 80

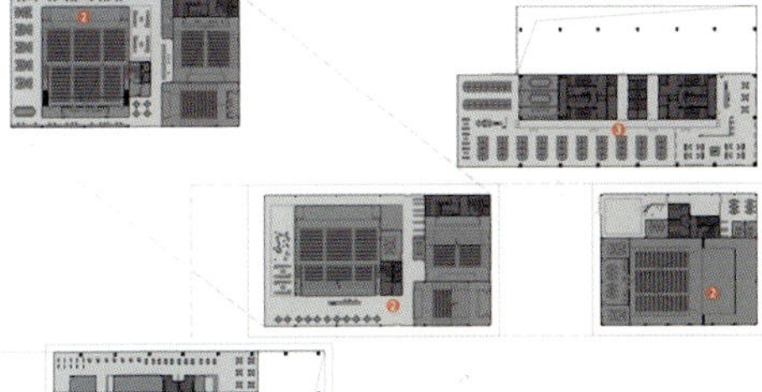

1 OPERATION RECEPTION ROOMS&SUPPORTING FACILITIES
B座 对外接待与配套设施大楼

2 NEWSPAPER MUSEUM
D座 报业博物馆

3 GUANGZHOU DAILY NEWSPAPER OFFICE
A座 广州日报社业务大楼

4 OPERATION ROOMS OF GUANGZHOU DAILY GROUP
C座 外租报业集团业务大楼

3RD FLOOR
三层平面 1:600

0 8 24 48 80

日本冲绳科技学院

建筑设计：Nikken Sekkei + Kornberg Associates + Kuniken

项目地点：日本 冲绳

项目面积：共230万m² 第一阶段70万m²

图片摄影：Kiyohiko Higashide, Kornberg Associates Architects

在21世纪来临之际，日本科学和技术部大臣Minister Omi申请在日本创建一个西式大学，在全国各地培养年轻的研究人员并传播新的研究和教学方法。建筑地点景色壮丽，项目占据森林的上层部分，使科学建筑沉浸于自然栖息地之中。进入校园，首先跨越填海湖桥，再通过一个300英尺的通往四个高速电梯的地下长廊，上行100英尺到达研究校园中心，并可观赏到海洋和森林峡谷景观。

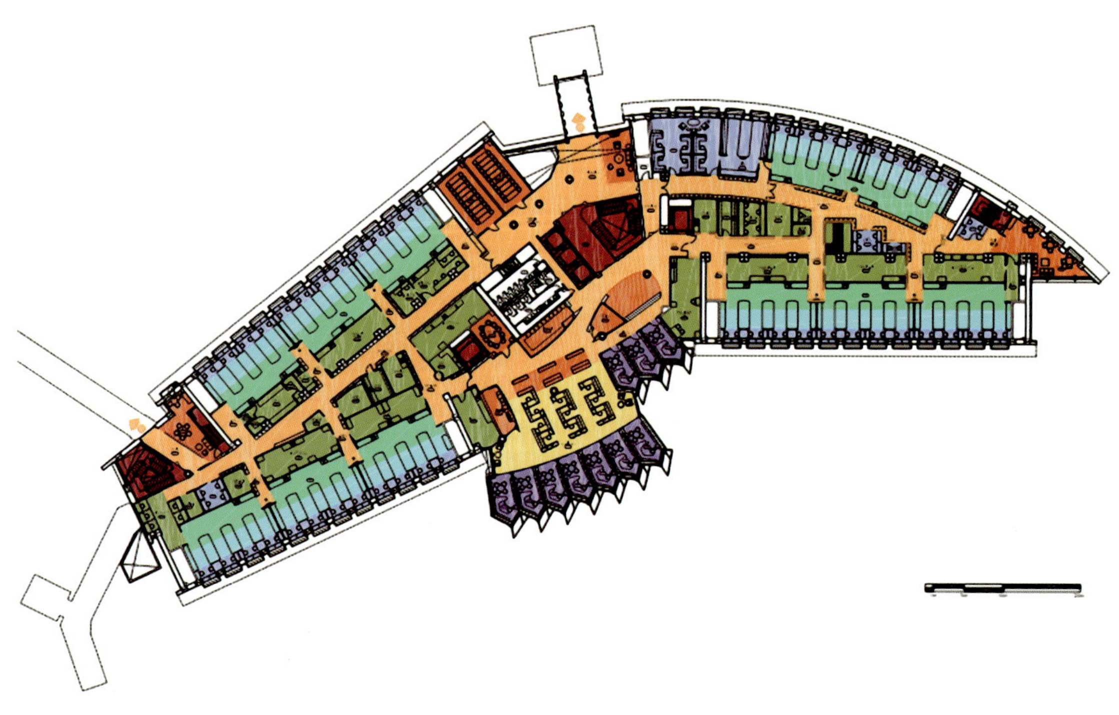

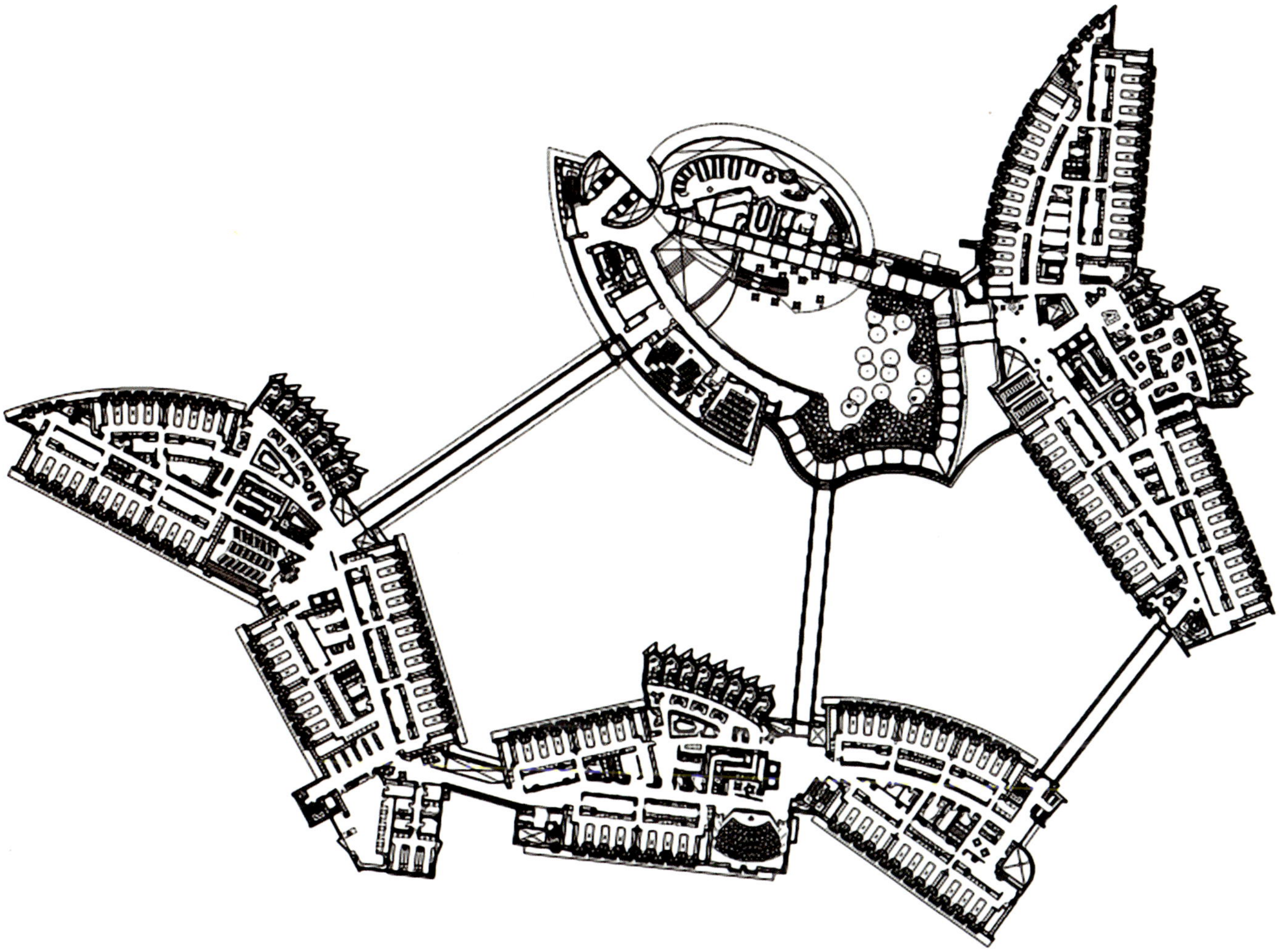

澳大利亚巴拉瑞特画廊附属展廊

建筑设计：Searle & Waldron Architecture

项目位置：澳大利亚，巴拉瑞特

项目团队：Nick Searle, Suzannah Waldron

项目面积：131 sqm footprint / 187 sqm covered area

项目年份：2011

图片摄影：John Gollings

这是澳大利亚巴拉瑞特画廊的一个附属展览空间。这个画廊最显著的设计特征是将展览空间与凉亭的形式结合在了一起。当把外侧的玻璃门打开时，展廊还能变成夏季公共演奏空间。

这个附属空间是现有空间的补充，具有多功能性，同时建设周期短，轻便。主要支撑结构为钢材。这个空间在以后的日子里将承办多种展览、时装表演，或成为社区工作室、社区会议室，是一个归属于公民的公共空间。

内部的锯齿状木材装饰与外面的建筑形成鲜明的对比，并强烈地定义了内部空间。屋顶上的天窗从各方位引入光线，条状的照明器材巧妙地嵌入条状纹样地木材装饰中。建筑表皮隔热性能良好，具有遮阳棚，被动式通风屋顶以及高效节能照明。

公共空间

荷兰阿姆斯特丹Elicium RAI大厦

建筑设计：Benthem Crouwel Architekten

项目地点：阿姆斯特丹，荷兰

项目年份：2009

项目面积：15195 m^2

图片摄影：Courtesy of Benthem Crouwel Architekten

RAI会展中心扩建了一座新建筑——Elicium(源自Elysium一词，意为一个令人愉快的地方)。建筑较低的部分是展览大厅，或者叫“宴会厅”，它“盘旋”在高于街道5m的位置，通过空中通道在两侧与既存的综合建筑相连。

这样的设计创造了一个环道或周边通道，将老前院转变成了一个封闭的花园。建筑体量在展览大厅一半高的地方有一个转折，这里有五个会议厅，它们在空间上彼此相连，但可以单独使用。宴会厅是一个巨大的无柱空间，可以利用推拉的隔墙分割。一个七层的体量在会议厅上方高高耸起。Elicium使RAI可以更好地吸引大型国际活动在这里举行，还使RAI有了一个大胆的新立面。

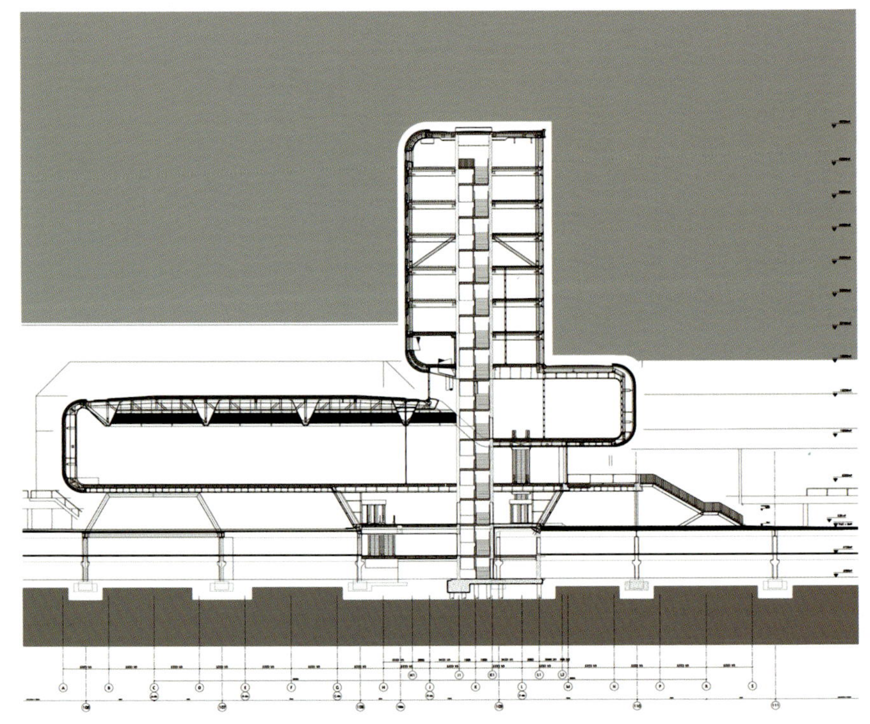

DAF
Heineken

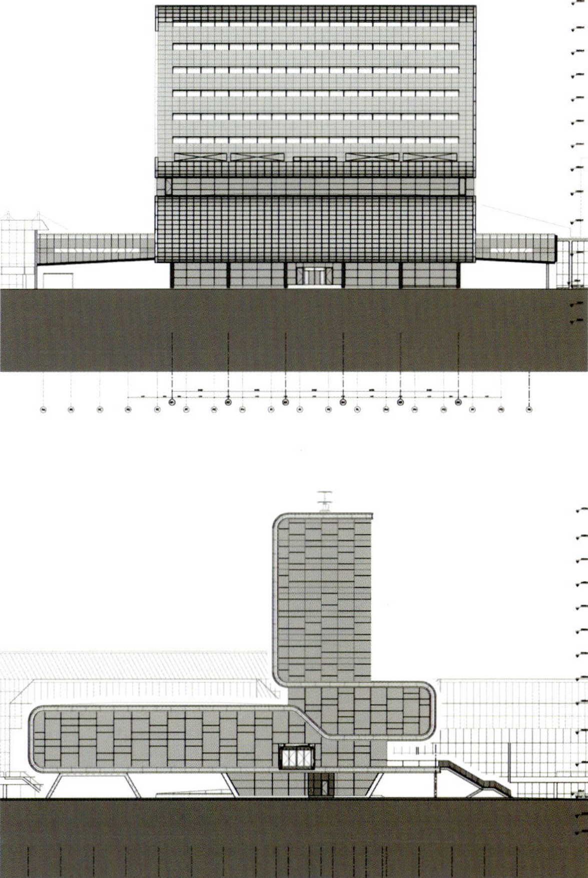

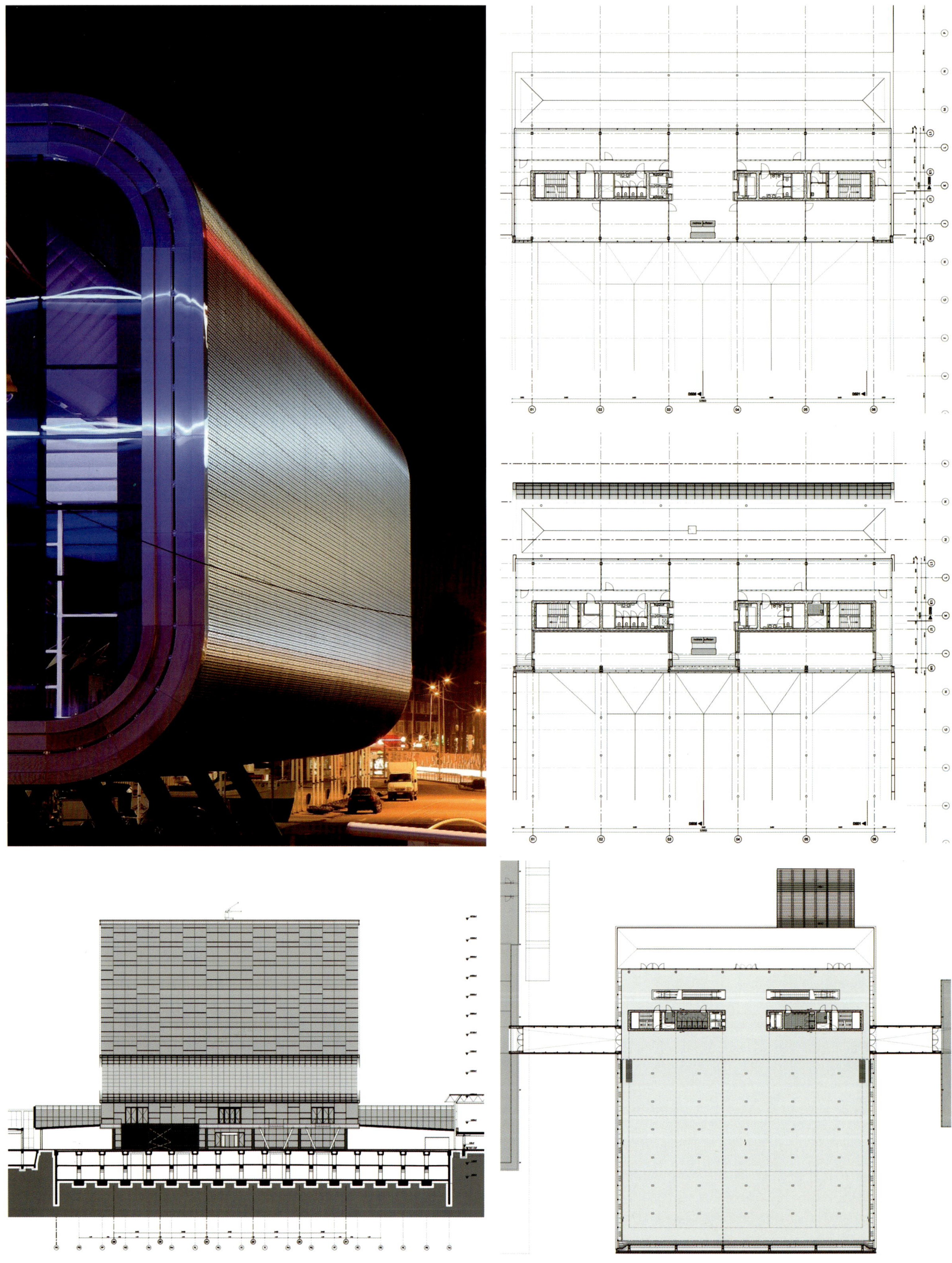

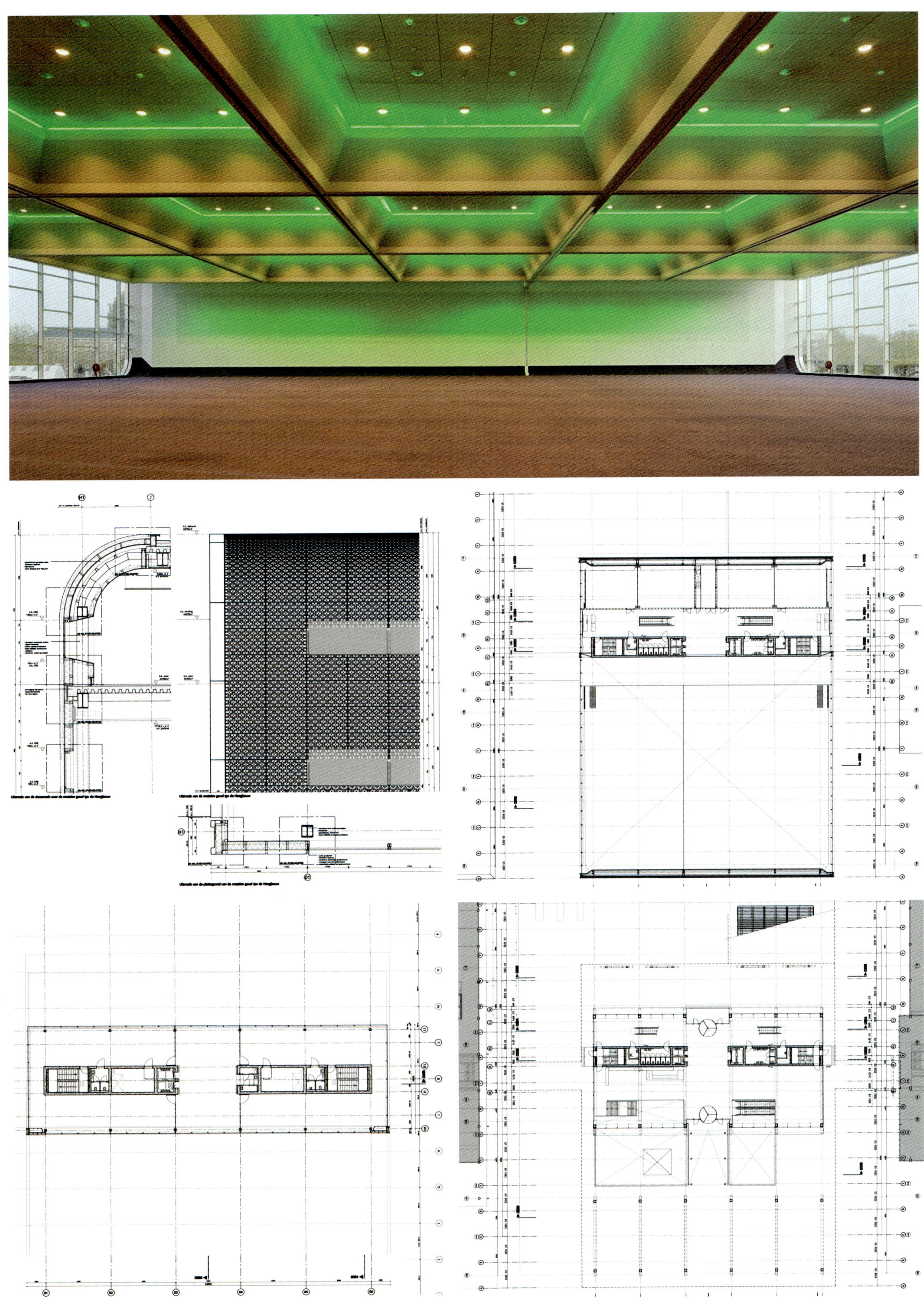

美国印第安纳会议中心附属建筑

建筑设计：RATIO Architects

项目地点：美国，印第安纳，印第安纳波利斯

项目面积：700000 sqft

项目年份：2011

图片摄影：Bill Zbaren Photography

2006年印第安纳体育场及会议中心营建处任命RATIO Architects建造印第安纳会议中心的一个主要附属建筑，以满足日益增长的会议及贸易展览的需要。这个占地超过700000平方英尺的附属建筑包括展览空间、会议室、前厅区域以及辅助空间，位于印第安纳波利斯市中心的一块紧凑的城市用地当中。项目与周围4700间酒店客房直接相连，是一条新的人行天桥和活动街区的开端，简短步行便可至多家餐馆、零售店。

为突出印第安特色，这个印第安纳会议中心附属建筑意图恢复受冰川影响的印第安纳北部景观与印第安纳南部断崖的演变过程。设计团队还将印第安纳州地形航拍照作为室内地板设计原型。图案、大小及色彩都依照该空间的性质规模进行设计。作为一个城市中的主要会议及贸易展览会场，该建筑的设计采用了一个握手的欢迎姿势，十分贴合主题。

MAIN ENTRY LEVEL ELEVATION

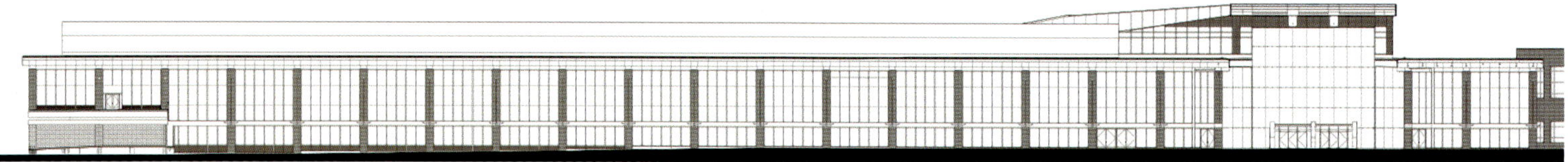

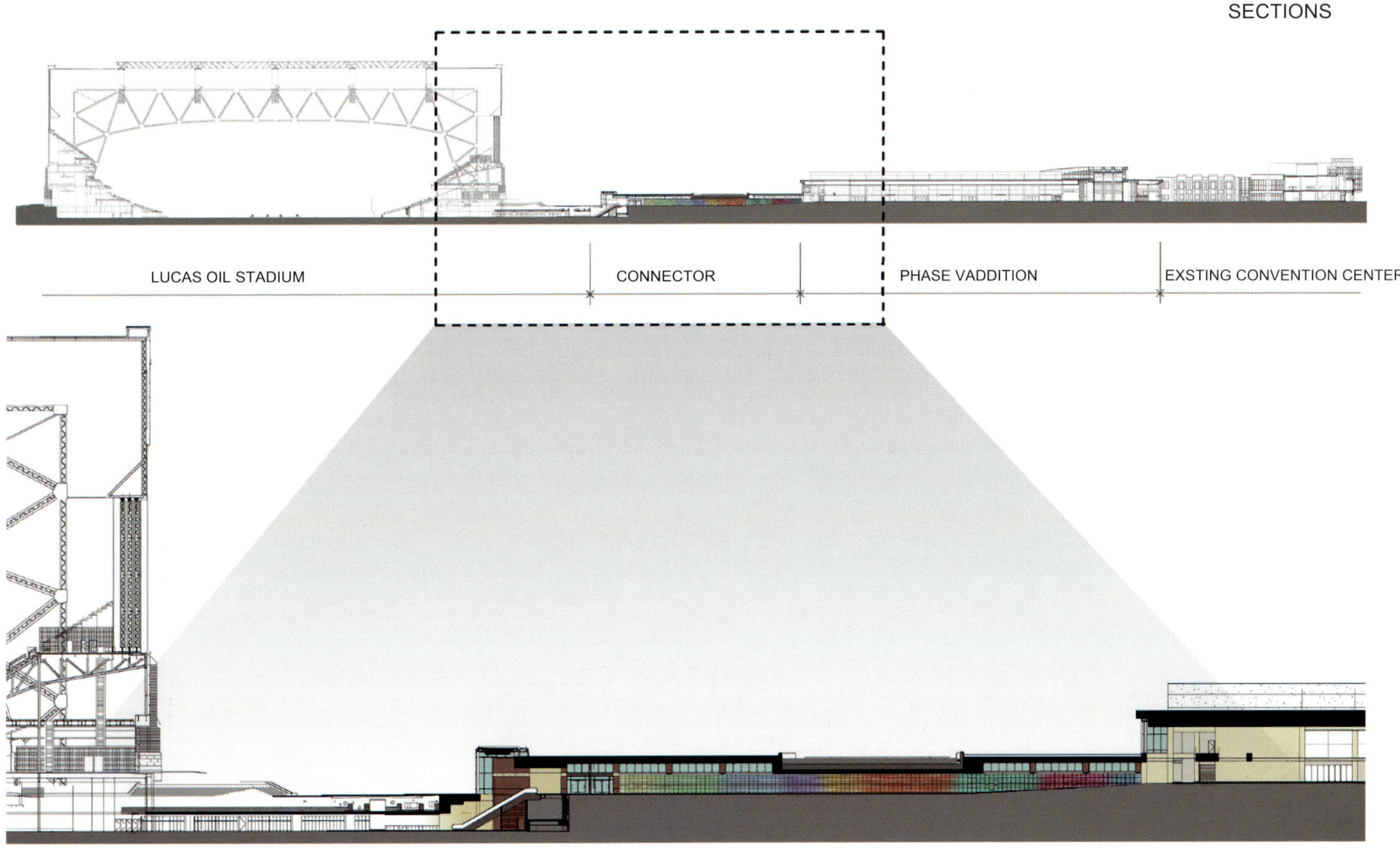
SECTIONS
LUCAS OIL STADIUM
CONNECTOR
PHASE VADDITION
EXSTING CONVENTION CENTER

MAIN LEVEL FLOOR PLAN

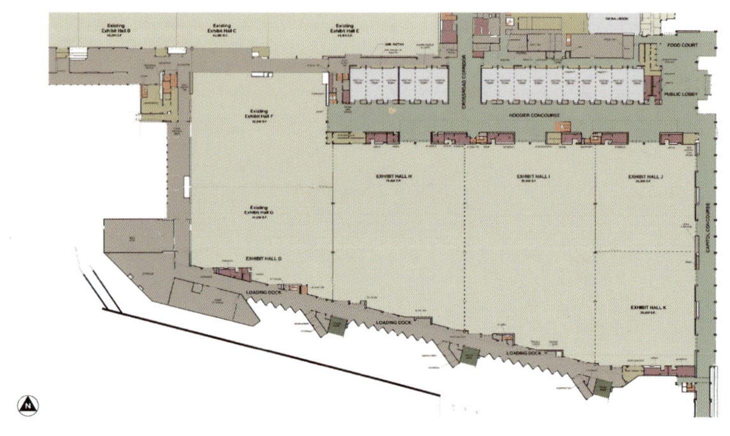

SECOND LEVEL FLOOR PLAN

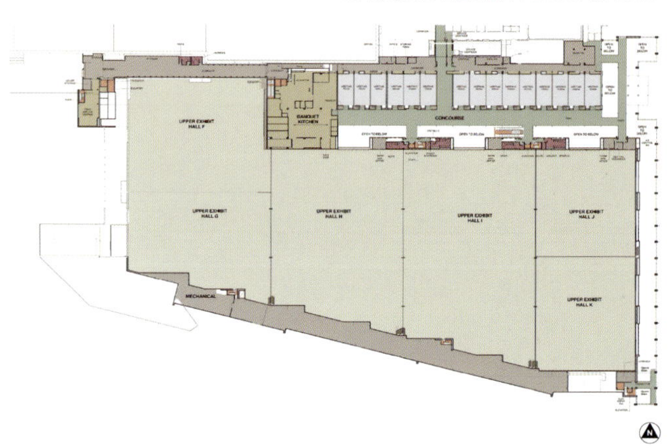

LOADING DOCK ELEVATION

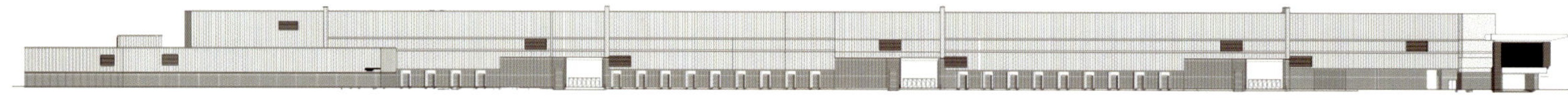

NORTHWEST ADDITION ELEVATION

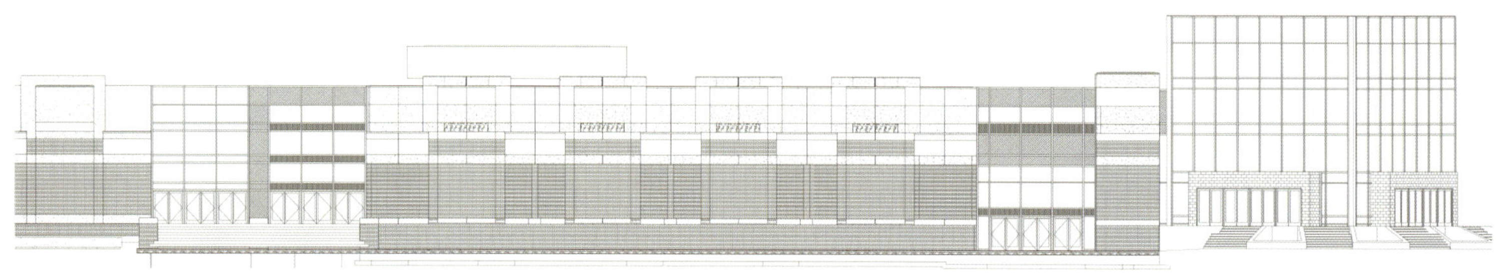

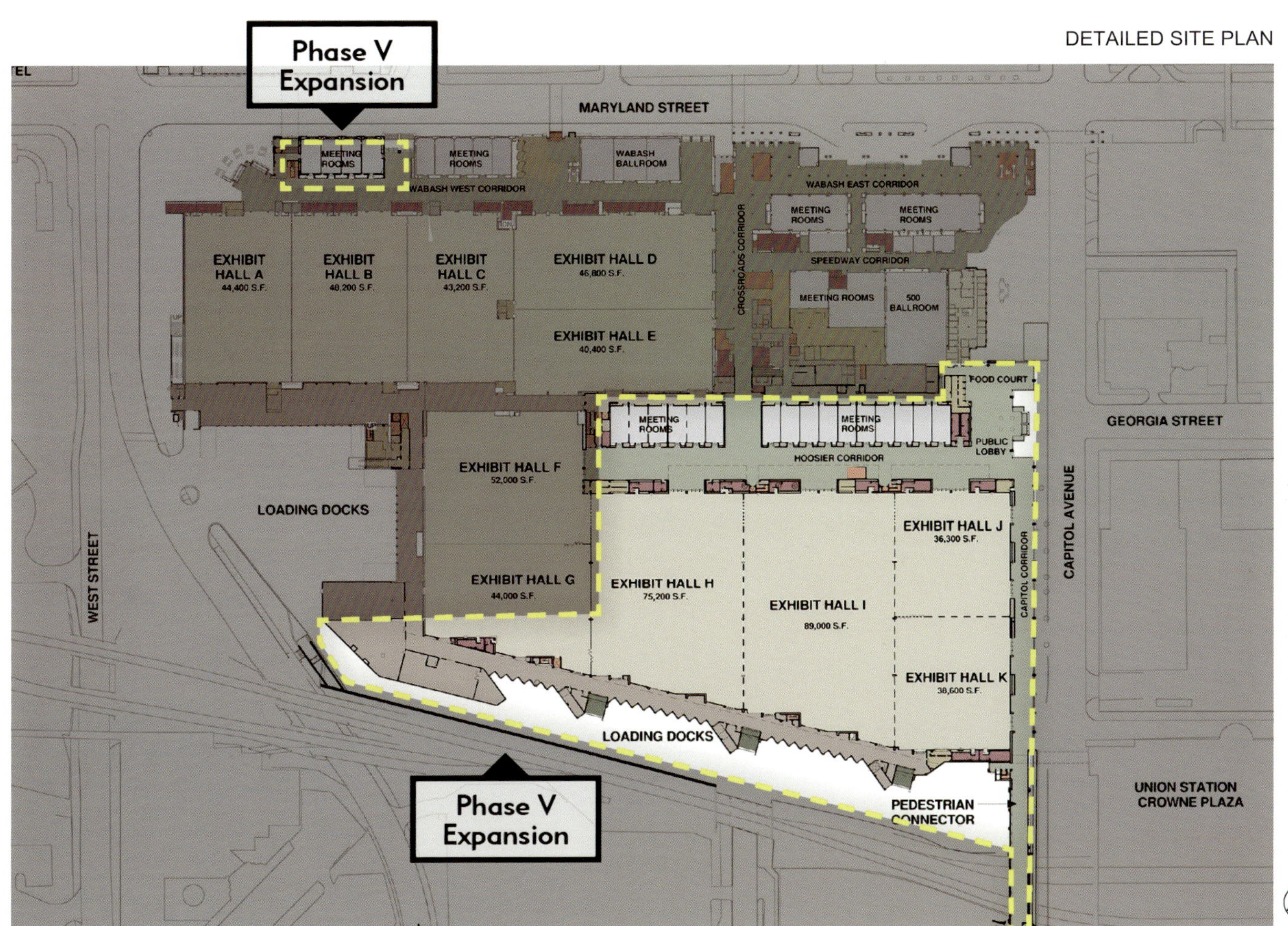
DETAILED SITE PLAN
Phase V Expansion
MARYLAND STREET
MEETING ROOMS
MEETING ROOMS
WABASH BALLROOM
WABASH WEST CORRIDOR
WABASH EAST CORRIDOR
MEETING ROOMS
MEETING ROOMS
SPEEDWAY CORRIDOR
CROSSROADS CORRIDOR
MEETING ROOMS
500 BALLROOM
EXHIBIT HALL A
44,400 S.F.
EXHIBIT HALL B
48,200 S.F.
EXHIBIT HALL C
43,200 S.F.
EXHIBIT HALL D
46,800 S.F.
EXHIBIT HALL E
40,400 S.F.
FOOD COURT
MEETING ROOMS
MEETING ROOMS
PUBLIC LOBBY
HOOSIER CORRIDOR
GEORGIA STREET
EXHIBIT HALL F
52,000 S.F.
LOADING DOCKS
WEST STREET
EXHIBIT HALL G
44,000 S.F.
EXHIBIT HALL H
75,200 S.F.
EXHIBIT HALL I
89,000 S.F.
EXHIBIT HALL J
36,300 S.F.
EXHIBIT HALL K
38,600 S.F.
CAPITOL CORRIDOR
CAPITOL AVENUE
LOADING DOCKS
Phase V Expansion
PEDESTRIAN CONNECTOR
UNION STATION CROWNE PLAZA

韩国Saemangum展览中心

建筑设计：poly.m.ur
项目位置：韩国，扶安郡
项目面积：35000 sqft.
项目年份：2010
图片摄影：poly.m.ur

Saemangum是建筑及城市化公司poly.m.ur在韩国西海岸近来名声渐起的一个地区的设计项目的名称，它也是近年来韩国寄予最大厚望的填海工程，政府期望藉此为该区域的文化商业发展创造蓬勃的新机会。

而Saemangum展览中心的设计是为建造一个场所，以纪念工程完工并展望这块新大陆的发展远景及规划。设计理念受该区域因为填海工程而消失了的海滨泥滩而启发，建筑构造效仿海滨泥滩的形态，设计成一块“有生命的区域”，将自然环境、程序以及活动都融汇在一起。

这个建筑拥有“会呼吸的屋顶”，它完全敞开在光线、空气、流通活动、视觉焦点以及植被等构成的大环境中，使得室内与室外以及阁楼层之间得以无障碍地连接。

建筑本身包括展厅、咖啡厅、放映室以及观景塔。主要的展览活动都在地下室举行，而地面楼层则作为一个开放式的公共空间，通过三三两两延伸到屋顶平面的圆形天井，为到访者提供了全方位的海景图。

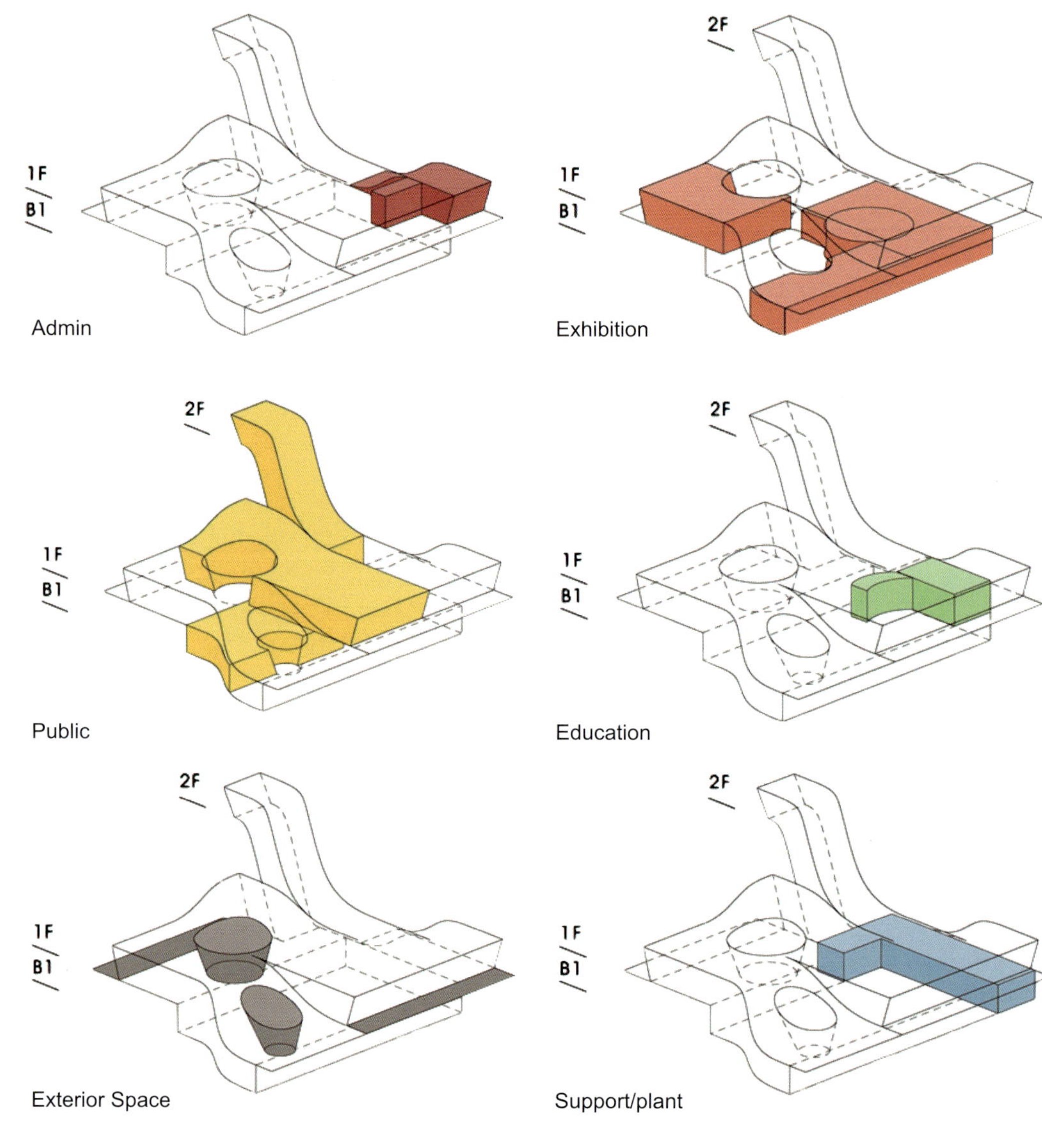

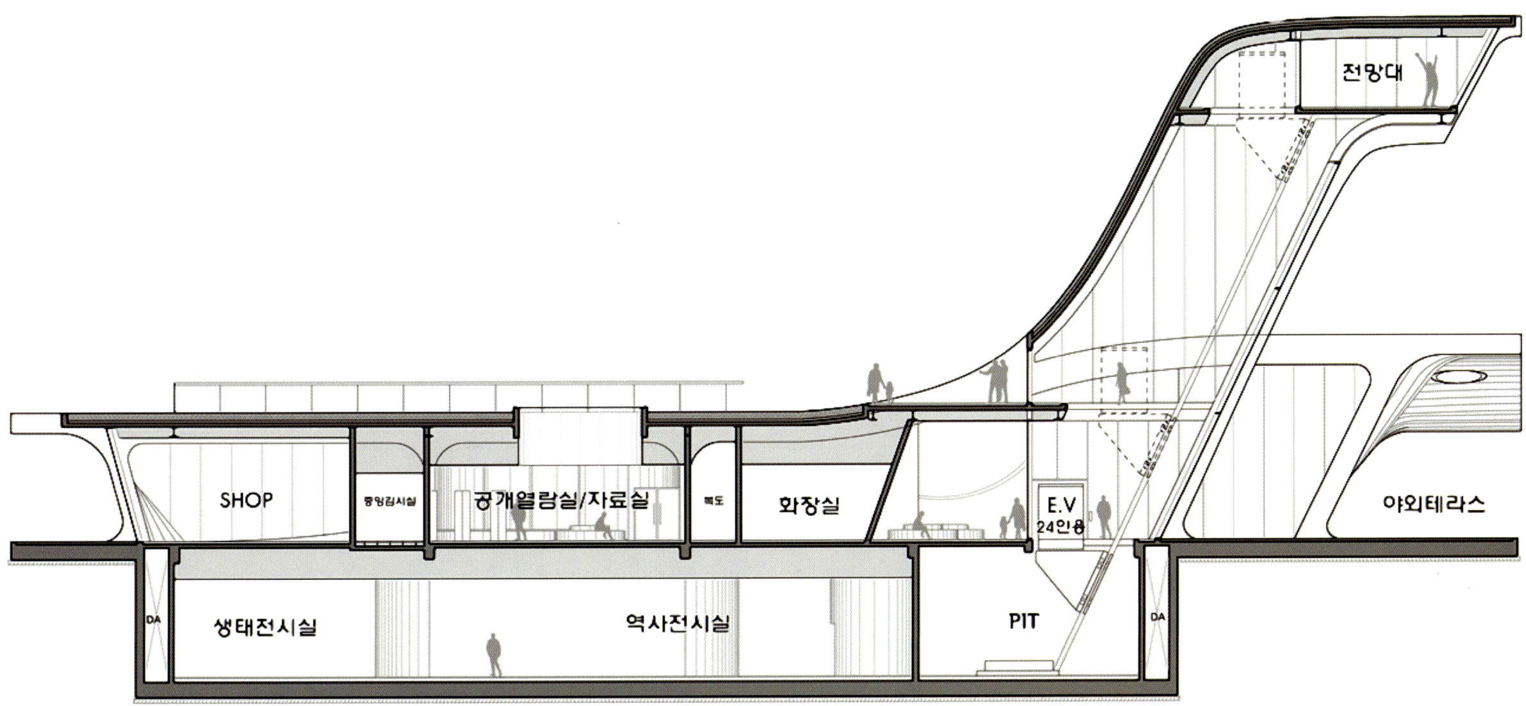

전망대
SHOP
공개열람실/자료실
화장실
E.V
24인용
야외테라스
DA
생태전시실
역사전시실
PIT
DA

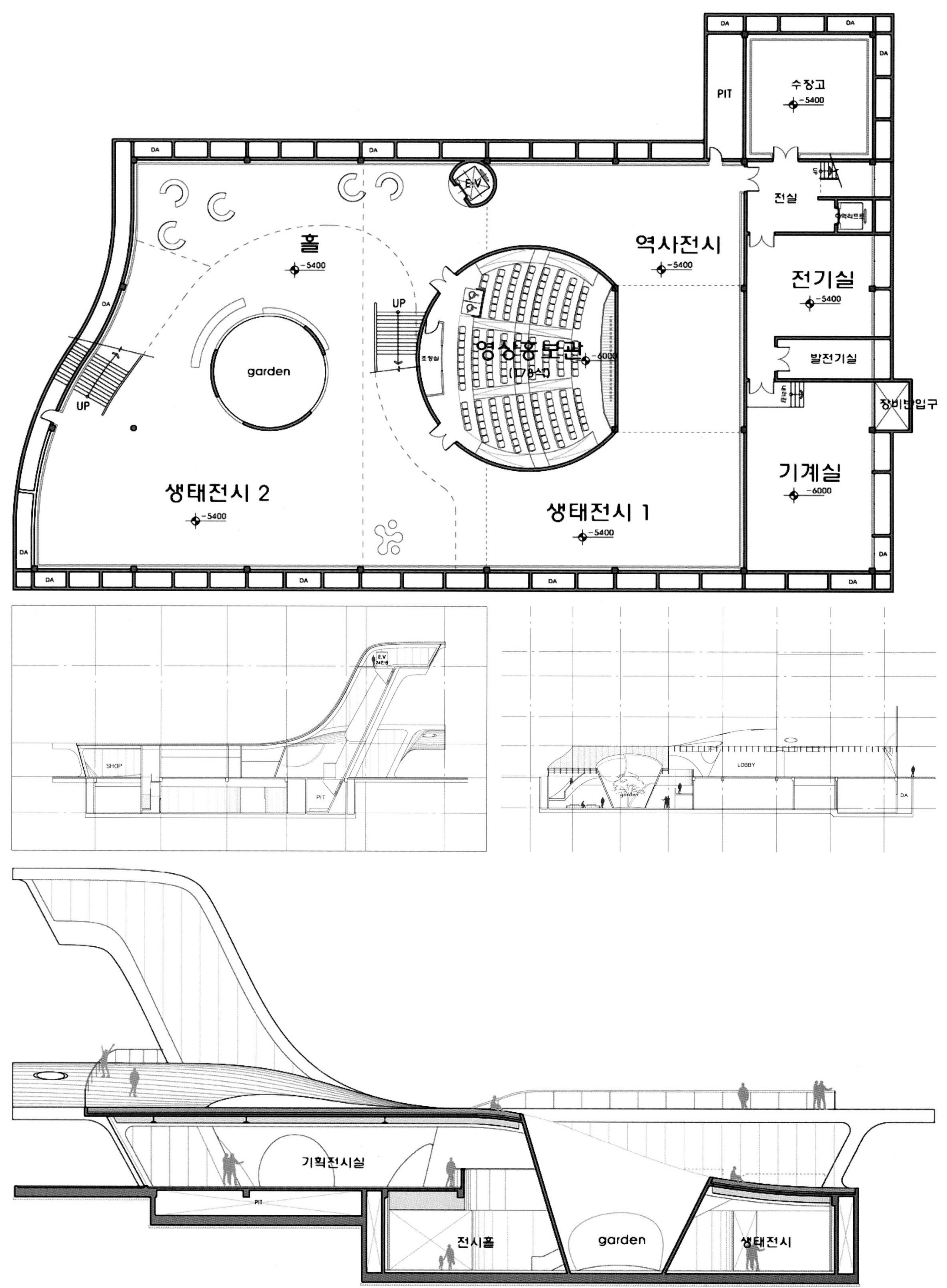
DA
PIT
수장고
-5400
전실
E.V
역사전시
-5400
전기실
-5400
홀
-5400
UP
영상홍보관
-6000
발전기실
장비반입구
garden
UP
기계실
-6000
생태전시 2
-5400
생태전시 1
-5400
SHOP
PIT
LOBBY
garden
기획전시실
PIT
전시홀
garden
생태전시

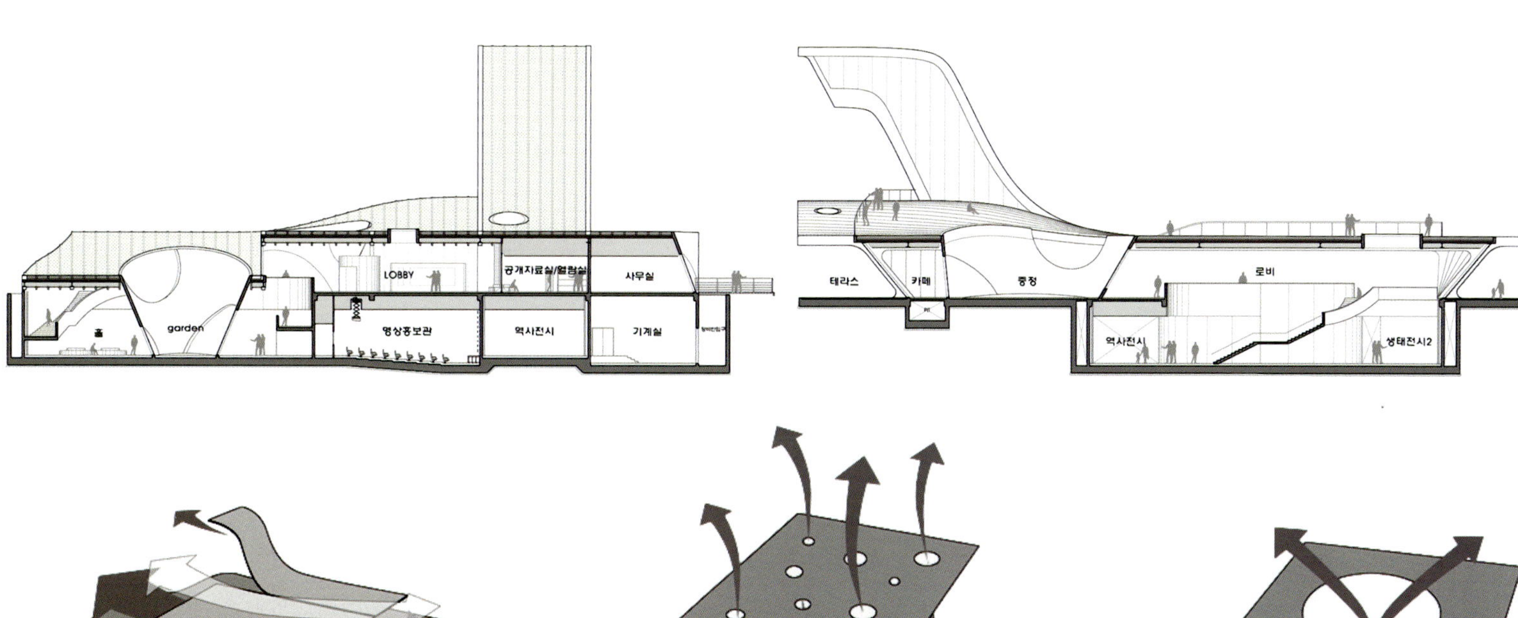

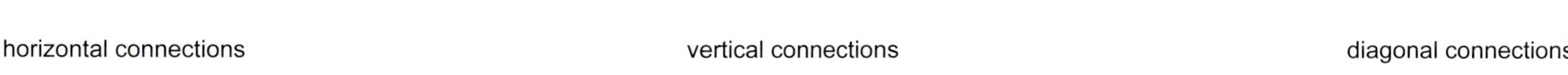

horizontal connections vertical connections 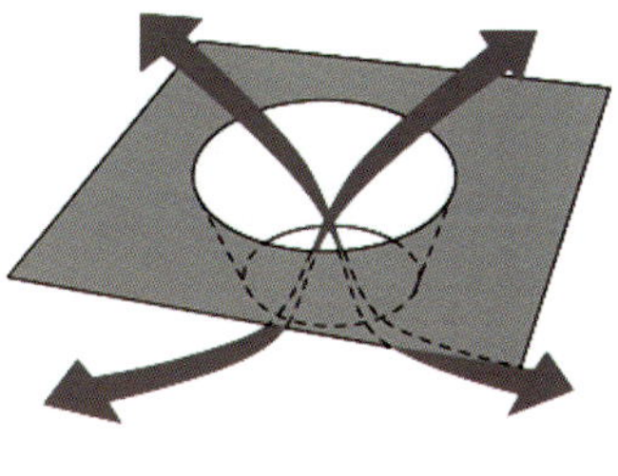 diagonal connections

西班牙阿吉拉斯艾莲娜公主大礼堂与会展中心

建筑设计：Estudio Barozzi Veiga S.L.P.

项目年份：2011

项目地点：西班牙，阿吉拉斯市

项目面积：10,200 sqm

图片摄影：Julien Lanoo

这个项目是对场地特质的自然回应，一方面要对城市肌理表现出尊重，另一方面还要保护自然景观极具表现力的特色。

通过这种对比，设计师定义并生成了一种张力，使项目可以自行组织，同时还能满足场地的限制条件。这座建筑是对当地设计语言的一种回应，简单但却有力，介于城市人造产物与有机自然物体之间。因此这座建筑表现为一个巨大的体量，形成具有张力的不同功能空间，这种张力贯穿建筑中具有不同特点的不同空间。

与城镇形成切线关系的立面清洁、有序、静止，而与大海形成切线关系的立面却通过巨大的凹形表面重新诠释了周围空间、景观与地形导致的结构外形，与周围自然环境产生了直接紧密的联系。

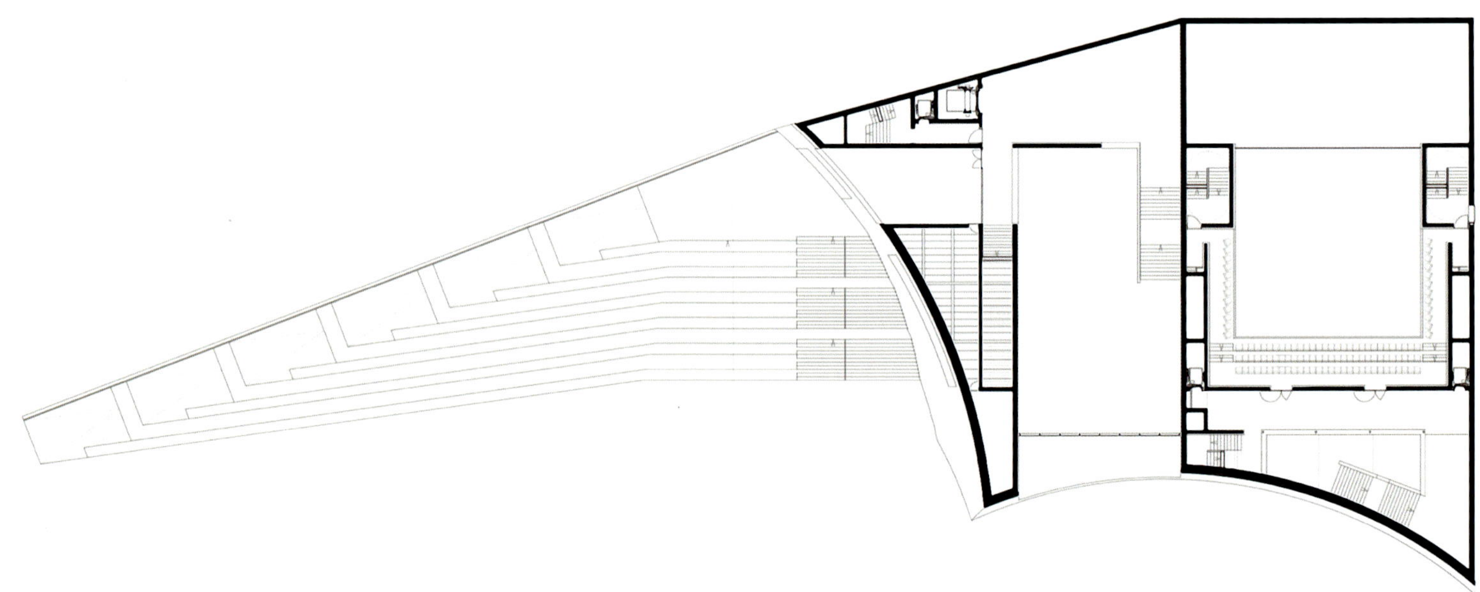

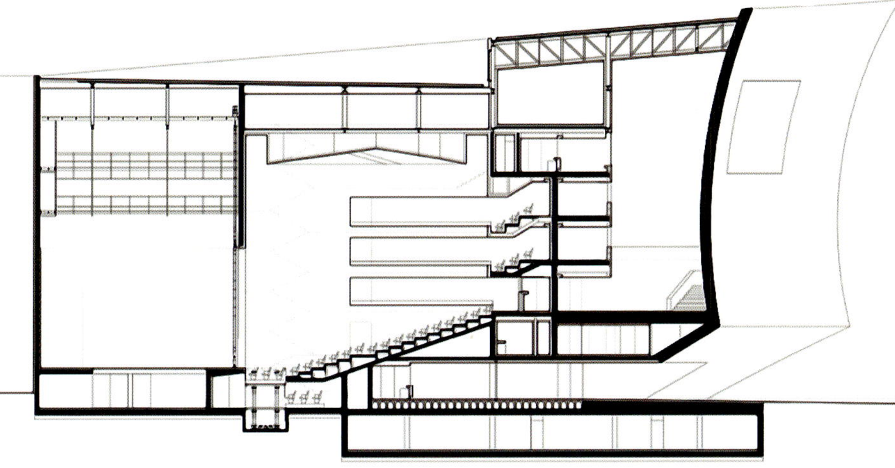

柏林洪堡盒

建筑设计：Krüger Schuberth Vandreike (KSV)

项目位置：德国，柏林

项目年份：2011

图片摄影：Nelson Garrido

洪堡盒将是德国柏林洪堡大会活动的一个临时性信息和展示建筑，将在大会结束后被拆除，因此预计寿命大约是八年时间。

从这种意义上来讲，洪堡盒是一个利用临时性技术结构的熟悉元素的通信结构，在脚手架、棚屋、帐篷、钻探平台上是很常见的。规模较小的建筑基地被分配给建造宫殿用的较大的基地，大部分的地点保持开放以用来连接管道线路，对角线穿过建筑的四角，轮廓使盒子呈现出独立的形态，作为街轴扭结的连接媒介，地面以上支撑结构反应了以下限制：钢梁被吊起来或者延伸到钢筋混凝土地板和楼梯间，整个七层建筑的重量由固定在特定位置的四根柱子支撑。

在此之前它将为人们展示包括柏林国家博物馆，普鲁士文化遗产基金等机构的珍贵展品。柏林城市宫重建机构还将利用此结构宣传柏林宫的历史，宫殿表皮重建细节以及历史性的院落结构等。

纺织品覆盖外层的设计与技术方案应用是基于Megaposter公司的经验，也体现了公司在安装非同寻常的大区域广告板的专业性，在纺织物与建筑多孔混凝土覆盖层之间是一个30cm宽的缝隙，替换了织物表层。

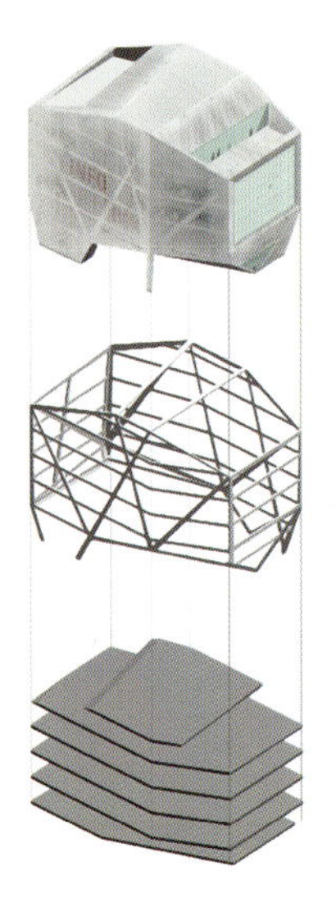

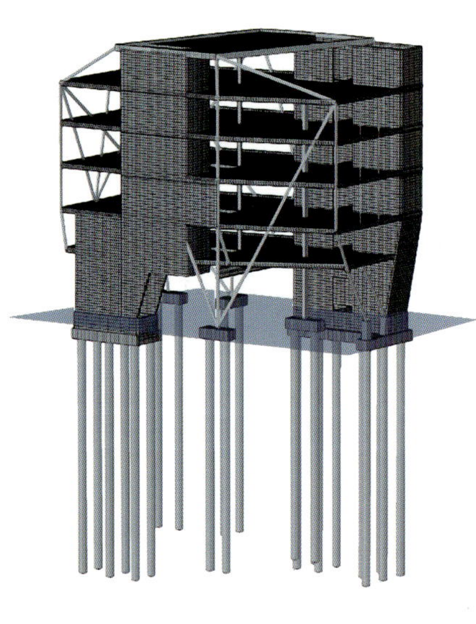

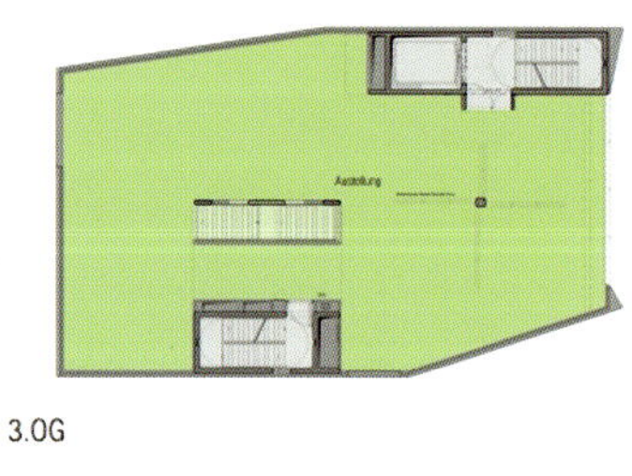

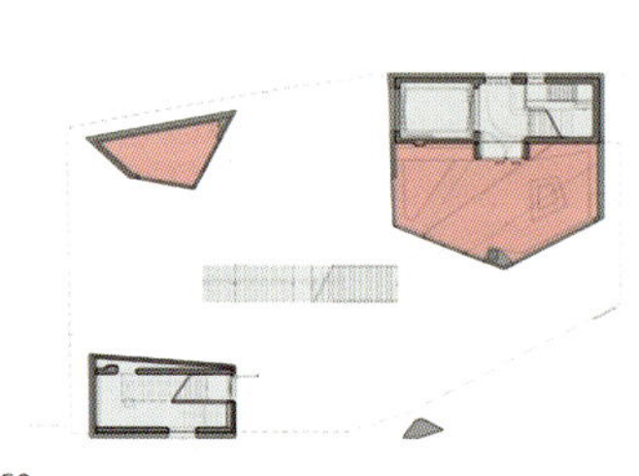

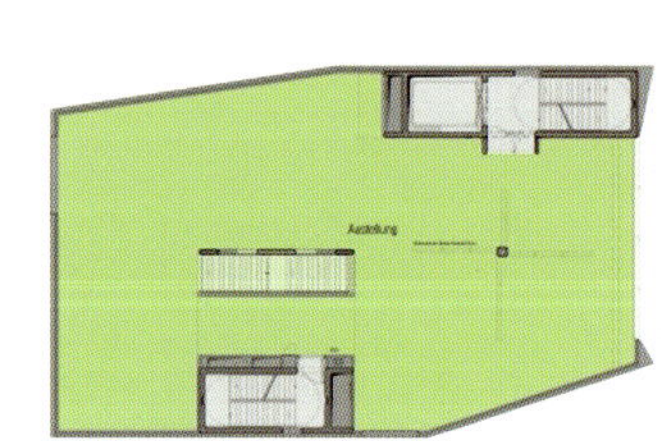

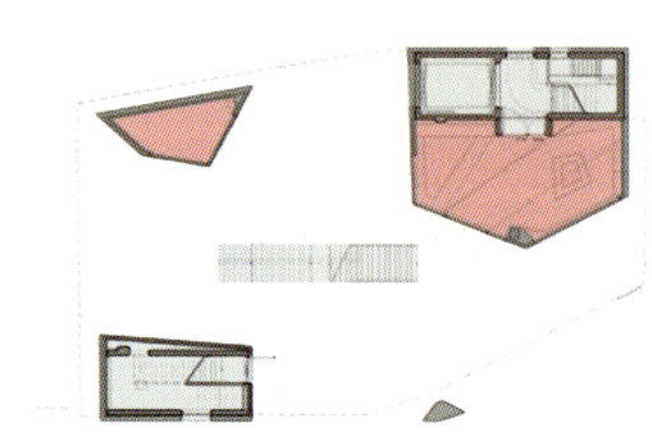

open daily

动力博物馆

建筑设计：innovarchi + Sylvester Fuller

建筑地点：澳大利亚

视觉效果：Doug & Wolf

这是澳大利亚一个重要的公共博物馆，囊括了科学、技术、工业、设计、装饰艺术和社会历史各个领域的展览、项目和研究。该馆已开馆二十三年，以动力博物馆的名字为人所知。自1988年以来，尽管有不少永久性展馆已经被改造，但建筑的结构并无大的改变，尤其是入口处、咖啡厅和商店这些关系到游客体验的关键环节。

为致力于建造一个更加开放的博物馆，2010年年底，5个建筑事务所被邀请来参与设计，力图重整关系到游客体验的环节，加强展厅和公共空间的导向标识，并复原一个大临时展厅。

对这些事务所的遴选是根据他们的创新能力，对文化机构要求的理解，以及在紧张的预算及时间框架内工作的记录。

Innovarchi建筑事务所被选中与其他四家事务所竞争，并组成了专业的项目团队，包括负责工程的Inhabit，负责品牌战略的de Luxe & Associates，负责视觉效果的Doug & Wolf，以及Silvester Fuller。该方案吸取了Jad’s之前的博物馆设计经验，包括泰特现代美术馆，加州科学馆以及亚特兰大艺术博物馆。

该方案重新考虑了如何把博物馆与广泛的潜在受众对开放式博物馆的需求相融合，并将其付诸实践。

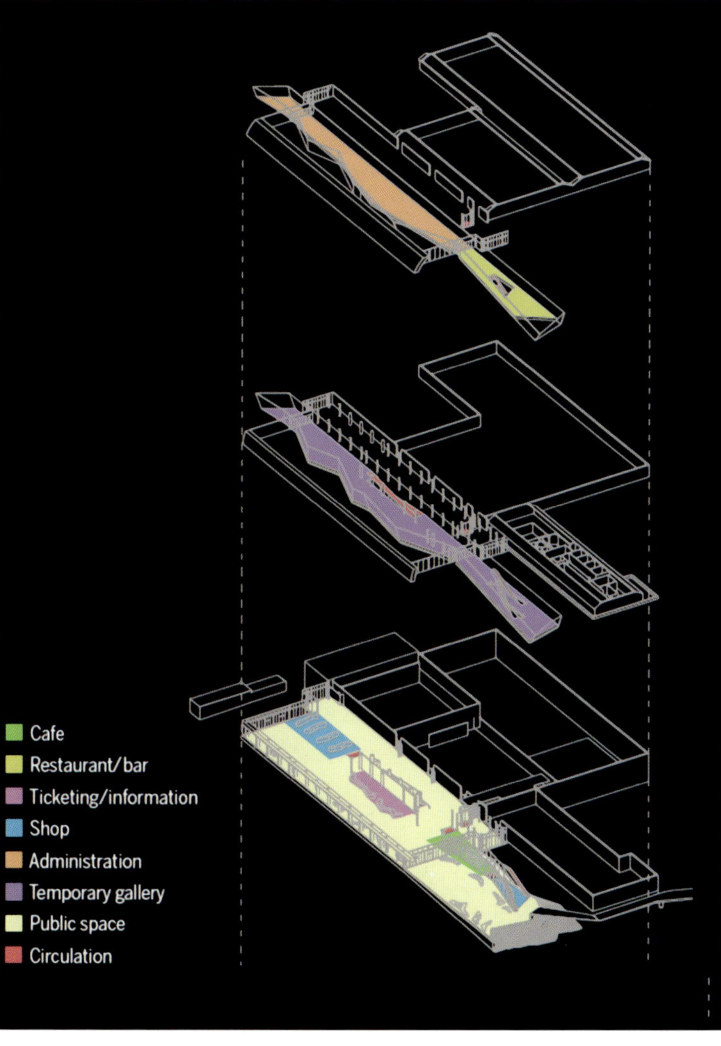

Cafe
Restaurant/bar
Ticketing/information
Shop
Administration
Temporary gallery
Public space
Circulation

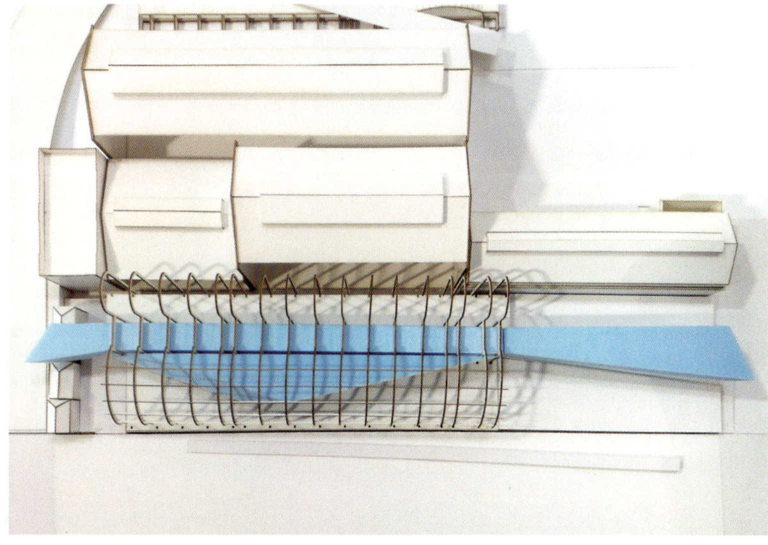

Genussregal展览

建筑设计：BWM Architekten & Partner

项目位置：奥地利，斯蒂利亚

项目主管: Pete Foschi

项目助理：Sanja Utech, Christoph Panzer, Gerhard Girsch, Elena Romagnoli, Maik Perfah

图片摄影：BWM Architekten & Partner

这是一个葡萄酒公司的物流中心，采用物流行业常见的集装箱作为立面构架主要要素。

这无疑是一个超大型的红酒架，12米宽，60米长，醒目地屹立在高速公路旁，吸引着大家的注意。集装箱上表示着这里的货物交流种类：葡萄酒、肉、油等等。这些货物从这里发往世界各地。

这里的布展面积到550平方米的展览“斯蒂利亚的味道”也是由建筑师操刀，这里提供信息化的产品信息，同时以娱乐化，互动性的幽默方式呈现。

建筑师在设计这种项目的时候，思考非常全面，不仅仅只做有趣的空间和代表该公司理念和提高品牌价值认同的符号，还给建筑为公司打造一个全新的面孔，开拓新的格局。

DEGUSTIEREN

DEST LATE
84

斯德哥尔摩会展中心AE大厅

建筑设计：Rosenbergs Architects

项目地点：瑞典 斯德哥尔摩国际博览会

项目面积：10000 m²

项目年度：2010

斯德哥尔摩会展中心是世界上最优秀的展览场馆之一，每年都会吸引上万名参展商和多达150万的游客。Rosenbergs事务所自从1998年开始就为这个展会开展过多个项目，近期的一个附加结构是一个多功能空间，用于会议和大型展览，名叫AE大厅，现在它已成为其中主要的展会场馆之一。大厅通过一个走廊与主要场馆相连，这个走廊有着镜子般的天花板和绿色的墙面。

大型展览空间非常灵活，它可以划分成更小的单位。光滑的隔墙是穿孔铝板表面，创建出一个错综复杂的花边状图案。从曝光廊的玻璃幕墙，沿着建筑可以看到喷泉。

AE大厅的玻璃门面外面，是沿着建筑大概一百米长的带喷泉的水池，在展厅里面有三个种着喜马拉雅桦树的天井，所有能看到的屋顶都被大量的景天植物覆盖。

整个的建筑由建筑外立面幕墙包裹，一个巨大的浮雕效果的金属篮子在镶进钢结构的灯光装置照射下更加引人注目，幕墙由近1500个部分穿孔的钢板组成，水池壁由带集成式闸门的金属包裹起来，露出了下面的地下停车场入口。

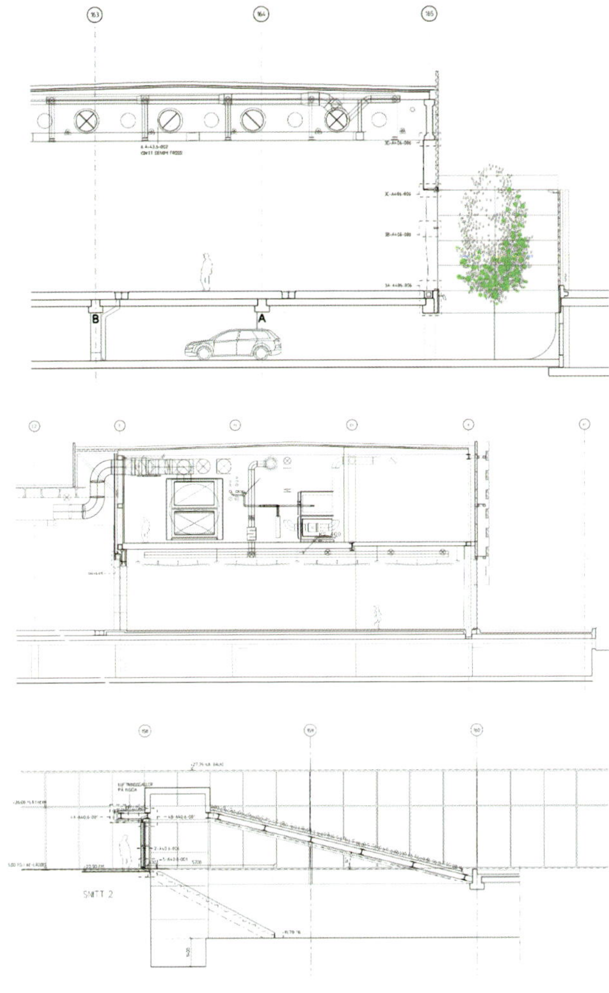

Cartagena大礼堂

建筑设计：Selgas Cano

项目位置：西班牙，卡塔赫纳

项目团队：Lara Resco, José de Villar, José Jaraiz, Lorena del Río, Blas Antón, Miguel San Millán, Carlos Chacón, Julián Fernandez, Beatriz Quintana, Jaehoon Yook, Jeongwoo Choi, Laura Culiañez, Bárbara Bardín

项目助理：Antonio Mármol, Joaquín Cárceles, Rául Jiménez

项目面积：5,628 m^2

建筑总面积：18,500 m^2

项目年份：2011

图片摄影：Iwan Baan

所有材料包括铝和塑料，都由单个的挤压型材制造，布局和颜色的变化使其呈现出多种部件，这些部件与码头边缘平行来强调这个项目的水平感理念，得到一个比原先更长的矩形，在这种情况下被挤压得像一根油条（皱巴巴的甜甜圈），总之好像是不同成分累加起来，整齐地在码头上堆放。

设计师从一开始就将设计定位于室外的世界，定位于自身，自身的运动，移动和慢行。但是设计师拒绝包含港口的单调的规规矩矩式结构，他们决定抛弃港口的坚固感，而找寻一种完全相反的东西，半透明、精致的、轻盈的、水性的，一种像是Luigi Nono定义的“水上音乐空间”。

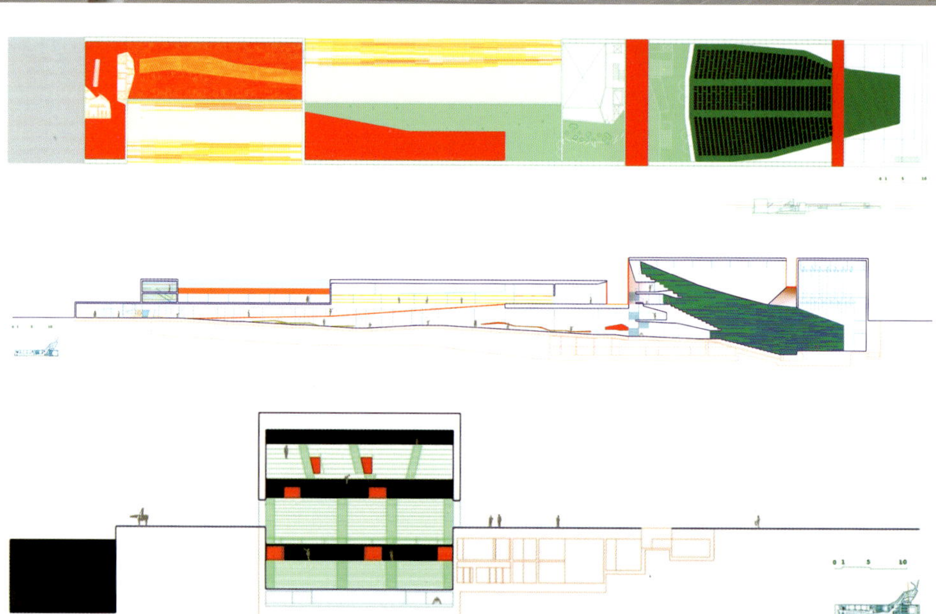

荷兰莱利斯塔德多功能建筑

建筑设计：Jeanne Dekkers Architectuur

项目地点：荷兰，莱利斯塔德

项目团队：Jeanne Dekkers, Helga Snel, Judith Egberink, Jan Enting, Paul Edens, Terry Schmidt

项目面积：6800 m^2 MFA, 2050 m^2 housing

图片摄影：Scagliola-Brakkee

这个Atolplaza是 Jeanne Dekkers Architectuur 完成的一个学校的建筑设计，位于荷兰莱利斯塔德。这个多功能建筑是莱利斯塔德一个20世纪80年代社区的翻新，原来分散在社区的若干基础设施被整合进一个建筑，使得这个包含了教育与住宅功能的建筑成为该地区的地标性建筑之一。与教堂和热闹的Johan Cruijf足球场一起，Atolplaza成为了社区新的心脏地带。

建筑的基础是两层高楼房，另外的三层公寓位于建筑前面，主要的入口在此形成，入口被一个大顶棚罩的更加突出。后面的运动大厅就像一个盒子，建筑立面镶了三种颜色的砖，与该区域灰色的基调呼应。图案把建筑的所有空间连接起来，与入口处颜色一起，构成了建筑自身的特色。

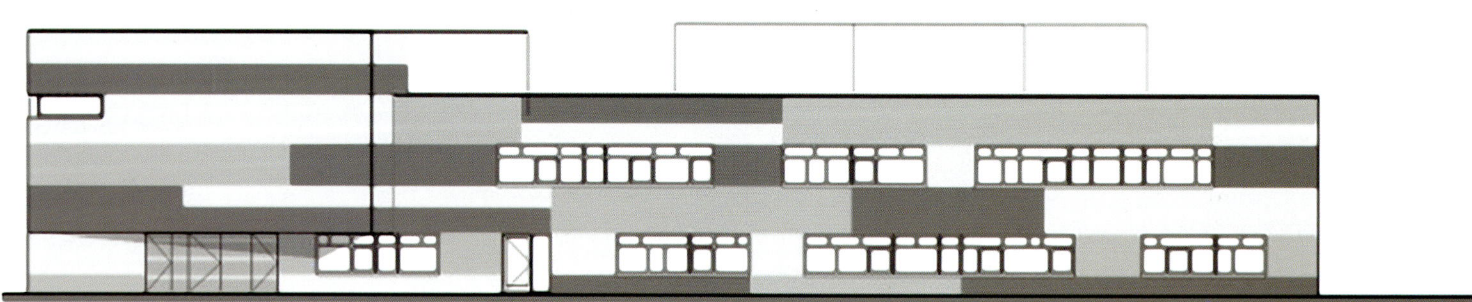

aanzicht westgevel

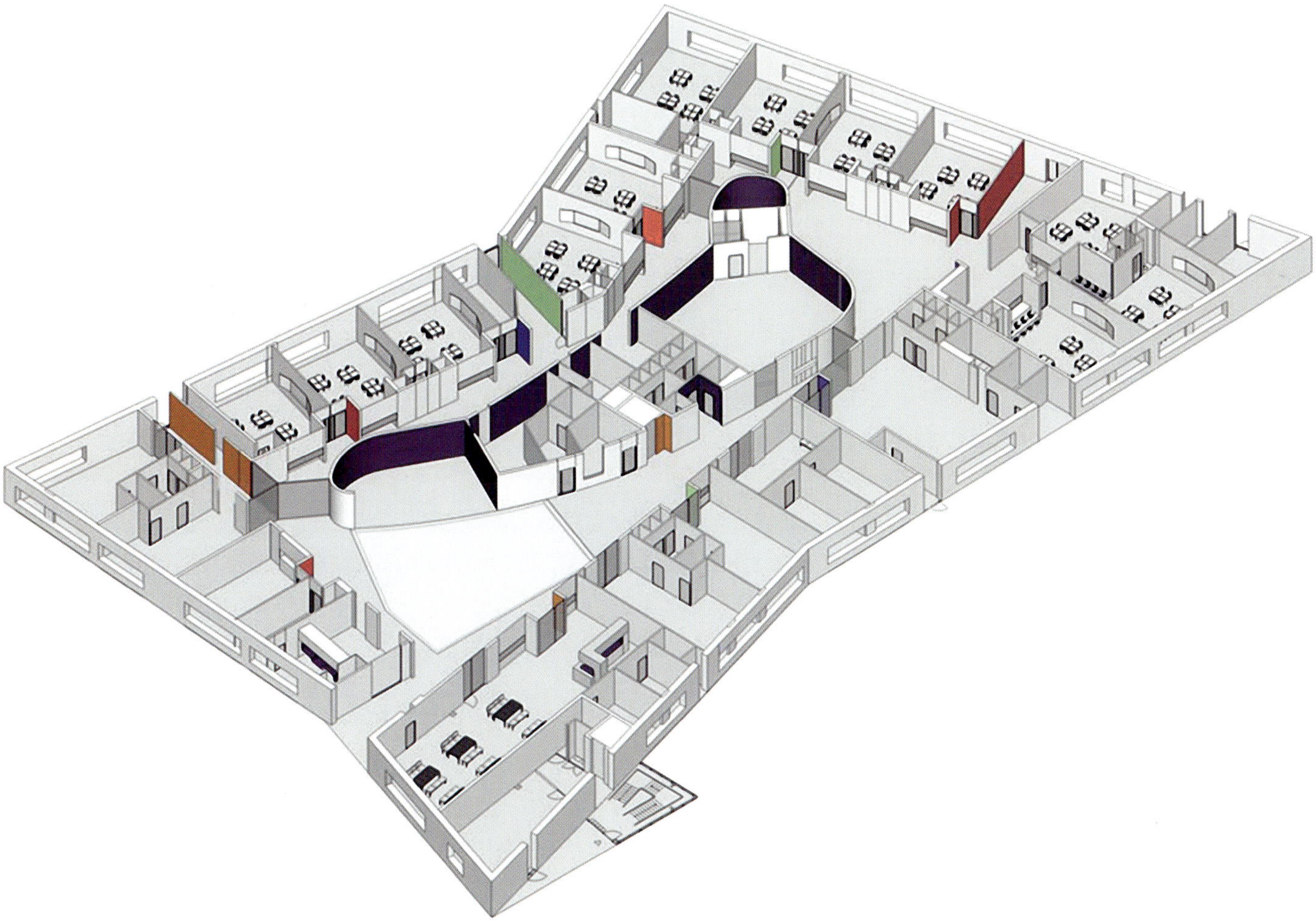

ATOLPLAZA

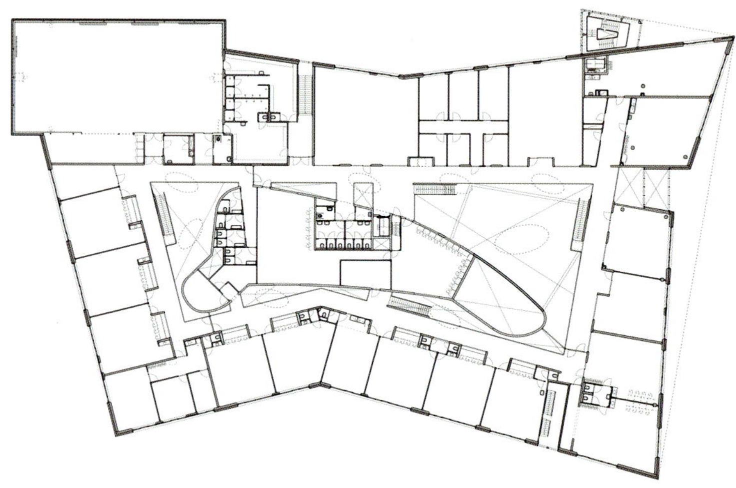

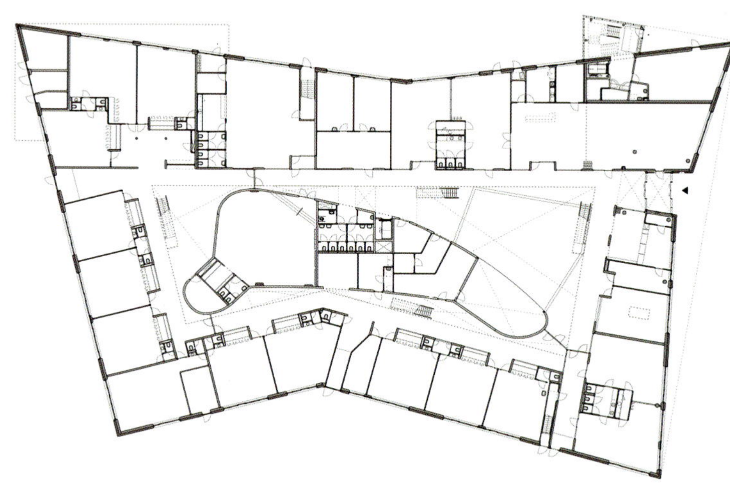

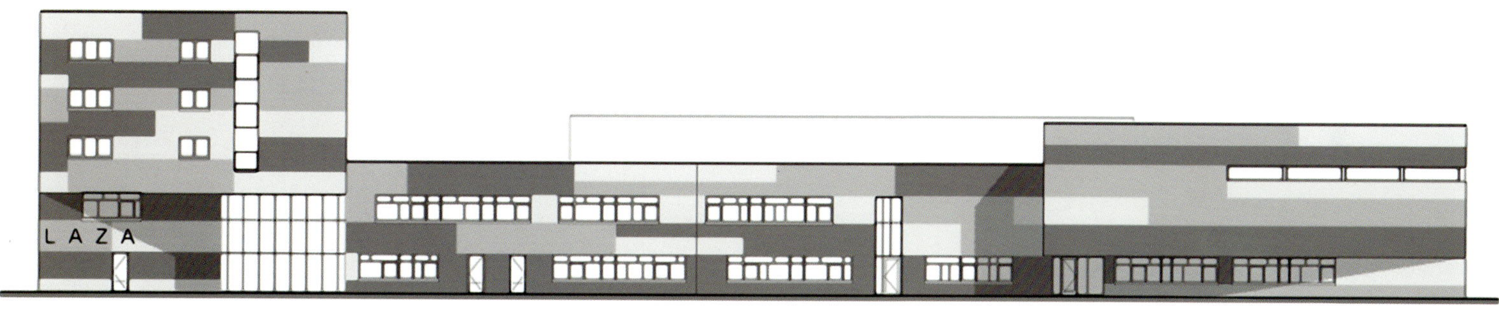

aanzicht Noordgevel

aanzicht Zuidgevel

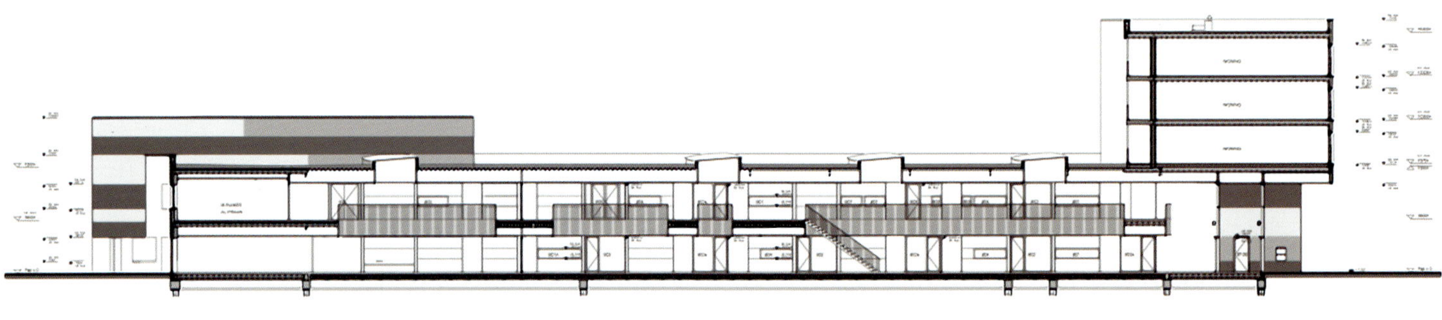

DOORSNEDE A-A

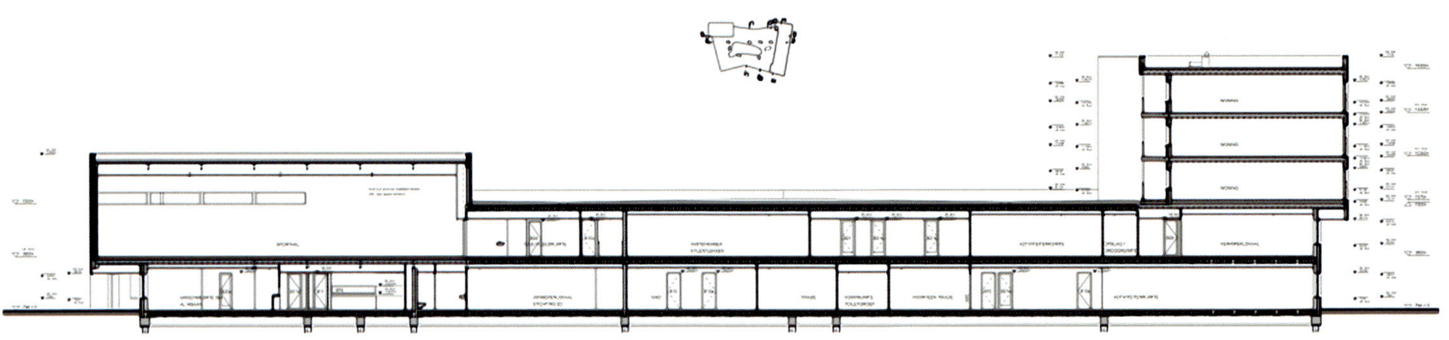

DOORSNEDE B-B

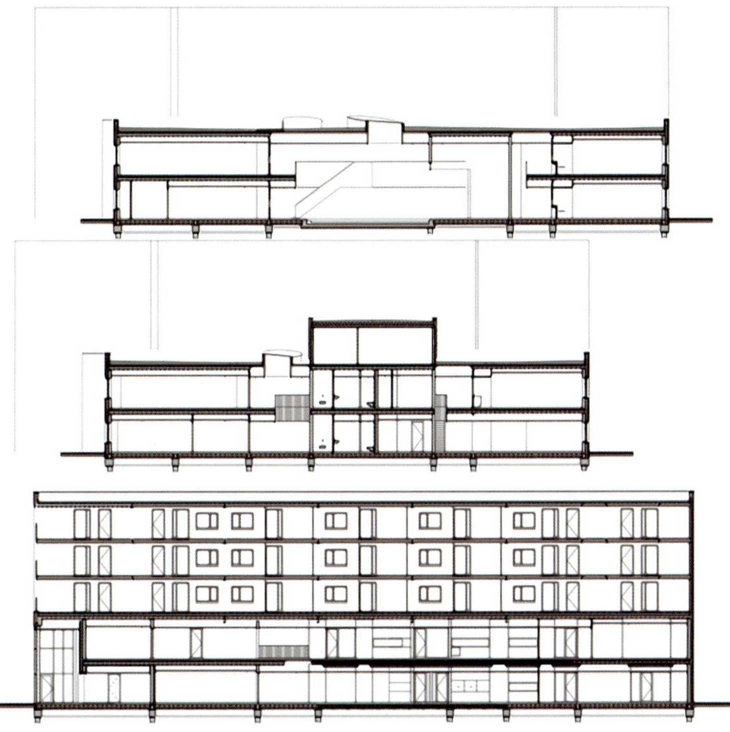

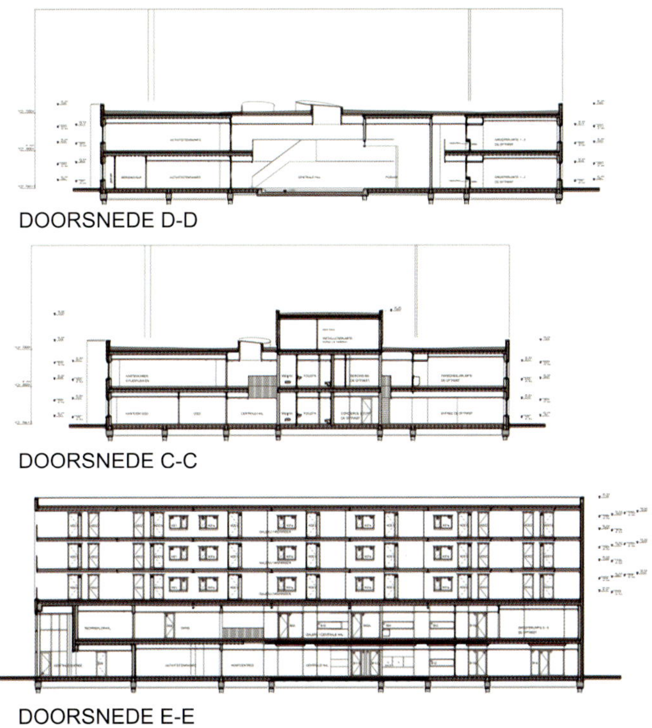
DOORSNEDE D-D
DOORSNEDE C-C
DOORSNEDE E-E

西班牙诺韦尔达卡萨尔青年广场

建筑设计： Crystalzoo, S.L.P.
项目位置： 西班牙，诺韦尔达
首席设计： Jose Luis Campos Rosique
图片摄影： David Frutos, Rafael Galan

该项目位于阿里坎特附近一个叫诺韦尔达的小镇上，涉及把一个旧学校建筑和庭院翻新改造成一个新的满足当地需求的公共空间。

该广场成为诺韦尔达人举行社会活动的中心。该系统包括能定义软土地区的连接路径，软土地区可以与楼内发生状况建立连接。与老学校合作的好处是使得建筑有了院落，在拥挤的城市结构中有一个开放的空间实属难得。院落补充了建筑的功能并使建筑物尽其用。材料与照明是建筑与公共空间确立新的联系途径。建筑师通过用自己的规划围绕老学校装备新器材来支持新活动，力图为建筑与院落提供完善的尖端设备。该结构提供照明能源及在发生各种状况时指示特定环境的信息系统。

PLANO 2：ALZADOS 1/250

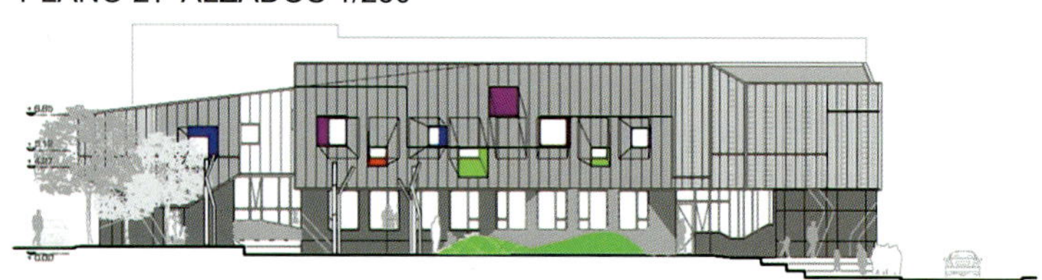

ALZADO SUR

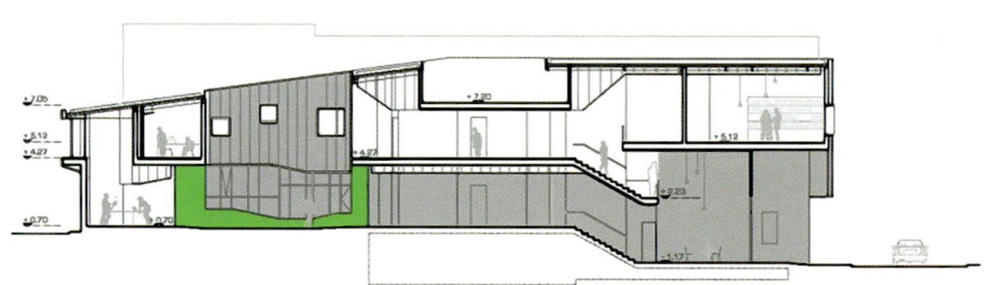

PLANO 1:PLANTAS1/250

PLANTA SEGUNDA E:1/250

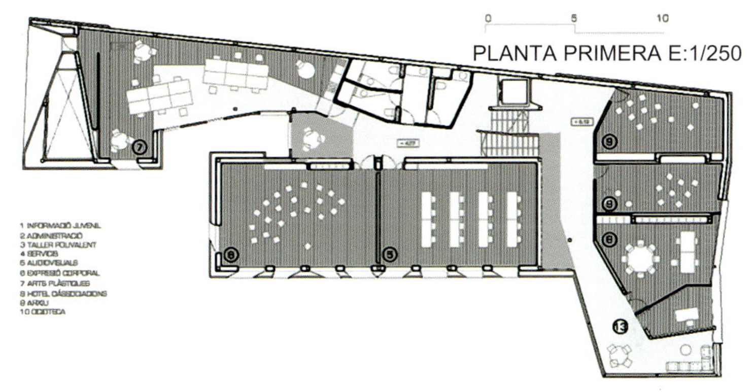

PLANTA PRIMERA E:1/250

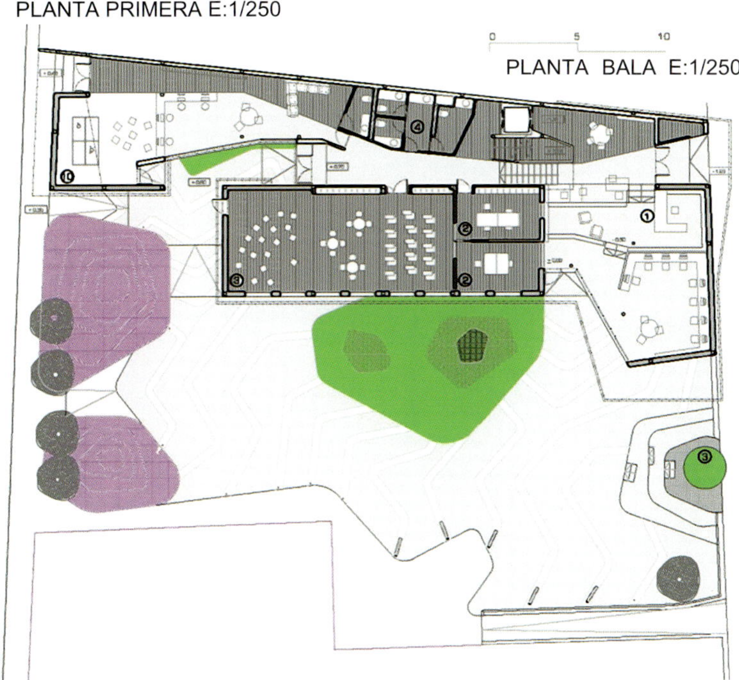

阿姆斯特丹奥斯德普青年中心

建筑设计：Atelier Kempe Thill architects and planners
项目位置：荷兰，阿姆斯特丹
项目面积：285 m^2
项目年份：2011
图片摄影：Architektur-Fotografie Ulrich Schwarz

这是工作室Kempe Thill设计的一个位于荷兰Reimerswaalbuurt地区的一个项目，这是一个小巧的年轻的社区，设计任务是将这个小建筑融进已有的绿树环境之中，同时与附近建筑保持一定的距离，打造一个纪念性强、多方向的和自由独立的建筑。建筑由两个简单堆砌的体量组成，下面是一个玻璃的透明的体量，它将周围的绿树都引入室内，扩大了室内的开阔感，而上层则是一个封闭的包裹的结构。这个上层是一个社区大厅，它有着高高的天花板和两个天窗，房间特意保持中性，白色是主色调，突出天窗对于室内的作用。

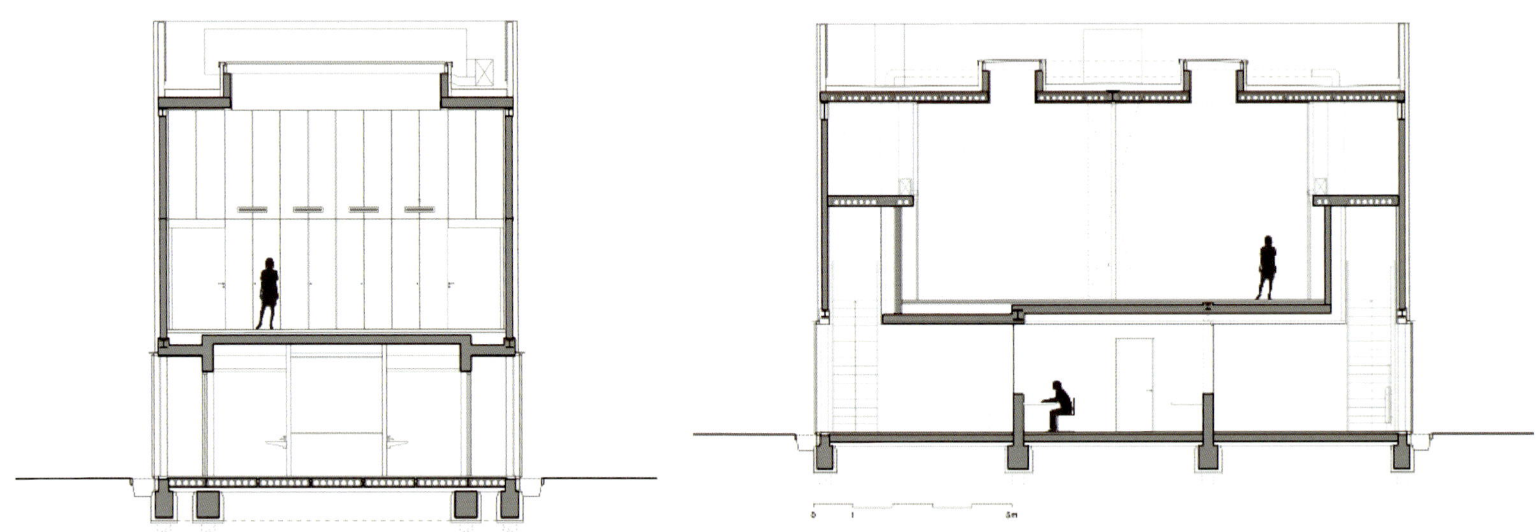

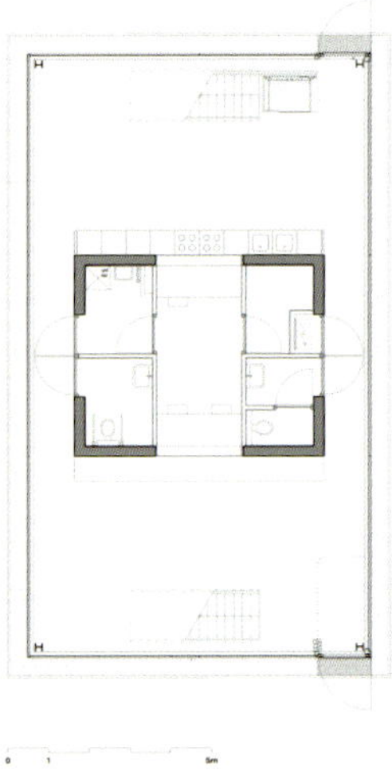

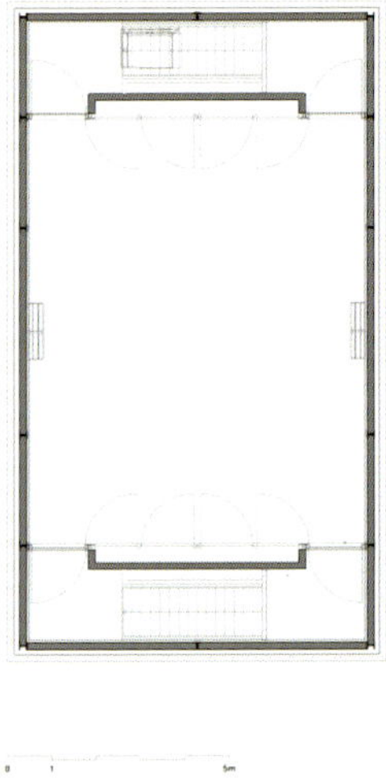

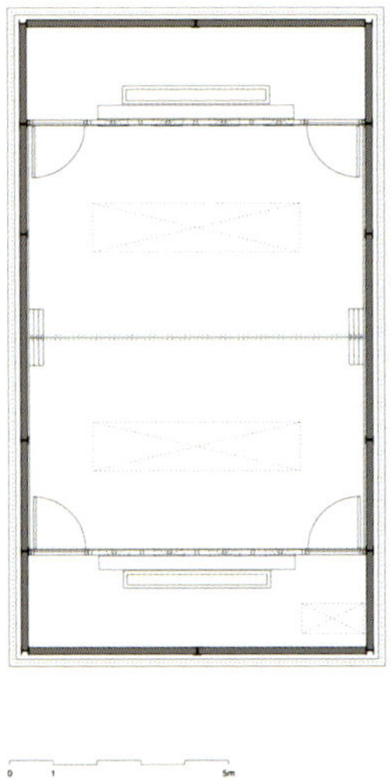

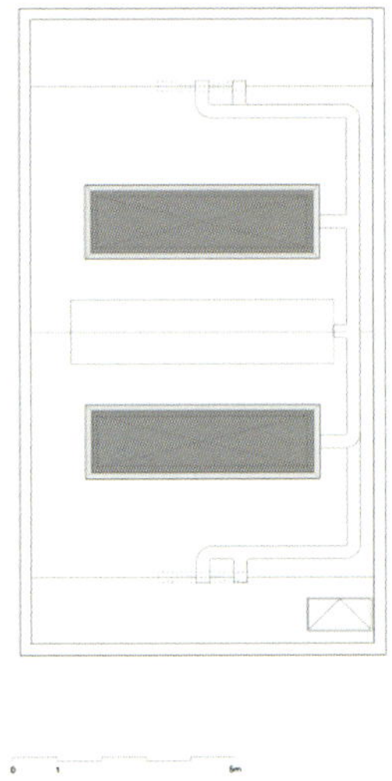

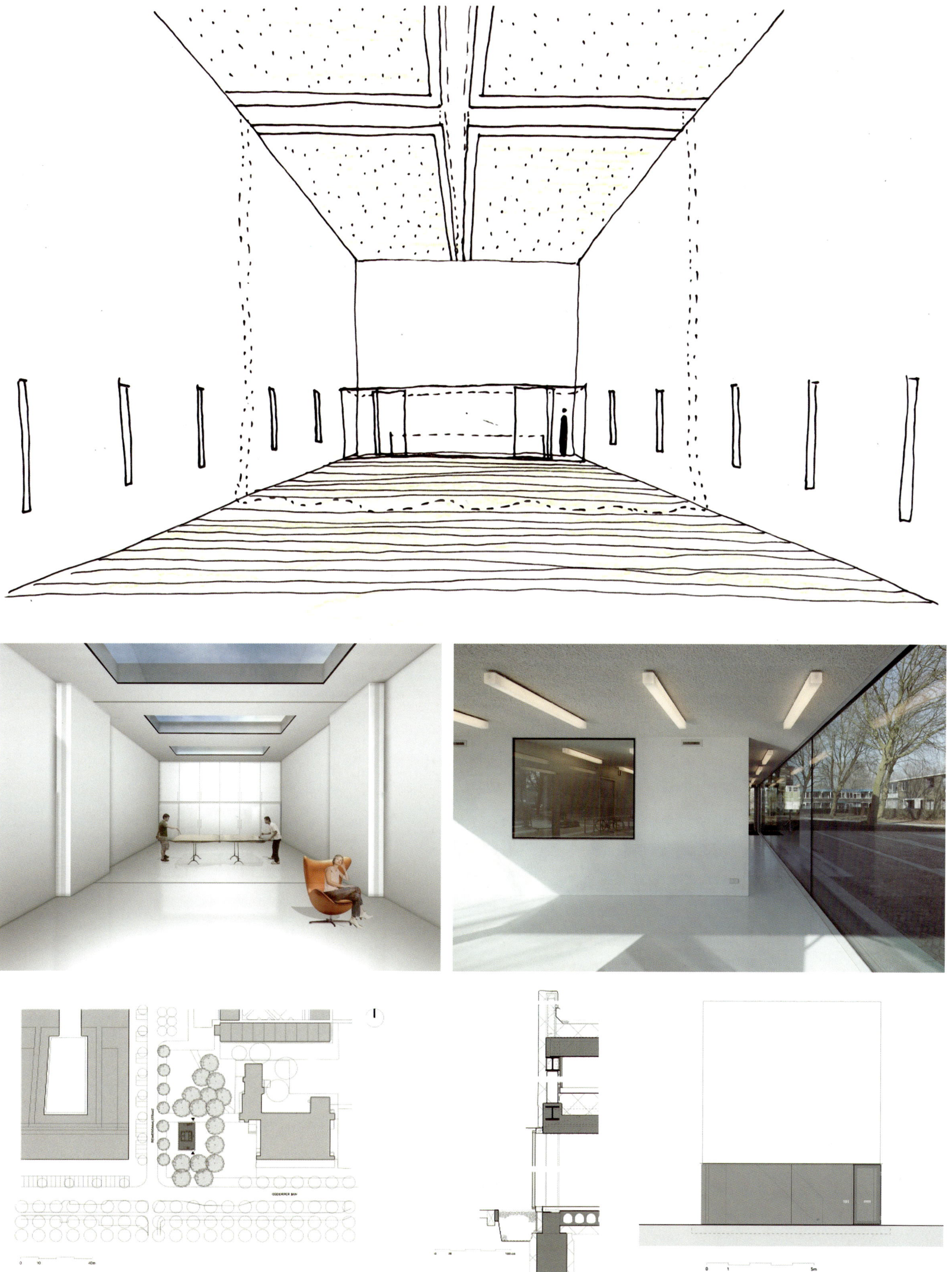

Via Regina公共花园

建筑设计：Lorenzo Noé Studio Di Architettura
项目位置：意大利，科摩
项目面积：230 m^2
项目年份：2010
图片摄影：Marco Introini

科摩这里有一个湖边小镇，不像其他居住地点一样，这里没有受到过度发展的影响，仍然保存着其独特的地理环境。

这一地点居于北部历史中心，位于教堂和墓地的斜坡上。在这里由那个拱门构成的石墙形成一个高达6米的路堤。这面墙无法修葺，同时也无法承受未来所受到的负荷。为了能够充分利用这里的悬崖结构，在河面上修建了一个建筑。该建筑由嵌入式的柱子支撑起来。

这项工程主要只包含了一些元素：石制楼梯、木制甲板以及码头台阶。空地的地面稍微向北倾斜，使得空间感扩大，将空地变成一个小台阶，这个台阶主导着历史中心和对面河岸的主要景观。

在南面，公园的边界是两座木制的房屋：休息室和通过储存空间的楼梯，此外还有船舶码头。这个介于空地和原先地面水平的空间周围便捷式钢丝绳，形成蔓藤植物向上攀爬的架子。

这项工程建造在一个极具景观价值的地方，同时也利用了目前的各种材料。所有的甲板都是未经处理的落叶松木板，这种木板会随着时间变成灰色，这样的颜色也刚好和周围的景观相一致。

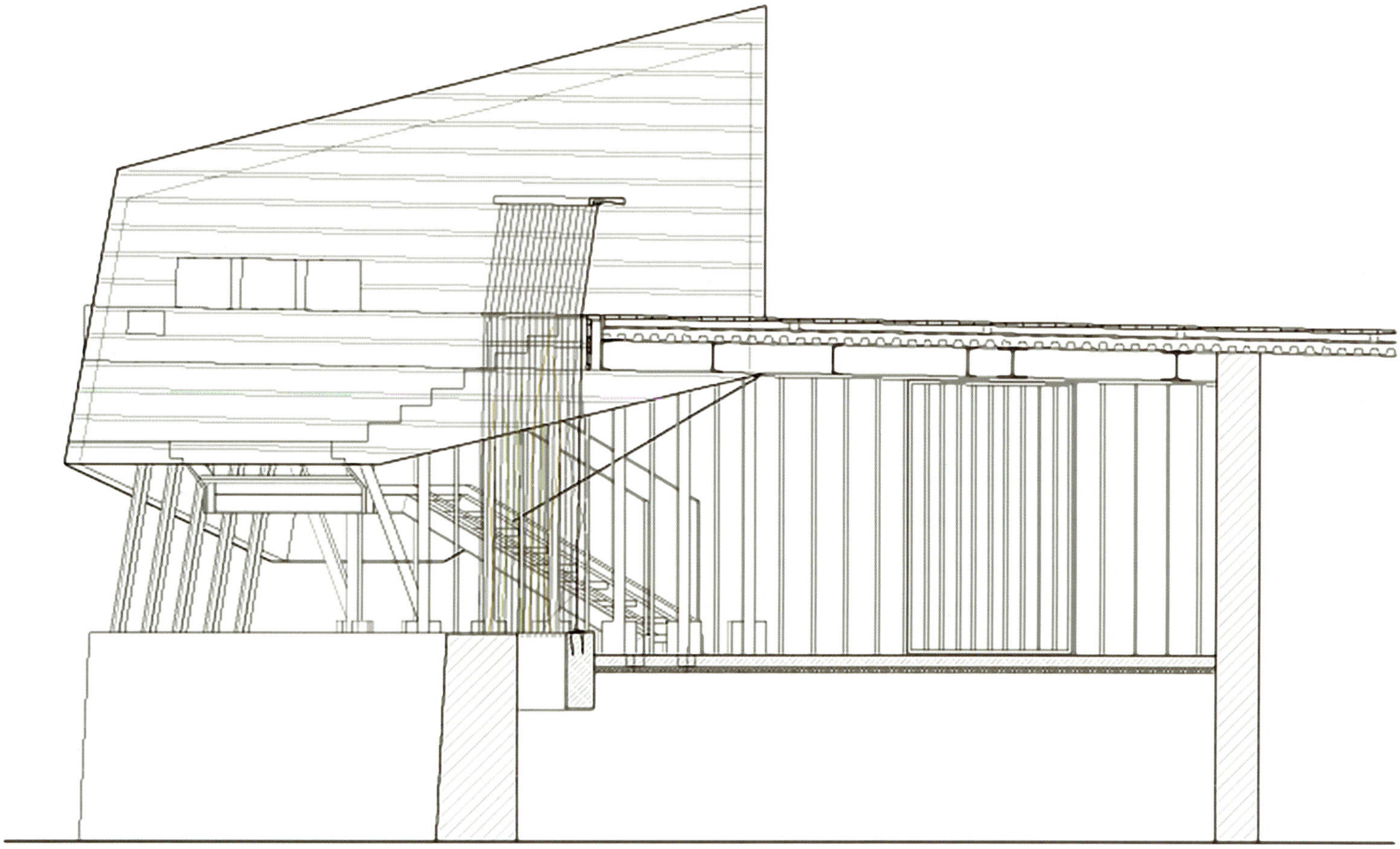

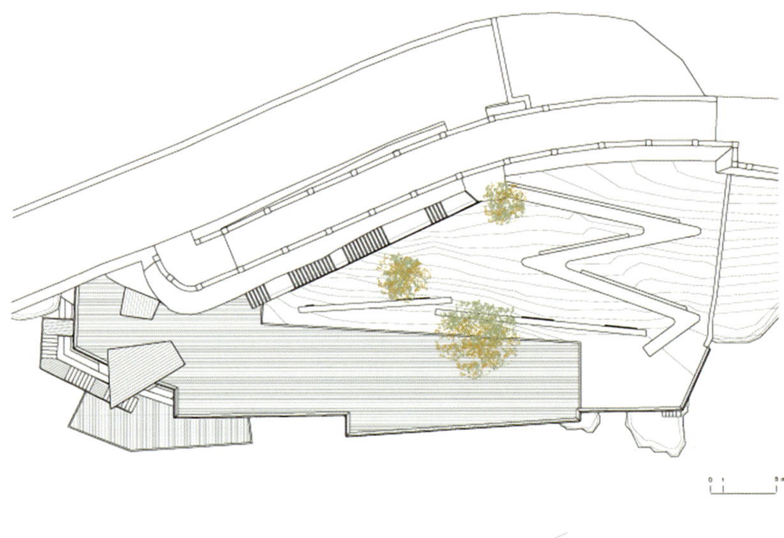

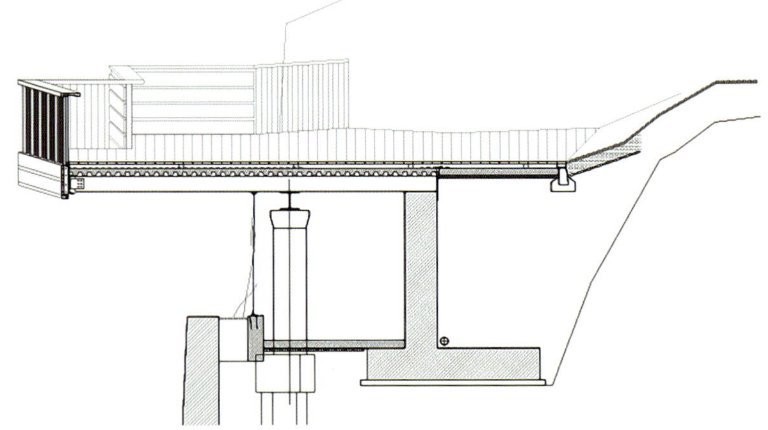

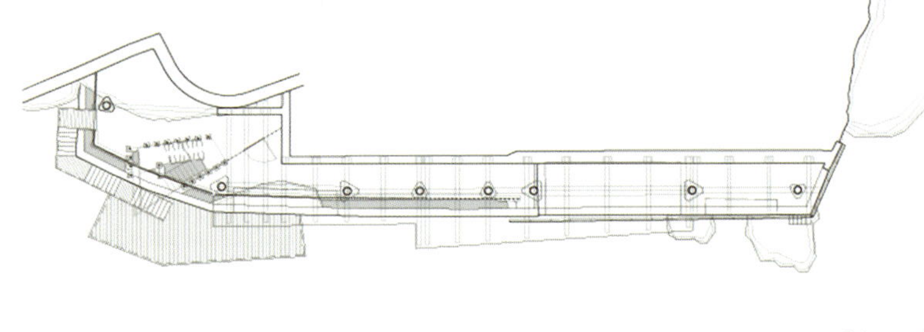

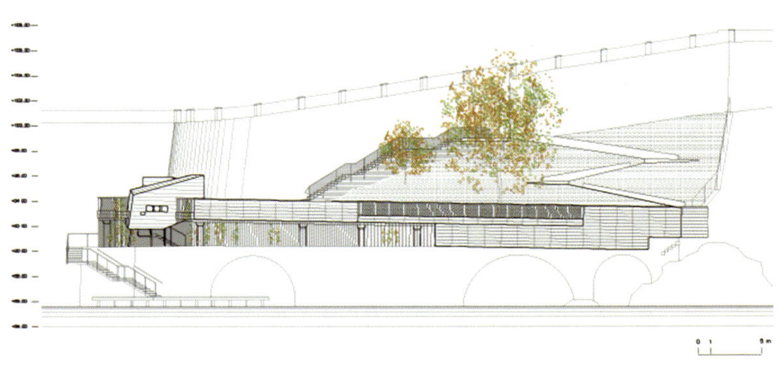

美国绿湾城市甲板

建筑设计：StossLU

项目地点：威斯康星州，绿湾

项目面积：2.5 英亩

项目年份：2010

图片摄影：StossLU, Jeff Mirkes

由StossLU设计的城市美化项目是一个两英亩的长条形河边土地，开发主要是为了提高福克斯河的游客量和培养公民意识以及家乡自豪感。项目的第一阶段，企图直接吸引社区成员和市政府官员，以重新激活项目地块。该项目的主要目标是要在新的公共公园和在被占领周围的城市街区之间引入一个循序渐进的附属地。

FFS火车站地区规划

项目地点：瑞士　洛迦诺
场地面积：25000 m²
建筑面积：57500 m²
建筑容积：200000 m³

这是由Dominique Perrault Architecture建筑事务所设计的FFS火车站地区规划项目。这个项目来自于一个简单的举动：即用一个马焦雷湖之上的巨大平台结构覆盖小小的洛迦诺-穆拉尔托车站，在这个基础设施之上，一个巨大的公共空间因此形成，即大广场，它是一个能够使人们自由穿行的空间，同时也是一个城市的中心体。

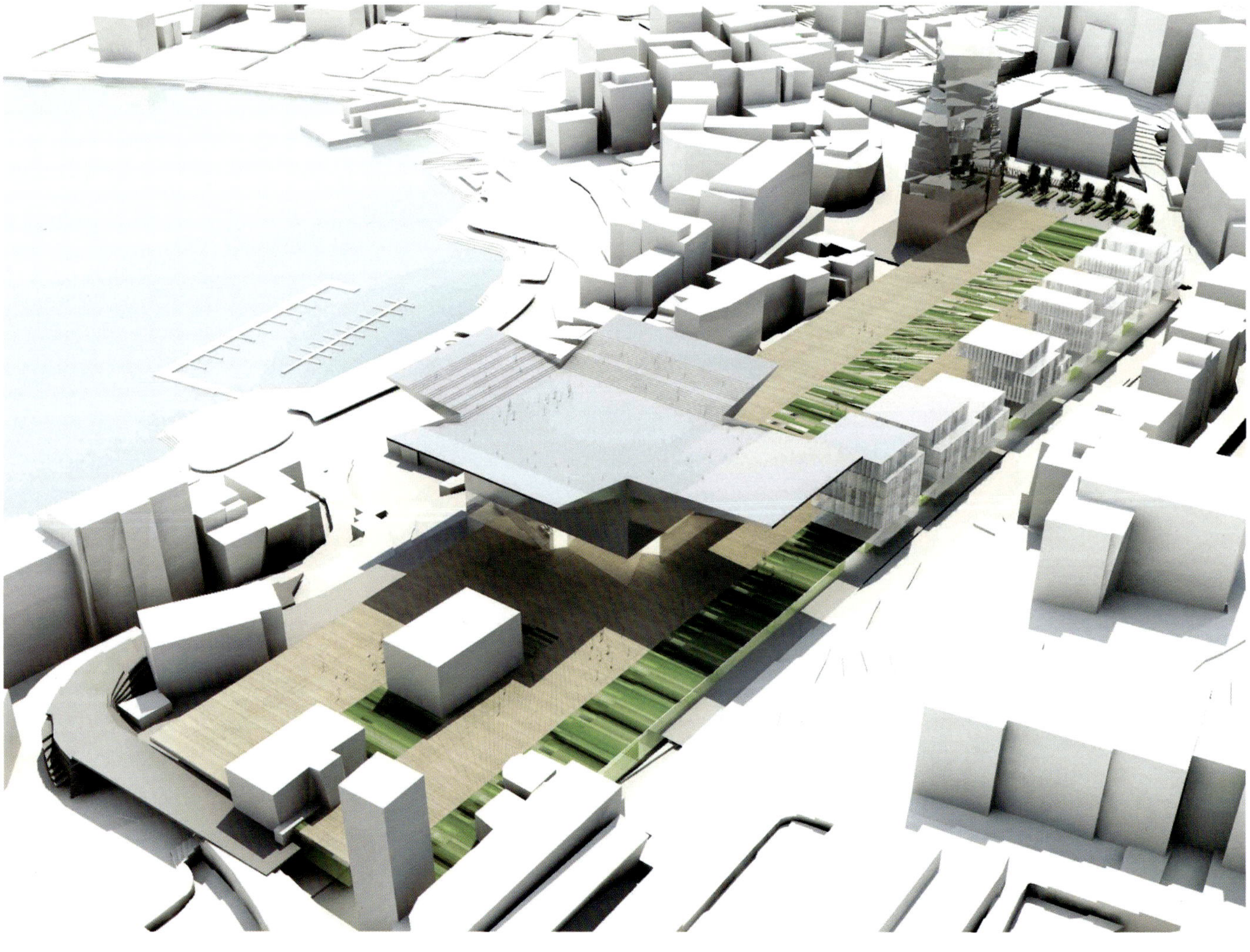

克罗地亚奥西耶克公共汽车站

建筑设计： Rechner
项目地点： Osijek，克罗地亚
项目团队： Predrag Rechner、Bruno Rechner、Ines Pelzer
项目面积： 21199 m²
竣工年份： 2011
项目摄影： Mario Romulic & Drazen Stojcic

在Osijek建造一座新公共汽车站的提议始于2007年，当时Osijek市政府公布招标，以公私合作的原则，建造一座新的公共汽车站。这项招标要求打造一座高质量的公共建筑、经济适用，同时建筑的成本低、维修率也要低。

车站的屋顶是波浪起伏结构，它为整个车站创造了一个可持续性的空间，使人们在这里能够享受到一丝清爽，感觉就像驰骋在浩瀚的海洋当中。整座建筑的地下公共空间和外部的平台共可以容纳251辆车，符合一般车站的容纳量。通过外部广场，人们也可以到达车站内部。地下车库与公共交通分离开来。

这座公共汽车站的建造风格非常现代，不管是在设计构思，还是在性能和功效方面。其基本设计理念来源于对诸多欧洲车站和机场的研究。

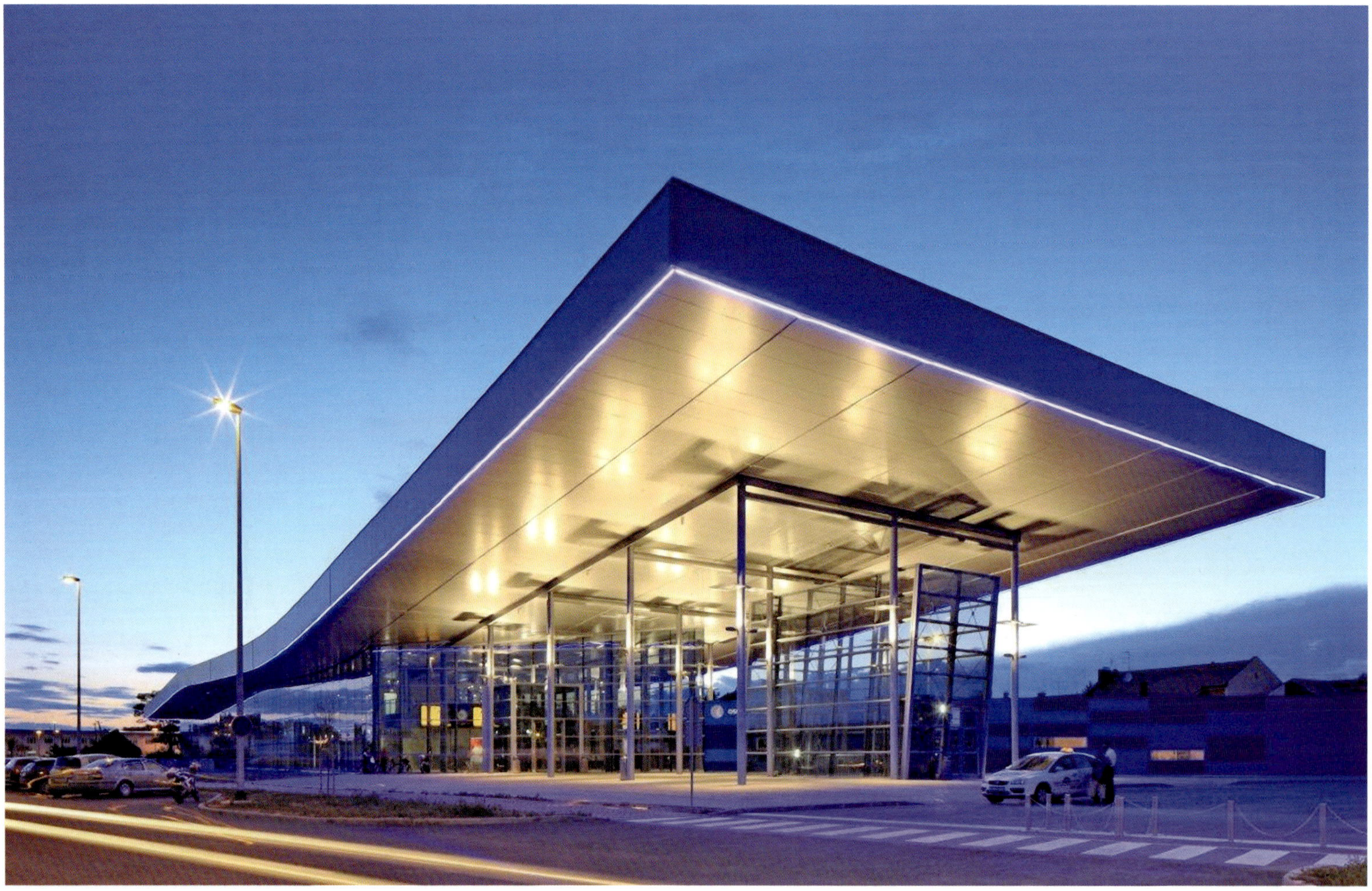

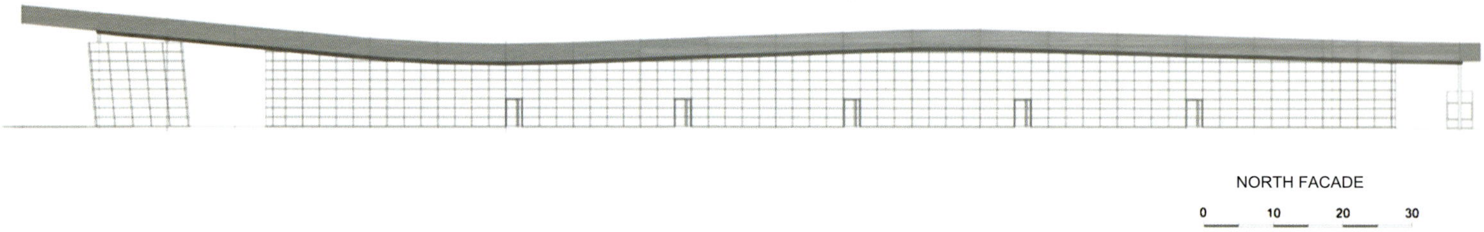

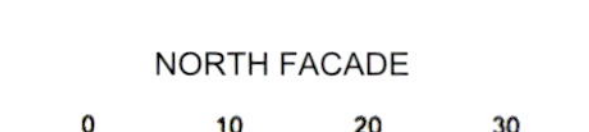

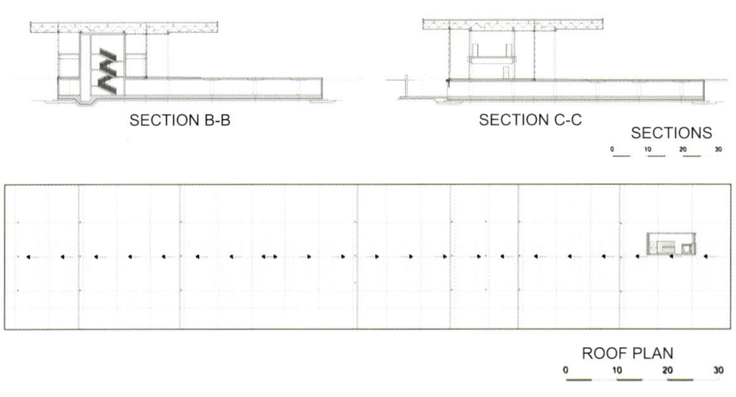
SECTION B-B
SECTION C-C
SECTIONS
0 10 20 30
ROOF PLAN
0 10 20 30

PANTURIST

PERON 14
PERON 13
PERON 12

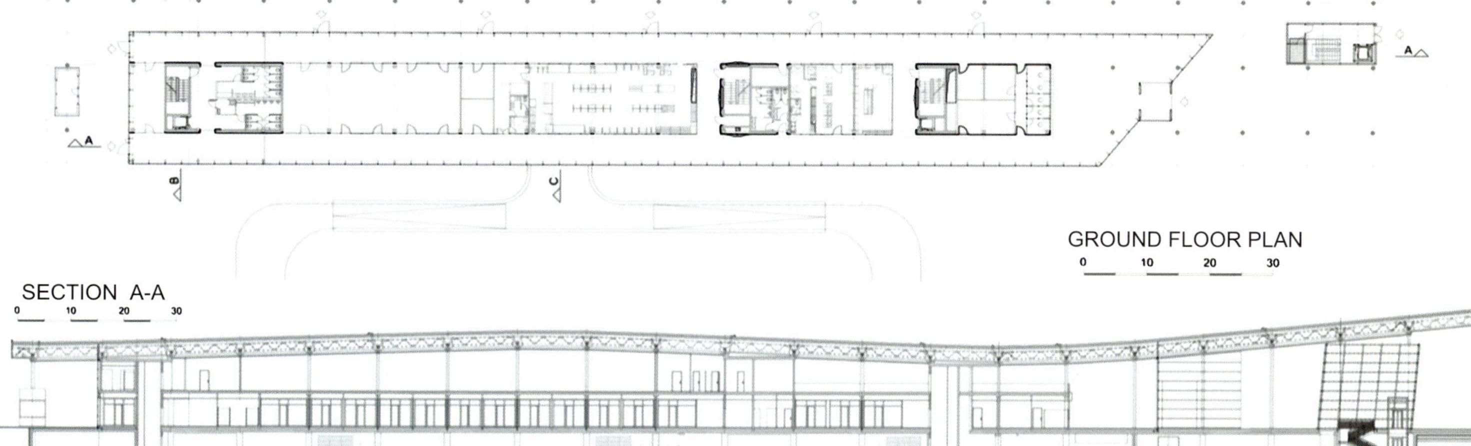
GROUND FLOOR PLAN
0 10 20 30
SECTION A-A
0 10 20 30
A
B
C

波斯托那钟乳石洞音乐厅展示亭

建筑设计：Studio Stratum

建筑地点：斯洛文尼亚

项目年份：2011

合作伙伴：Marko Šenk，Peter Emil Grošelj

图片摄影：Miran Kambič

这个位于波斯托那钟乳石洞音乐厅内部的展亭和商业亭是世界上第一个地下的办公室建筑，项目的目的是为了翻修展亭，设计将替换原有的不合适的游客卫生设施，同时将其与新的生物处理系统相连。整个建筑只能在部分被拆除的既有结构中展开，同时这种地下的建造需要无机建造材料予以配合。

展亭和商业亭被设计成两个部分，亭子部分是透明的，可穿行的区域，有四个出入口，纵向形成S形造型，反映出地下大厅的墙壁走向。空间按照引导游客和指示出入口方向的方式建造。

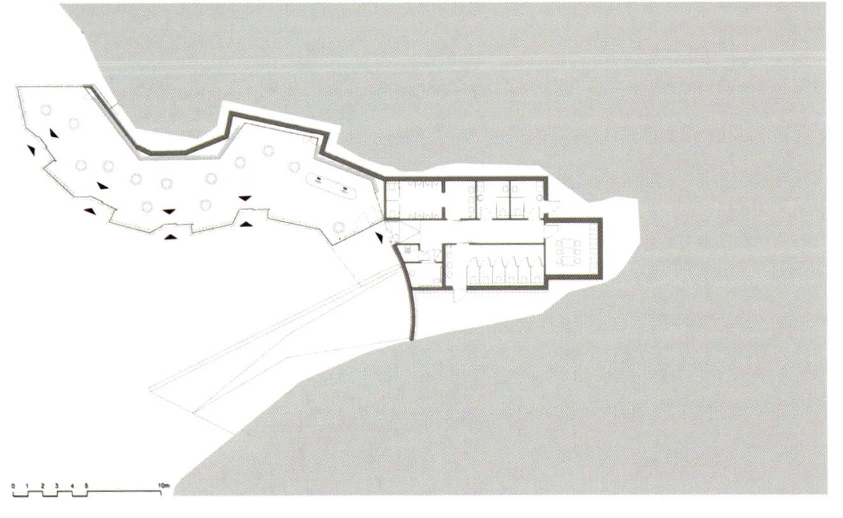

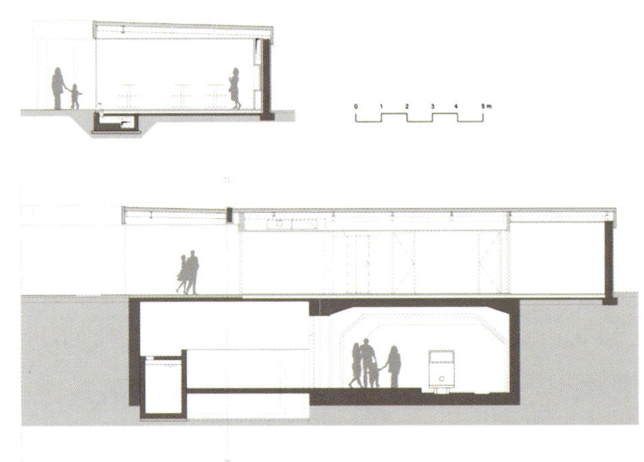

荷兰新维根市中心广场

建筑设计： Bureau B+B
项目位置： 荷兰，新维根
项目面积： 40,350 m²
项目年份： 2012
图片摄影： Renee Klein, Frederica Rijkenberg

设计事务所对新维根建于20世纪70年代的商业中心进行改建。设计师利用现有条件新建了一个住宅区、办公楼、市政厅、剧场、一个影院、一个音乐厅、一个图书馆，还扩建了现存购物中心。

改建后的市中心从某种程度上来说较为开放，并与Doorslag运河建立联系。公共空间被分为不同的层次，不同的材料组成不同的图案，绿化带主要集中在广场上，使不同的区域拥有不一样的风格。各种开花植物与树木将这片公共区域妆点得别有一般滋味。

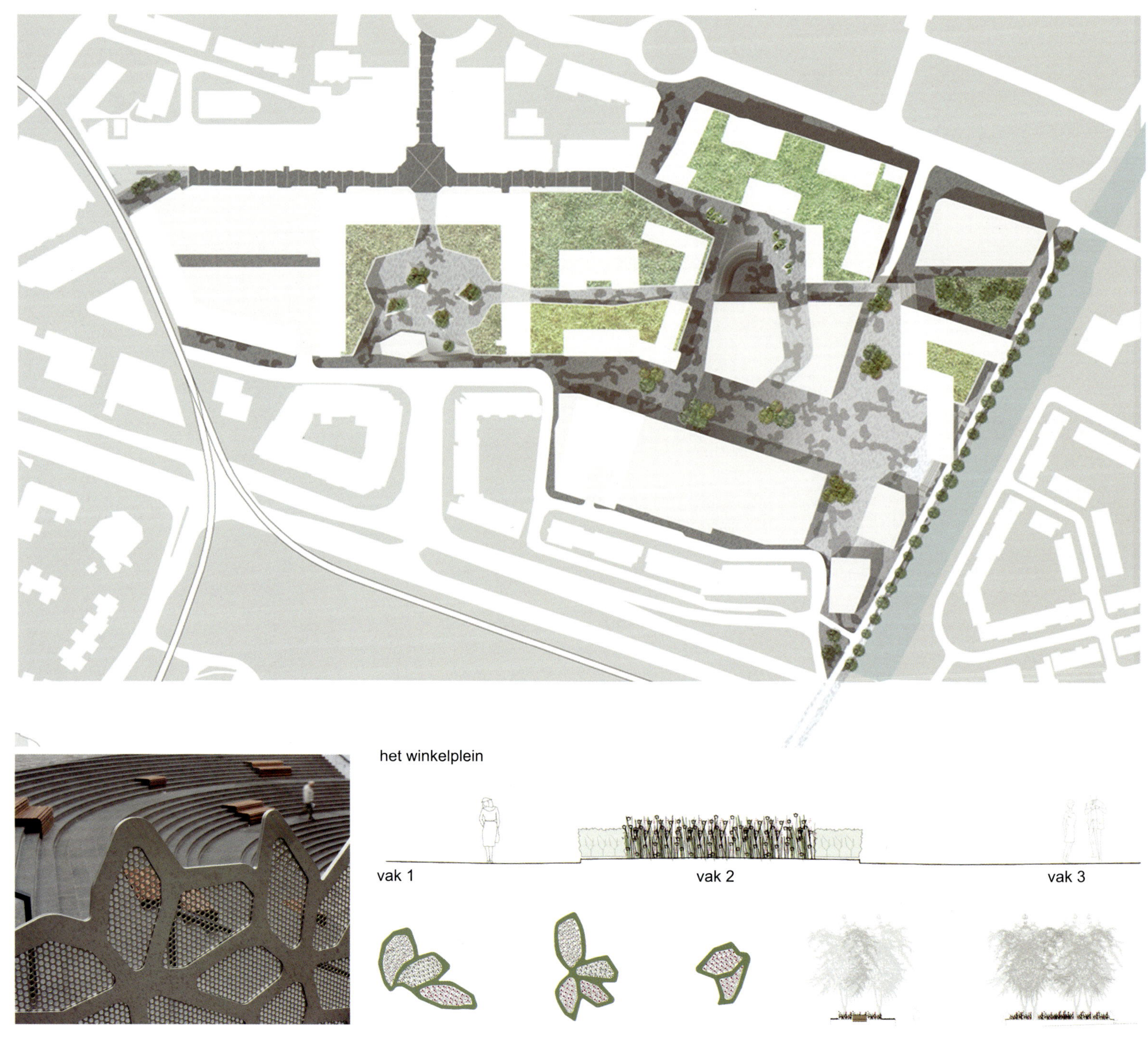

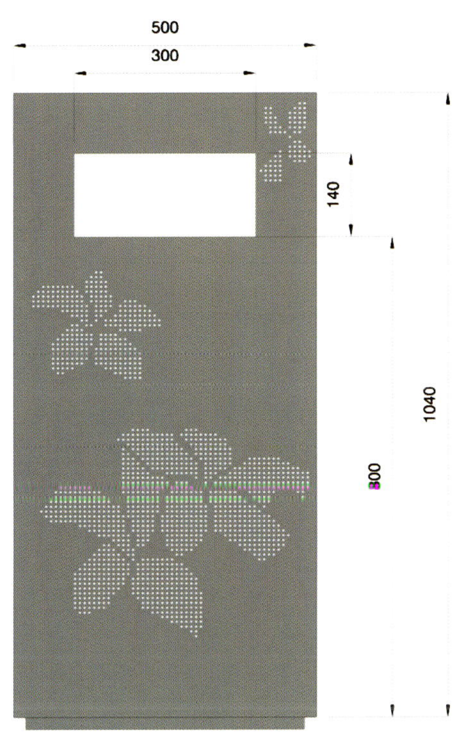

diepte: 22-30cm = 88-120 liter

阿卡迪亚教区会议中心

建筑设计：Trahan Architects
首席设计：Trey Trahan, FAIA
项目团队：Rachel Hall, Kim Nguyen
项目地点：美国，路易斯安那州
建筑面积：69000 sqft
图片摄影：Luxigon

Trahan Architects设计的阿卡迪亚教区会议中心位于克劳利东北部，它是路易斯安那州的一个小城镇，有“美国水稻之都”之美誉。项目将调节西部城市发展和东部农业领域之间的门槛。作为景观的延伸，中心创造了两个环境之间的和谐平衡，表达了当地农业的重要性。

该中心的主要纲领性元素表现为四个区块，包括餐厅、报告厅、会议室和舞厅。它们之间微妙的变化取决于每一个空间的纲领性需要，导致用户界面更加直观。

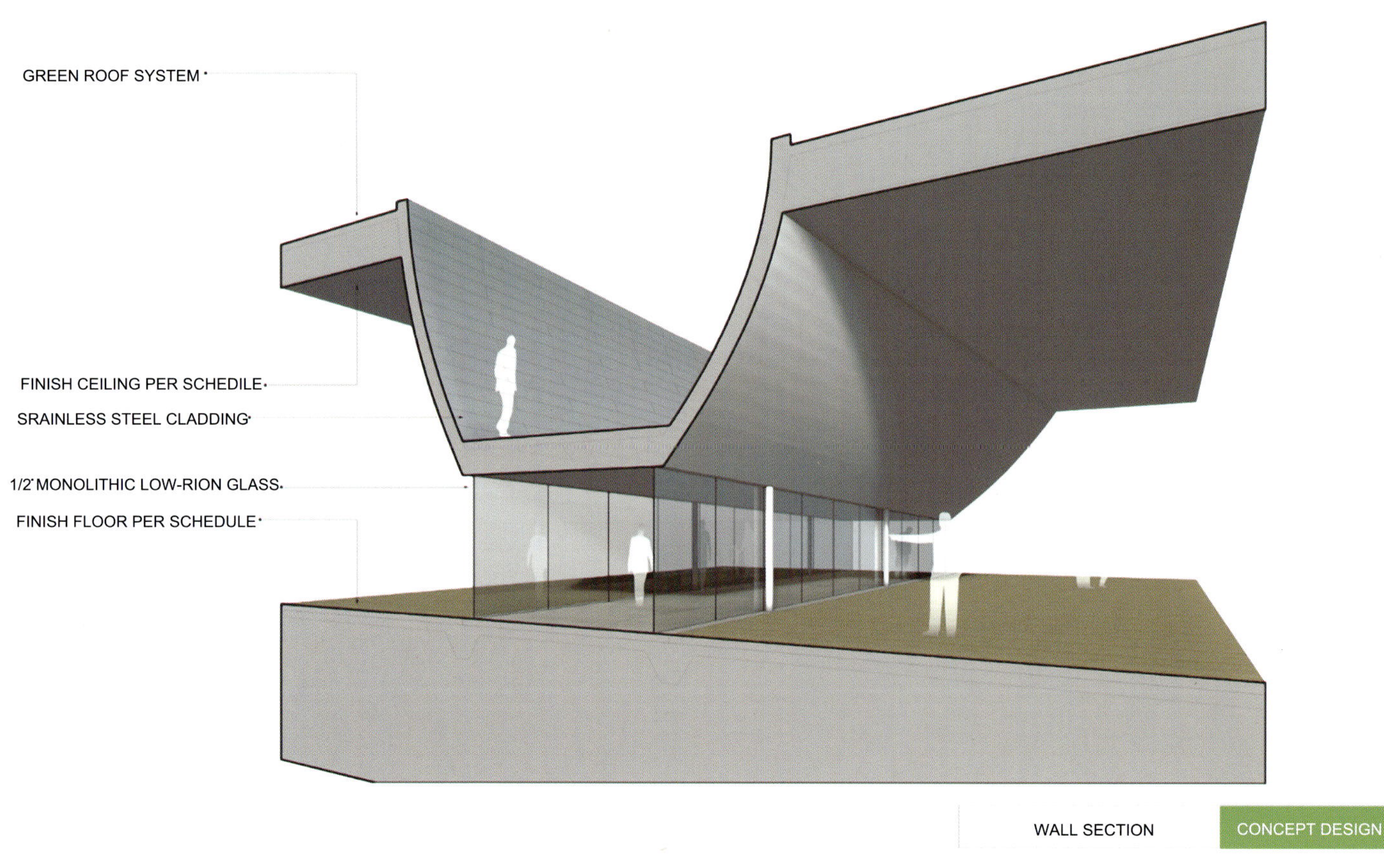

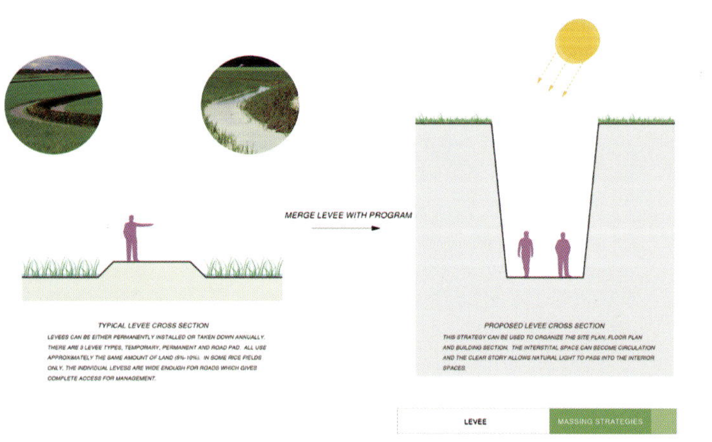

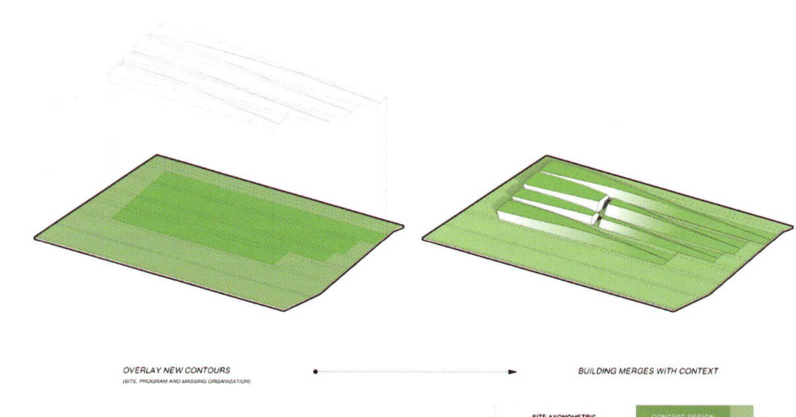

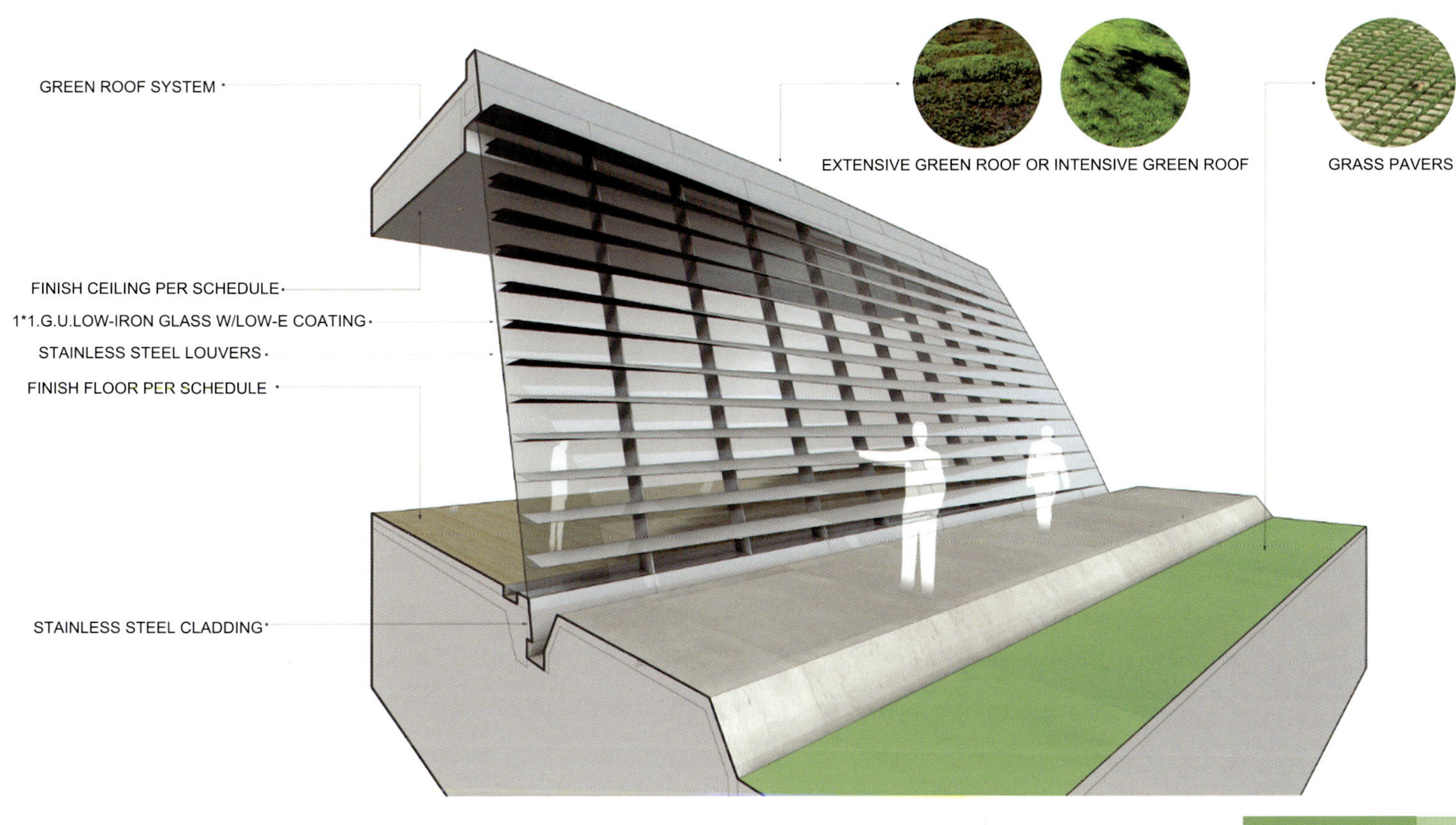

WALL SECTION

CONCEPT DESIGN

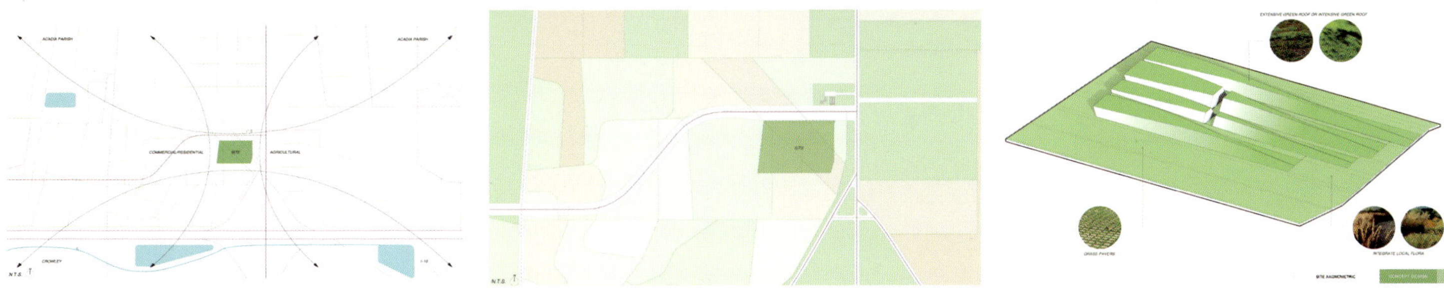

娱乐休闲

瑞士洛桑市阿尔卑斯水上公园

建筑设计：Personeni Raffaele Schärer Architects

项目位置：瑞士，Crans-Montana

项目客户：ACCM

瑞士洛桑市personeni raffaele schärer architects设计公司设计的阿尔卑斯水上公园位于瑞士蒙大拿。

水上公园在瑞士阿尔卑斯山的原始背景下，隐藏在郁郁葱葱的屋顶下，与山的背景、自然的景观融合在一起。地形的转变展示出前方的空间，地形围住草坪外立面，加深了周围的湖泊和树木景观印象。屋顶剖面较低，一部分没入水中。

人工山谷的空间增加，形成山谷的石块受到洁净山泉的冲刷和侵蚀，变得十分光洁、圆滑。洞穴通道通向模拟的山区的环境区，但你不会在这里遭遇不可预知的山区天气变化。

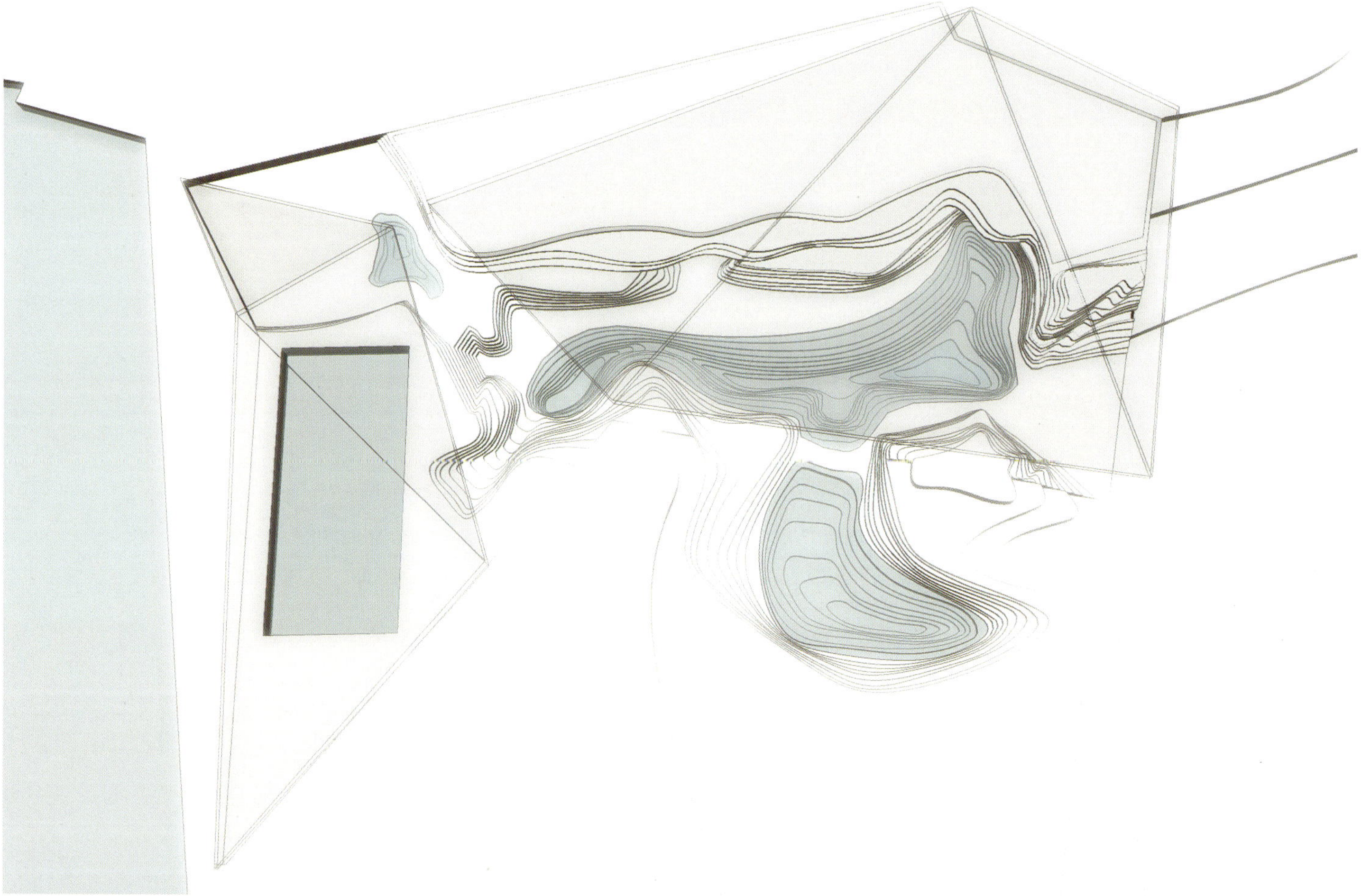

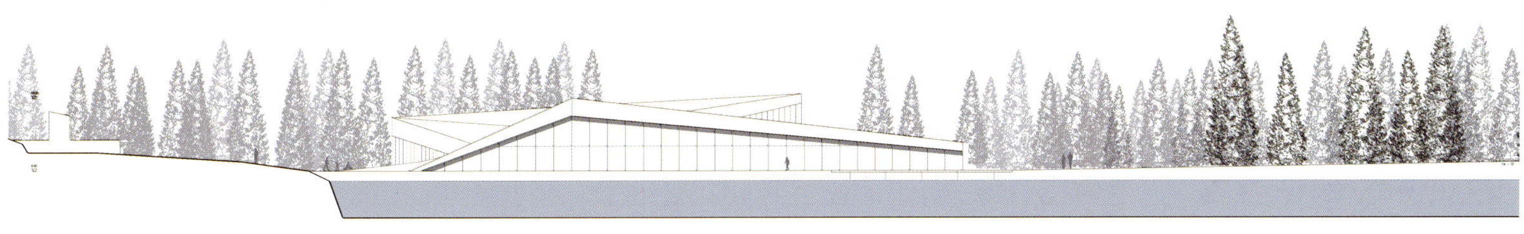

ELEVATION OUEST

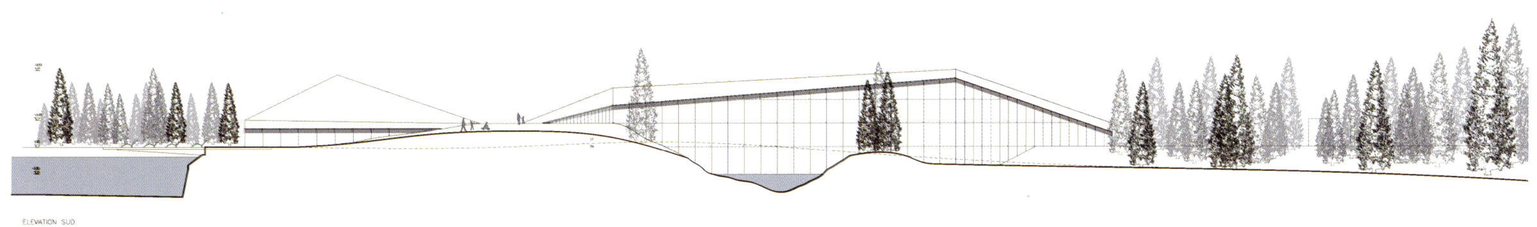

ELEVATION SUD

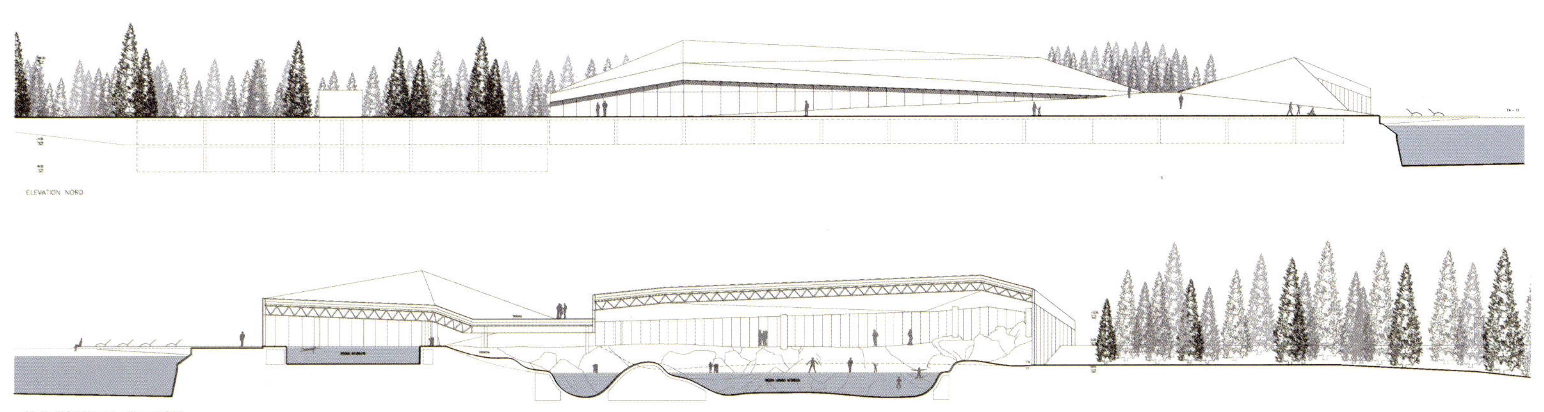

ELEVATION NORD

COUPE LONGITUDINAL A-A ECHELLE 1/200

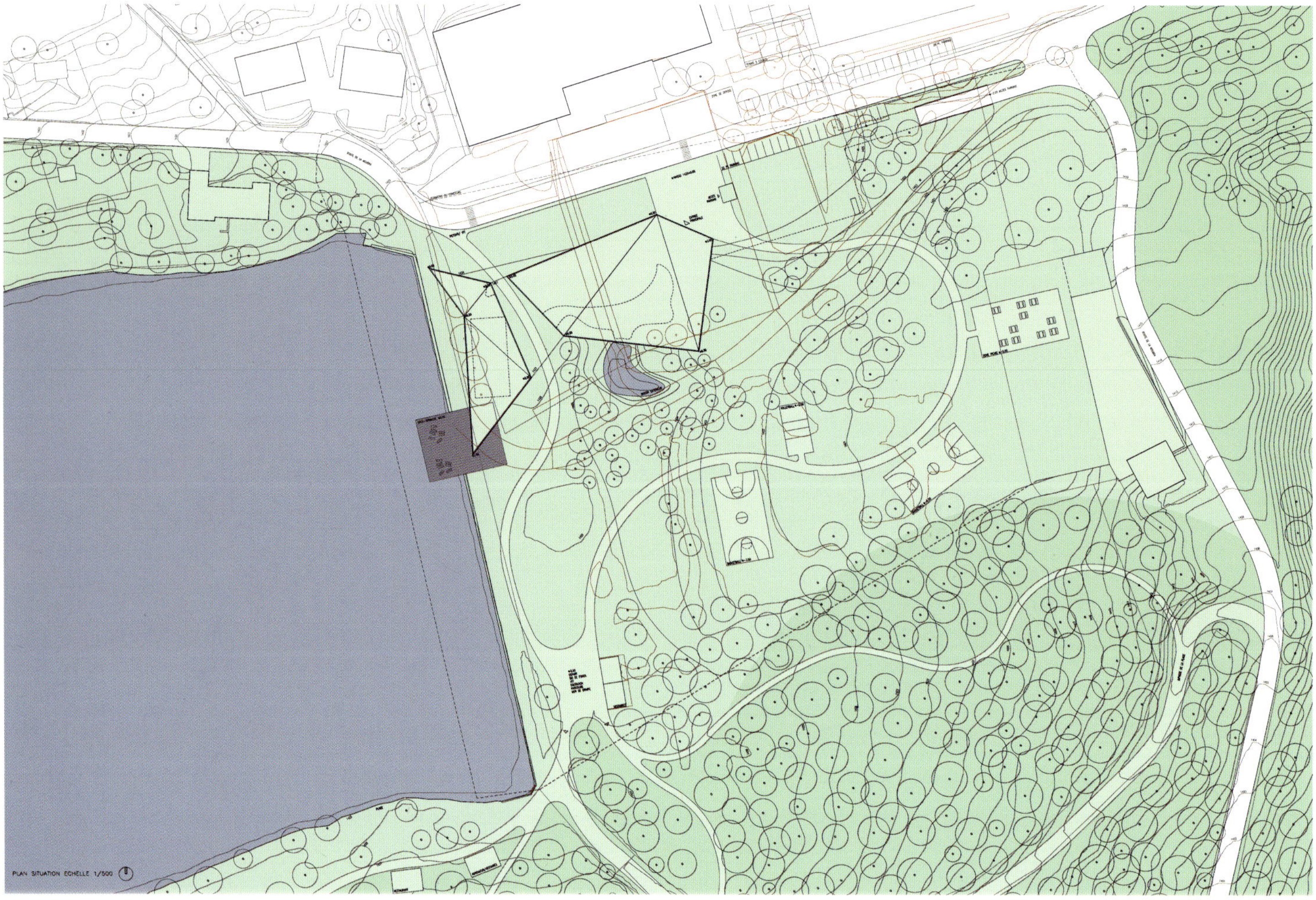

PLAN SITUATION ECHELLE 1/500

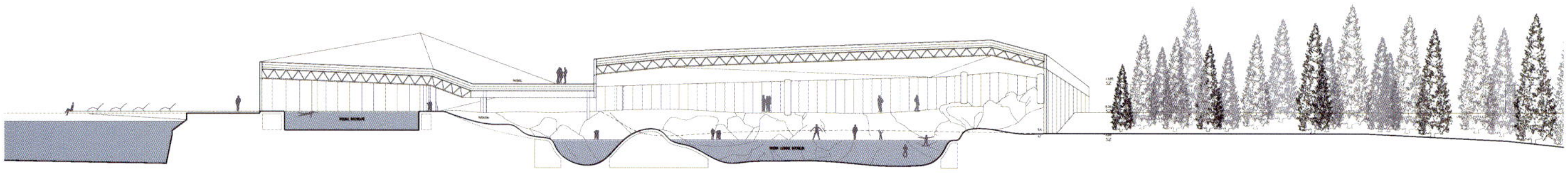

COUPE LONGITUDINAL A A ECHELLE 1/200

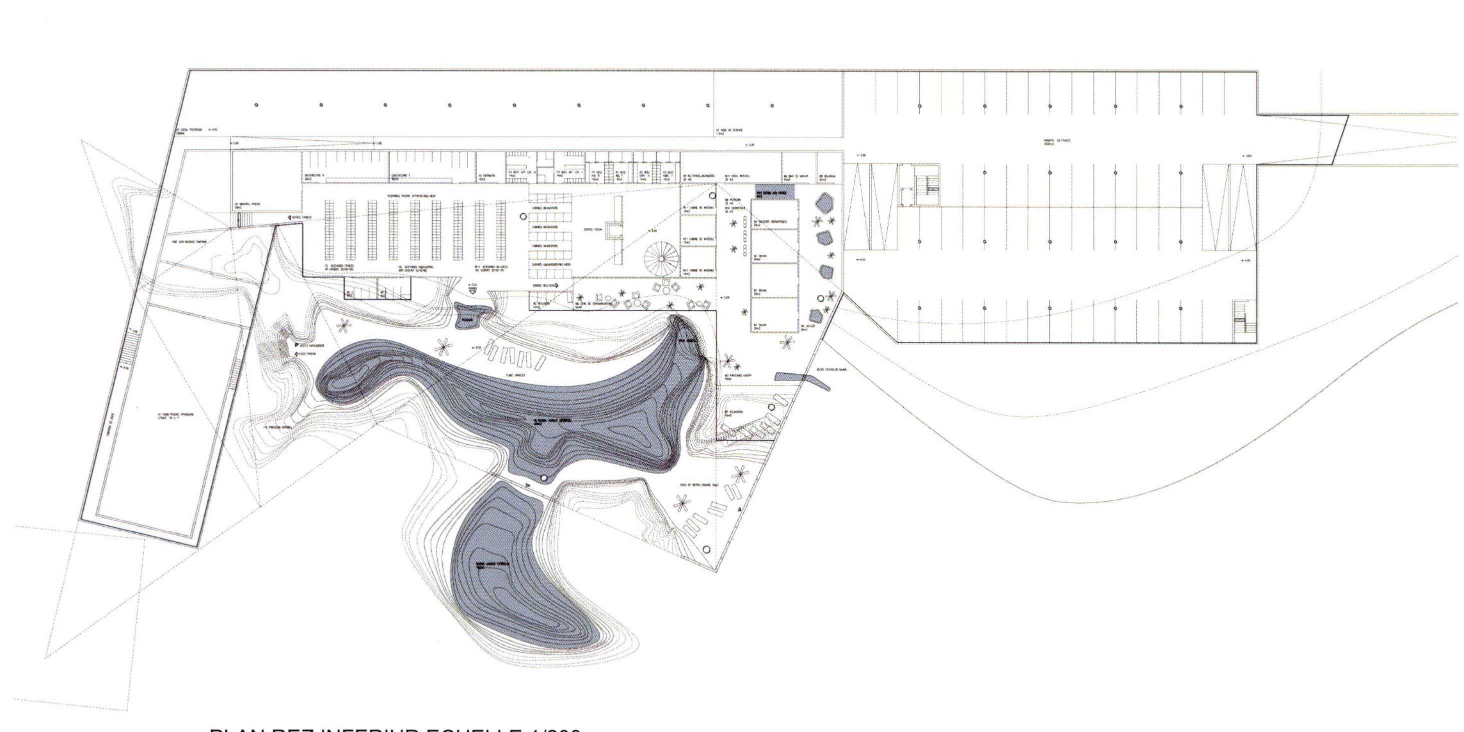

PLAN REZ INFERIUR ECHELLE 1/200

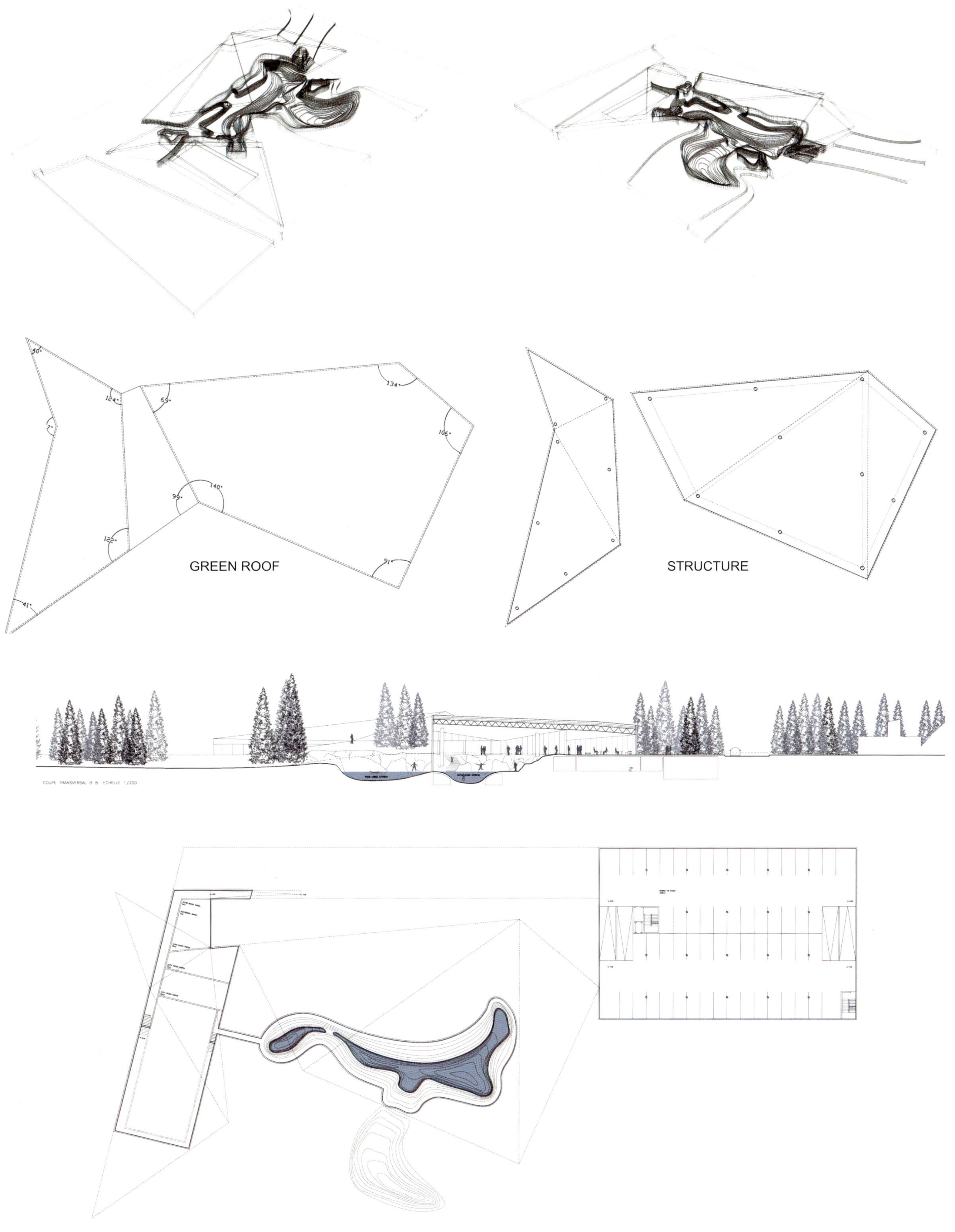
GREEN ROOF
STRUCTURE
COUPE TRANSVERSAL B-B ECHELLE 1/200

墨西哥哈利斯科萨波潘水点水上运动中心

建筑设计：AD11

项目地点：墨西哥，哈利斯科，萨波潘

项目团队：Francisco Gutierrez Peregrina, Salvador Macias, Lorena Rojas, Magui Peredo Arenas

项目年份：2011

项目面积：2200 m²

图片摄影：AD11工作室

主导该项目建造的基本理念就是进入建筑的路线，在住宅背景下，室内的路线布局和存在方式。这些不同的设计理念使得建筑师们采取不同的策略，例如在底面进行挖掘，与建筑表面脱离；将建筑整体后移，使得建筑与附近的墙壁和街道相离。这样的设计可以使游泳馆成为一个独立的建筑，使人们能够更好地欣赏建筑特色，实现建筑的商业价值和公共性。

鉴于外立面整体后移，朝向街道的一面就出现了连续性的空隙。来游泳馆的人穿过一个部分由独立空间覆盖的桥进入到建筑内部。该空间限制了建筑的垂直结构，是游泳馆的主要入口。

建筑内部，因为有很多游泳池，内部的几何形状被打破，这样一来可以创造出更具活力的小径和走廊，使生活空间具体化；另一方面，视觉角度和由原材料延伸出来的露台空间使建筑的整体感得到加强，同时也主导了整个建筑系统。

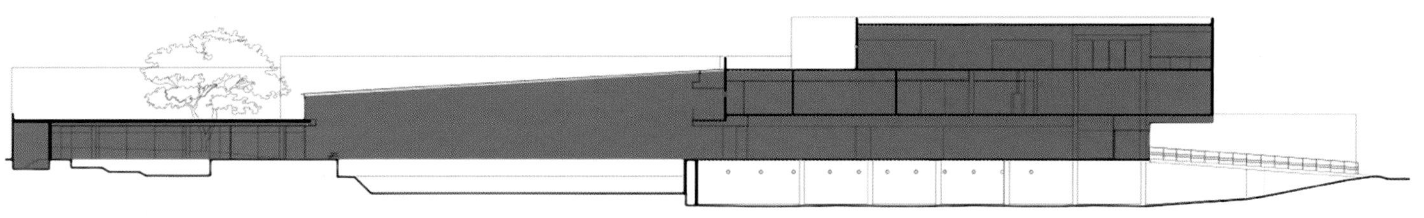
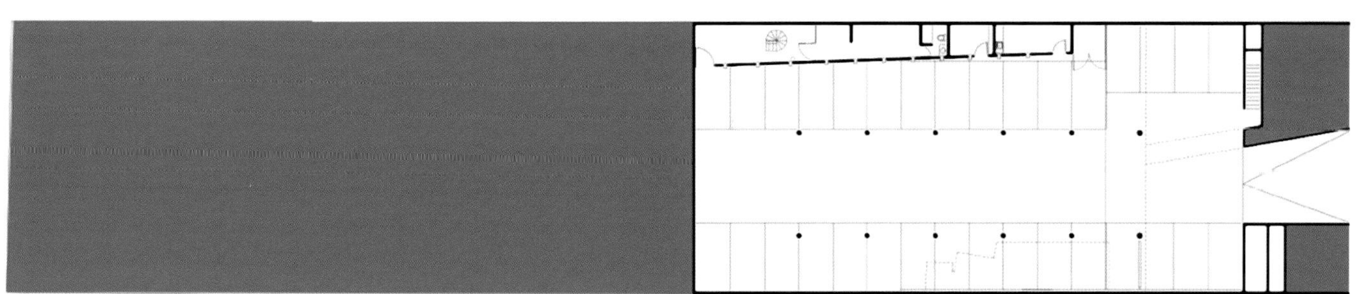

WATERPOINT.

麦克道尔山牧场公园和水上运动中心

建筑设计：Weddle Gilmore Black Rock Studio

项目地点：美国，亚利桑那州

项目面积：24000 sqft

项目年份：2007

图片摄影：Bill Timmerman, Chris Brown

位于美国亚利桑那州的麦克道尔山牧场公园及水上运动中心由韦德尔吉尔摩布莱克罗克工作室承包设计，占地面积为24000平方英尺。

位于荒野的边缘奥林匹克雕塑公园花园麦克道尔山牧场水上中心Cluff远景公园景观基础设施寻求未充分利用的土地的功能最大化，令其独特的地形与本市或本地区的环境和社会需求相符合。

这个项目的设计充分尊重场地和自然，对环境保护极其敏感，整体规划将公共参与加进来，增加了社区的互动和融合。建筑外形来源于形状各异的山体结构，它与整体沙漠景观完美融合。

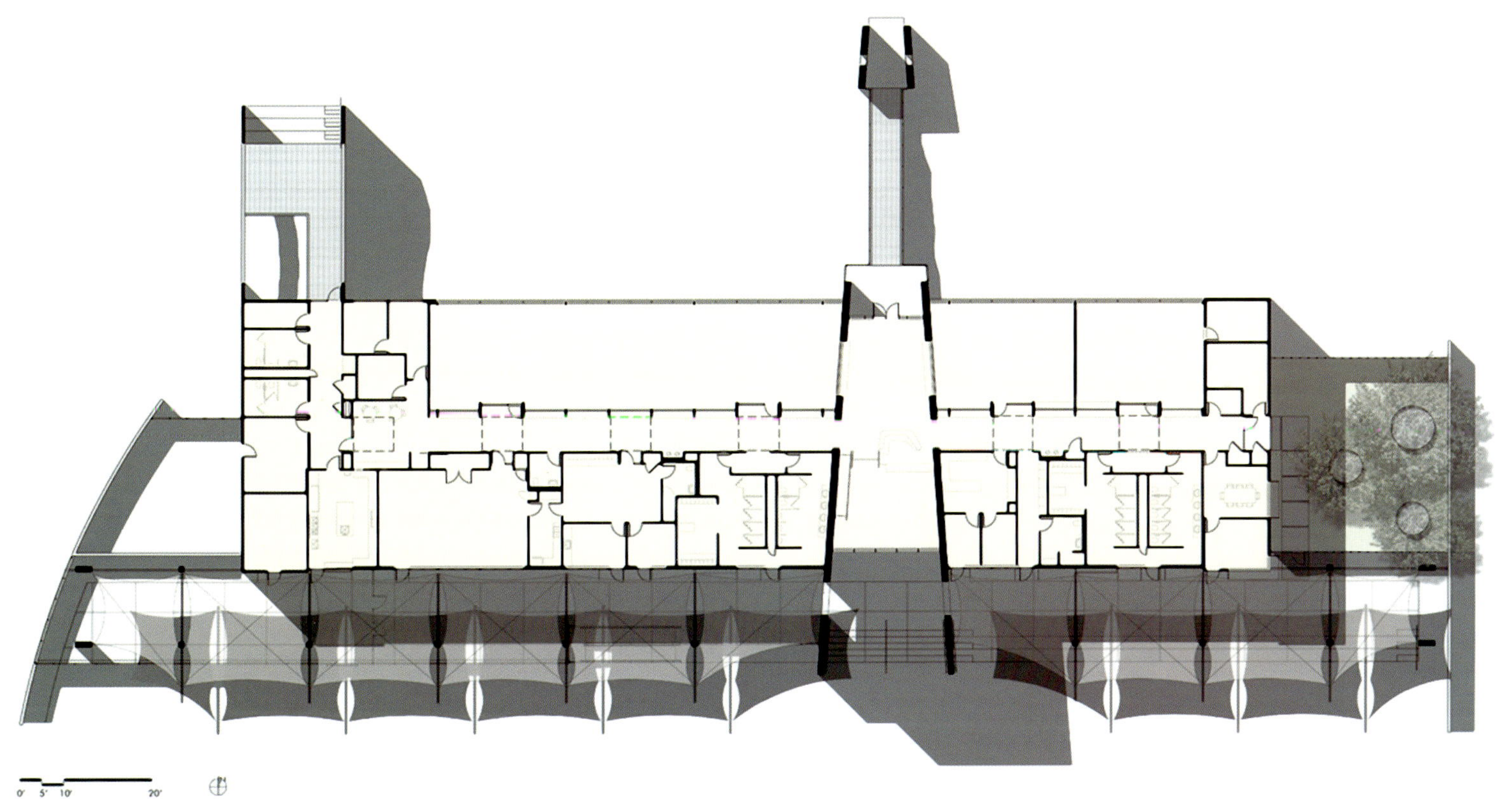

德国 Kap 686 滑板公园

建筑设计：Metrobox Architekten
项目地点：德国，科隆
项目客户：科隆市政府
项目年份：2011年
图片摄影：Metrobox Architekten

基本理念是通过将与广场有关的意象、用途以及位置进行重叠而形成的。人们可以在这块建成的城市景观中自由穿行，每个人就像河流中的一滴水。滑板者已经将人的行走变成一种游戏，平静、冗长的大半径滑行动作与遇到障碍物时的跳跃动作间或交替，就如河流中平静的流水与跃动的水花一样。广场紧邻莱茵河，视野开阔，风景优美。

现实中要实践这一理念则是通过在这一区域覆盖一个虚拟的网格来完成，这种虚拟网格各个交叉点的建筑面积完全相同。网格与建筑面积代表着城市元素，并且来源于城市环境中。

鉴于其特殊用途以及位于冲积平原之上的位置，广场建设必须应对许多带有矛盾性的挑战。小小硬滑板轮需要一个尽可能平坦光滑的平面以避免摔倒过程中的擦伤，但同时又必须保证雨天时公共广场的防滑性。

这个区域的倾斜角度必须保证莱茵河的洪水及雨水可以彻底排除，但又不能太过陡峭而不适于滑行。滑板者的跳跃动作、冬季的严寒及洪水在长期的时间里都不能对广场的质量构成影响，这要通过建设及选材加以保证。最后，不得超出预算以及截止工期，而这在之前的两个工程中都成功做到了。

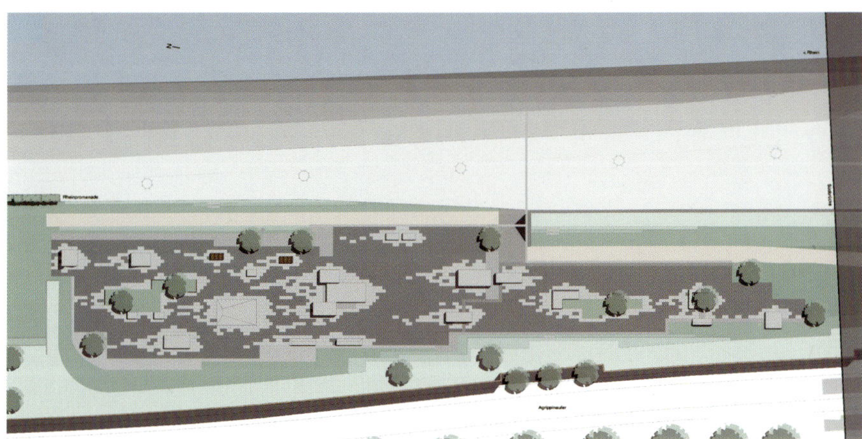

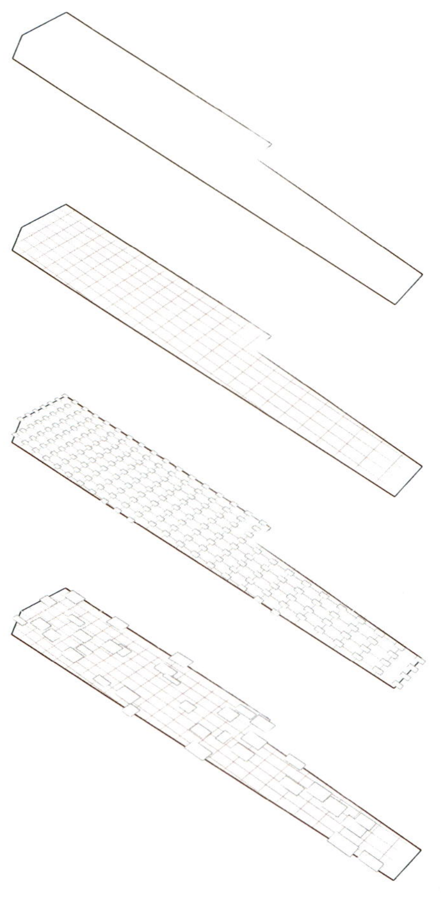

"舞台"休闲纪念公园

建筑设计: SAGRA Architects

建筑地点: 匈牙利，Ronabanya

项目团队: Gabor Sajtos, András Pall, Rita Samson, Peter Virag

项目年份: 2011

该项目坐落在匈牙利东北部的Karancs-Medves风景区，SAGRA团队的设计主旨是保护并强化场地的特色。该场地将成为采矿纪念园区和享受自然美景的休息场所，周围群山绿树环绕，公园里有一面带顶棚的墙壁，可作为展示和表演区，外面的空间作为露天剧场和座席。

在匈牙利的Salgótarján市，有一条横穿城市的纪念性的矿区地理景观步行廊道，这个游憩纪念公园——"舞台"即是该廊道的一部分。这里的露天剧场利用其遮蔽的空间也可以用作舞台，"舞台"便成了礼堂。 "主题坡"利用了自然地形作为娱乐要素，公园里还设有攀岩壁，爬行网，滑坡等娱乐设施，这些攀岩系列的活动器械为场地增添了可参与性的娱乐活动。在"舞台"的前面是一块野餐区域，设置了木制桌椅和烧烤架，使用的均是当地的、自然的建筑材料，比如玄武岩和木头。

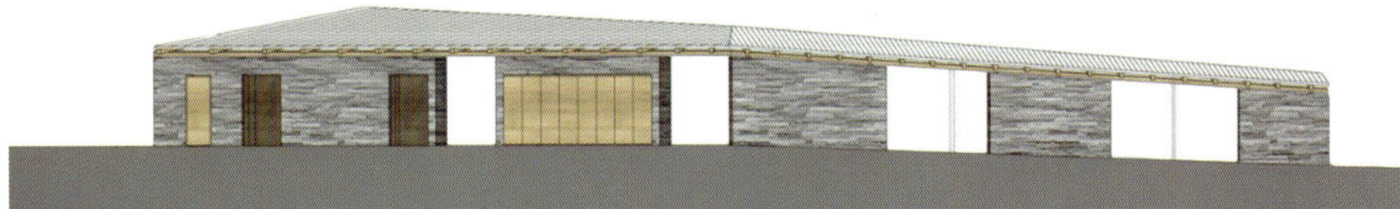

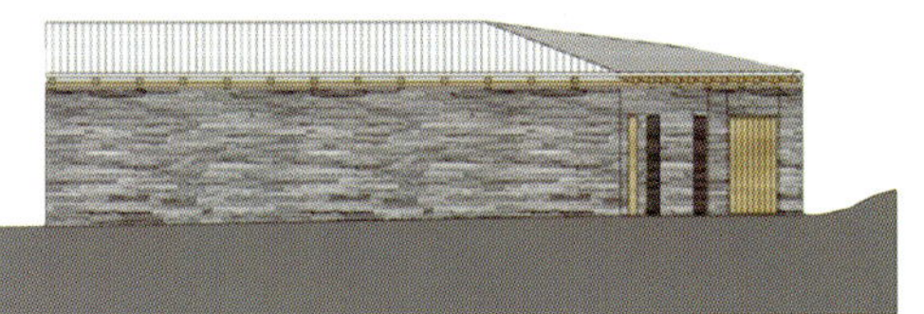

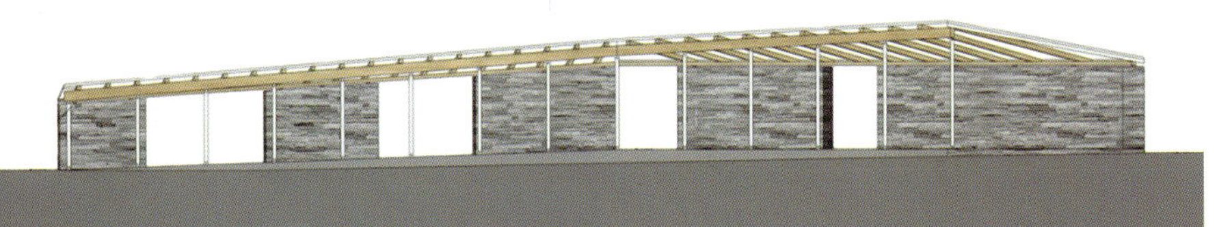

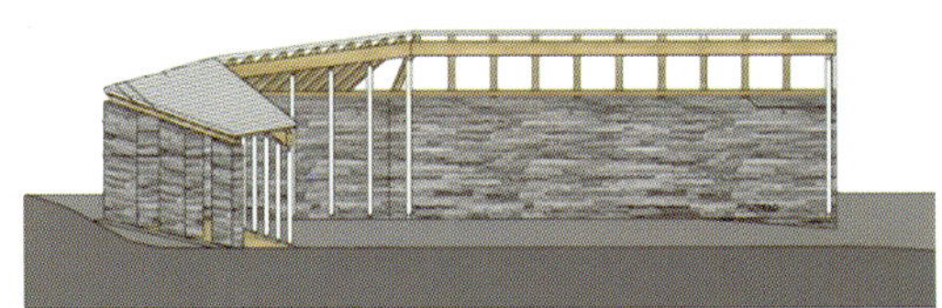

TÁNCTÉR

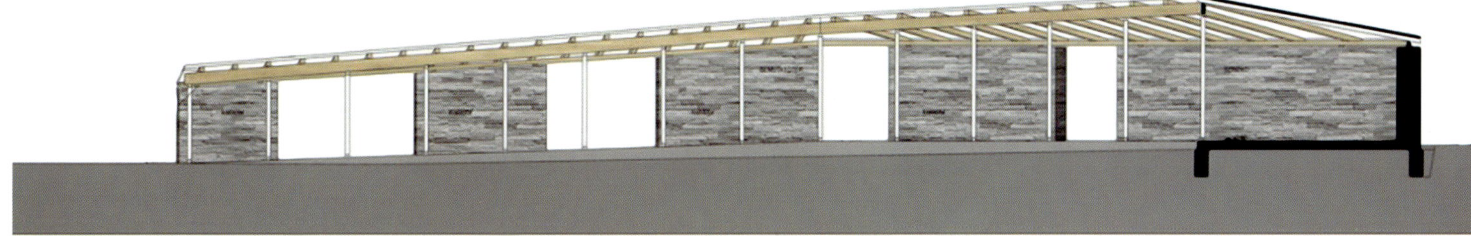

VASAS UTCA
ÉLMÉNY-LEJTŐ
BÁNYÁSZ EMLÉKHELY
TÁNCTÉR
PIKNIKEZŐHELY
PARKOLÓK
JÁTSZÓTÉR

TANCTER

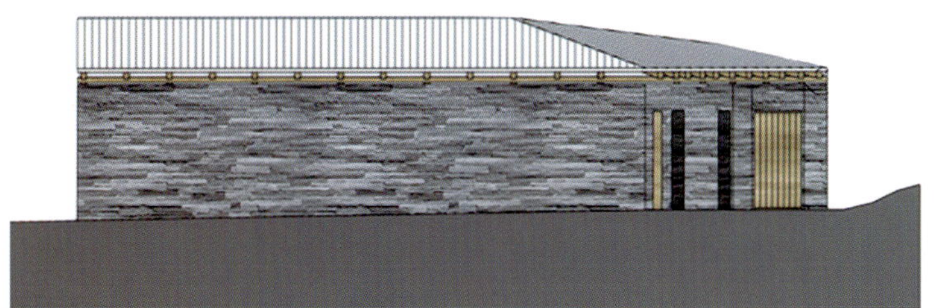

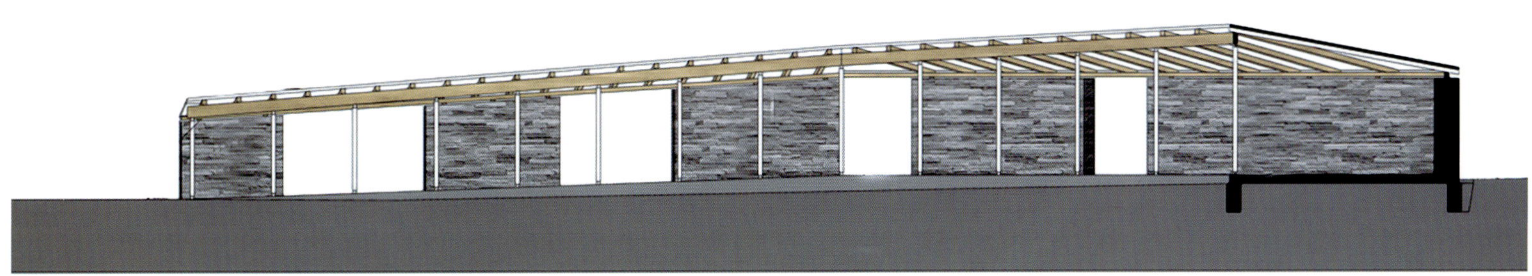

法国巴黎娱乐中心

建筑设计：Olgga Architects

项目位置：法国，巴黎

项目面积：1718 sqm SHON

项目年份：2010

图片摄影：artefactorylab, Olivier Campagne

该地目前有一个老电力配送中心。新建建筑和原有建筑的共生关系应该是既能看到原有建筑的影子，也要焕然一新增添一些风格迥异的特色。扩展部分应该同时作为单独的与原有建筑分庭抗礼的新建筑存在，也要严丝合缝地与城市环境融为一体。

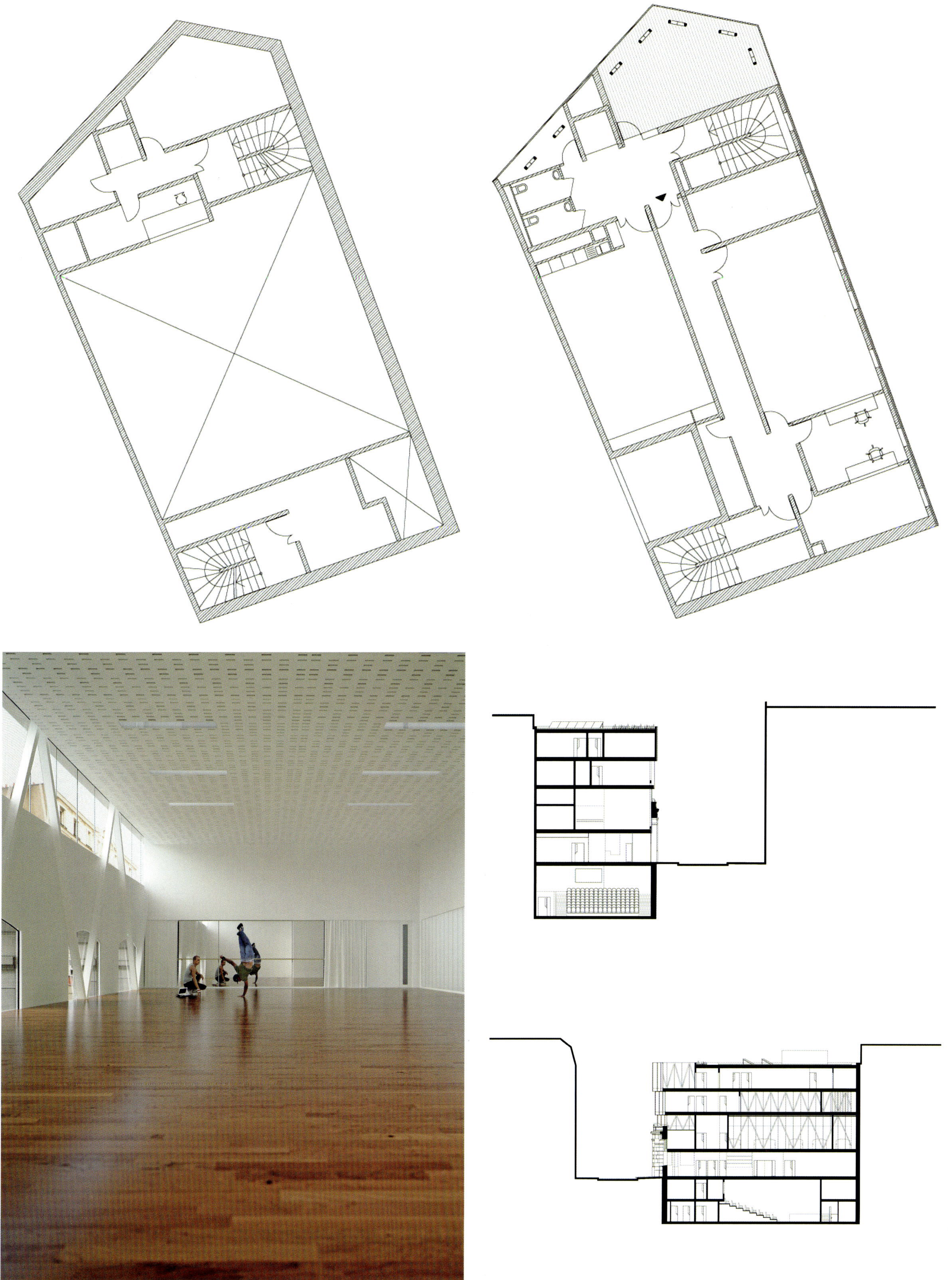

法国le Bois des Gelles娱乐中心

建筑设计：G Architecture

首席设计：Yann Gautier

建筑地点：法国 Villebon Sur Yvette

建筑面积：1850 m²

建筑年份：2010年

图片摄影：Jerome Epaillard / Alticlic

le Bois des Gelles娱乐中心由 G Architecture设计，建筑坐落在一面山坡上，靠近附近的体育设施，该建筑可以容纳200名3～11岁的儿童在这度过他们的寒暑假以及在校期间的假期。

建筑第一层向着游戏场打开，是6～11岁儿童活动区域，而第二层则是针对3～6岁儿童专门设计，有位于一层之上的室外娱乐区，这个空间一直延伸到山上，形成一个平台区域，鸟瞰场地环境。中心大厅规定整个设施的布局，管理空间位于首层，直接与场地入口相连，同时又与拱形的儿童区相连，为孩子们提供绝佳的山谷视野。

建筑选用木材做结构、建筑框架以及壁板、木质材料的运用是对场地特点的呼应，纵向和横向则选用了大量的玻璃，组成建筑的前立面。该建筑是一个典型的绿色环保建筑，采用保温节能材料，大量使用木材、双向流动通风、热能泵、屋顶绿化、雨水收集等措施，每年每平方米的消耗为137 kW.h。

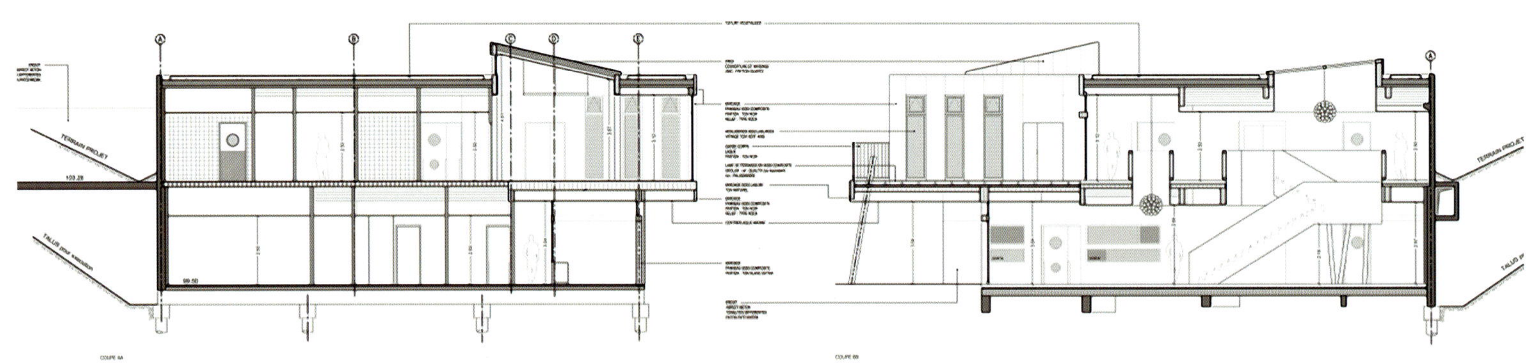

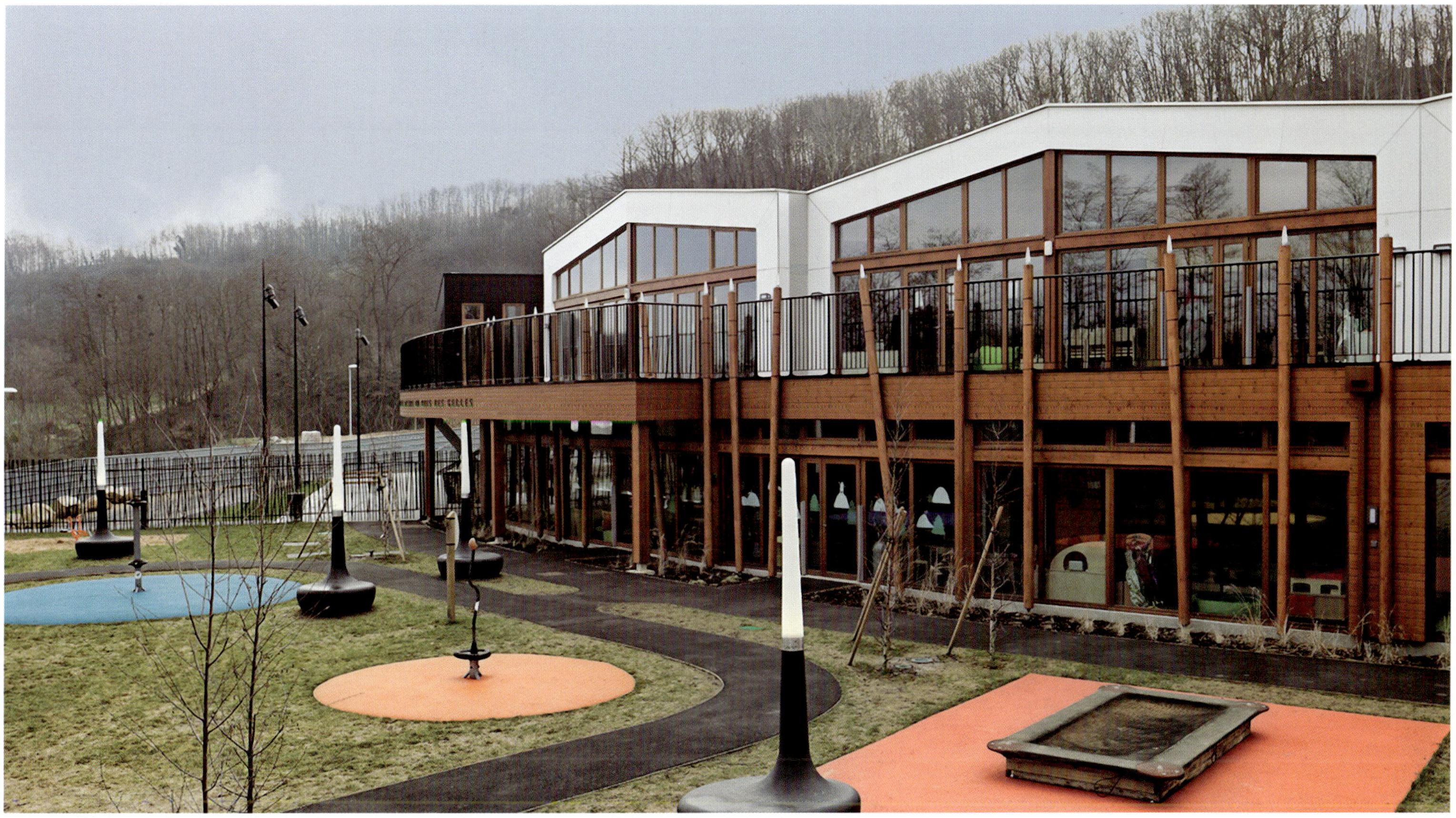

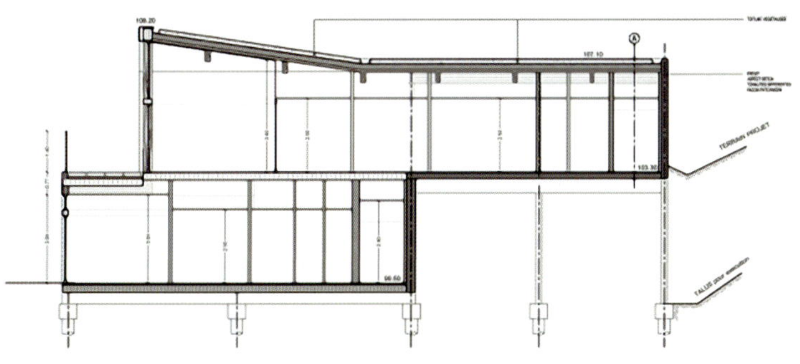

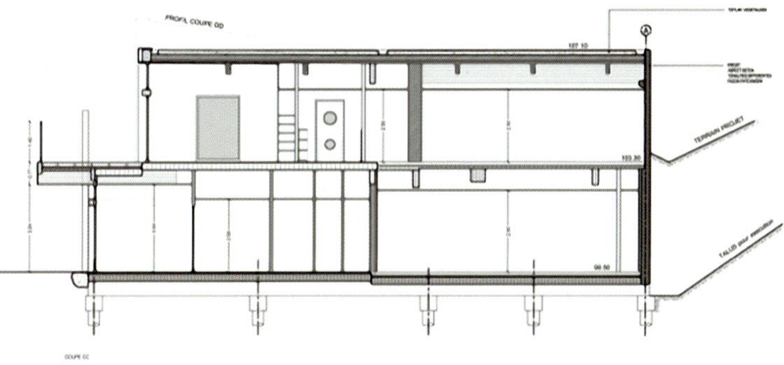

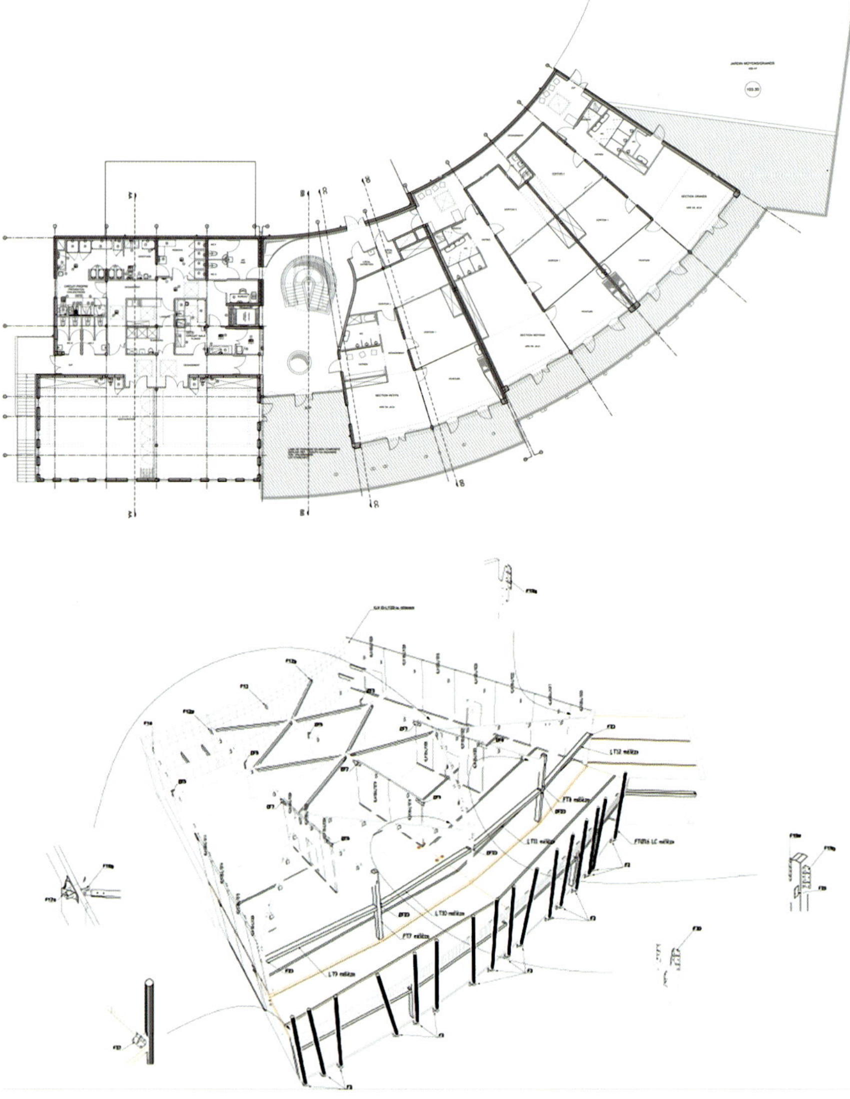

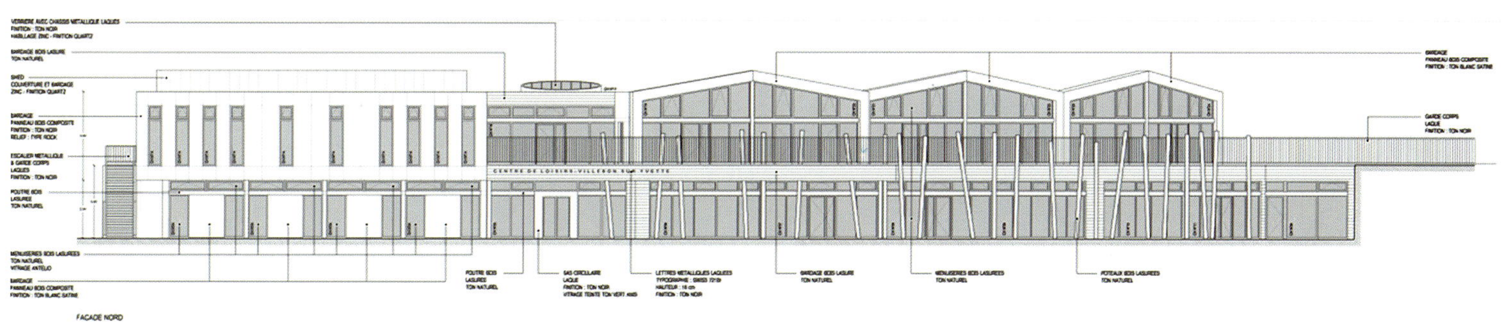

BARDAGE BOIS LASURE
TON NATUREL
ESCALIER METALLIQUE
& GARDE CORPS
LAQUES
FINITION : TON NOIR
POUTRE BOIS
LASUREE
TON NATUREL
SAS CIRCULAIRE
LAQUE
FINITION : TON NOIR
LETTRES METALLIQUES LAQUEES
BARDAGE BOIS LASURE
TON NATUREL
MENUISERIES BOIS LASUREES
TON NATUREL
POTEAUX BOIS LASUREES
TON NATUREL

FACADE NORD

斯洛文尼亚Stopiče体育中心

建筑设计： Jereb in Budja arhitekti / Rok Jereb, Blaž Budja

项目地点： 新梅斯托，斯洛文尼亚

项目团队： Rok Jereb、Blaž Budja、Petra Cegnar、Sara Zorzut、Tadeja Božičnik、Nina Majoranc abs、Ana Križaj

项目年份： 2011年

项目面积： 2350 m²

图片摄影： Blaž Budja

Stopiče体育中心位于多雷尼地区首府新梅斯托附近的一个小村庄。项目为如何在一个典型的斯洛文尼亚乡村建造现代公共基础设施提供了一个新的解答。这个建筑既作为现有当地小学的一个体育场，也可作为一个社区体育中心。

Jereb in Budja arhitekti在设计体育中心时，延续当地传统、材料以及乡村环境的格局。建筑以建筑群的结构与所用材料的取向对这个“原型”位置(乡村住宅、教堂塔楼以及多雷尼地区的青山)做出了回应。体育中心的服务程序以及与现有学校建筑的连接分布在圆周周围的环形带上，以顺应露台的缓坡地势。环形带修饰并掩盖了主要大厅体量的规模，大厅是一个庞大的木制外屋，位于空间正中央。

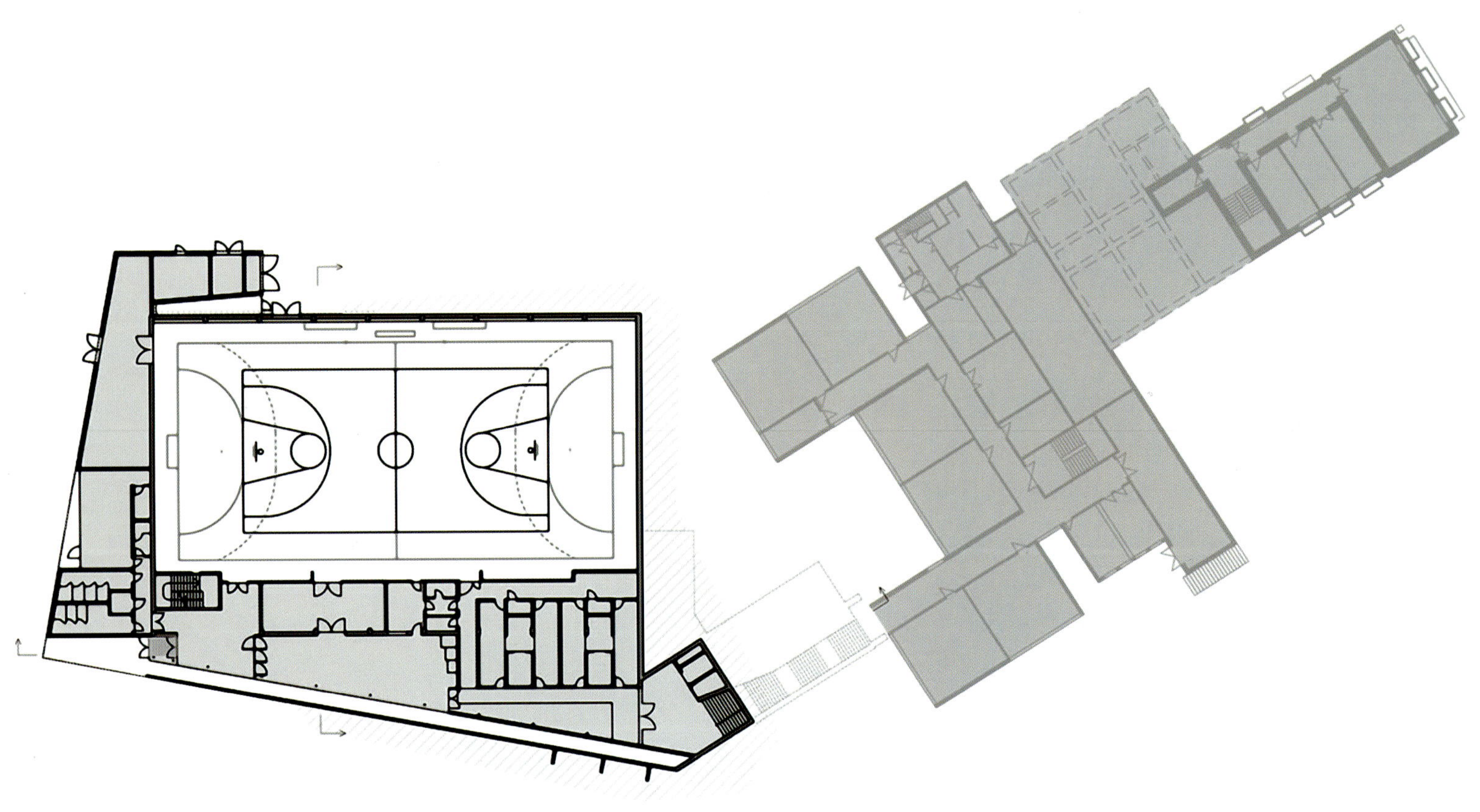

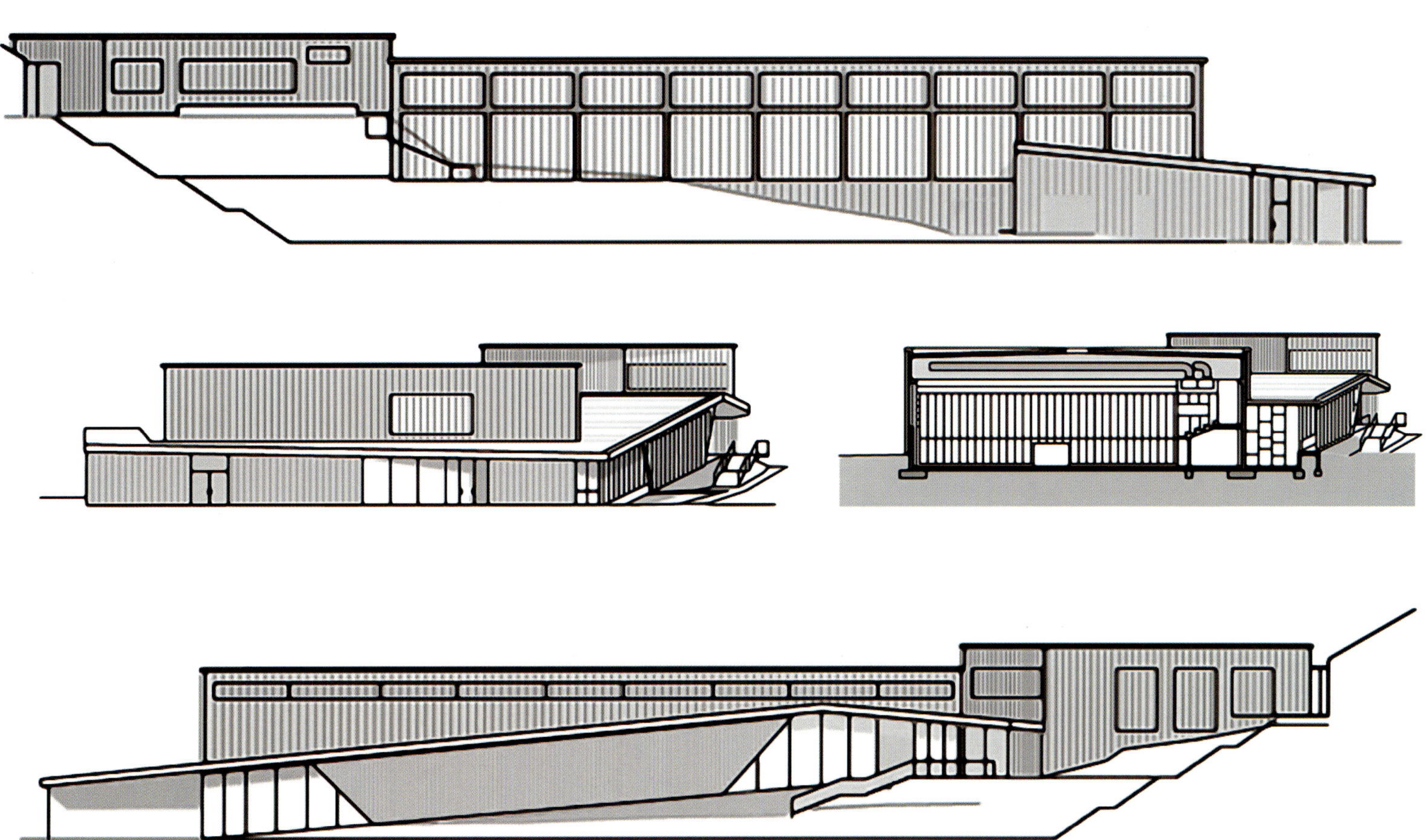

WC
IZHOD
TRIBUNA

葡萄牙圣乔达玛德瑞亚体育综合体

建筑设计：AND-RÉ

项目位置：葡萄牙，圣乔达玛德瑞亚

项目团队：Adalgisa de Castro Lopes, Bruno André, Catarina Fernandes, Francisco Salgado Ré, Márcio Lameirão, Sara João, Sofia Mota Silva, Jacinto Monteiro (3D)

项目面积：6500 m^2

项目年份：2011

一个机体、一个躯体贯穿于整个综合体，它诠释和反映着自然的复杂性，在与自然资源之间的关系中捕捉建筑元素，设计利用水、光等元素自然生成建筑形体。

以自然为原则的设计想法为项目提供了无比强大的理念力量，这种对于自然系统的了解可以积极地影响人类的活动。表皮的理解、暗喻，这些都不仅仅是美学上的借口，而是一种对于已有肌理的理解，发现它们背后的潜力，并将其转化为新的可适应性的具有新目的的系统。

PEDONAL

ESPAÇ OPÚBLICO

AUTOMÓVEL

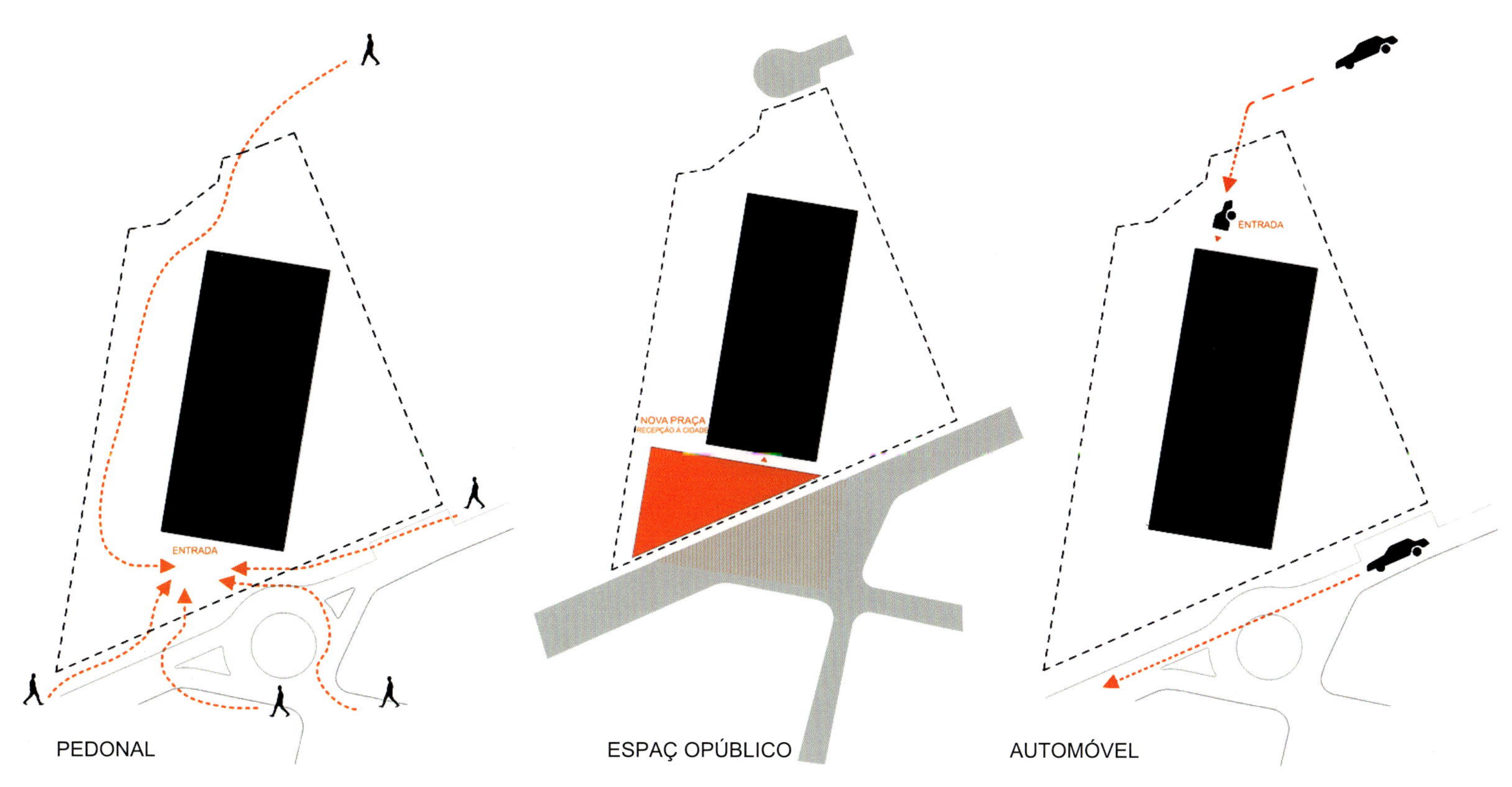

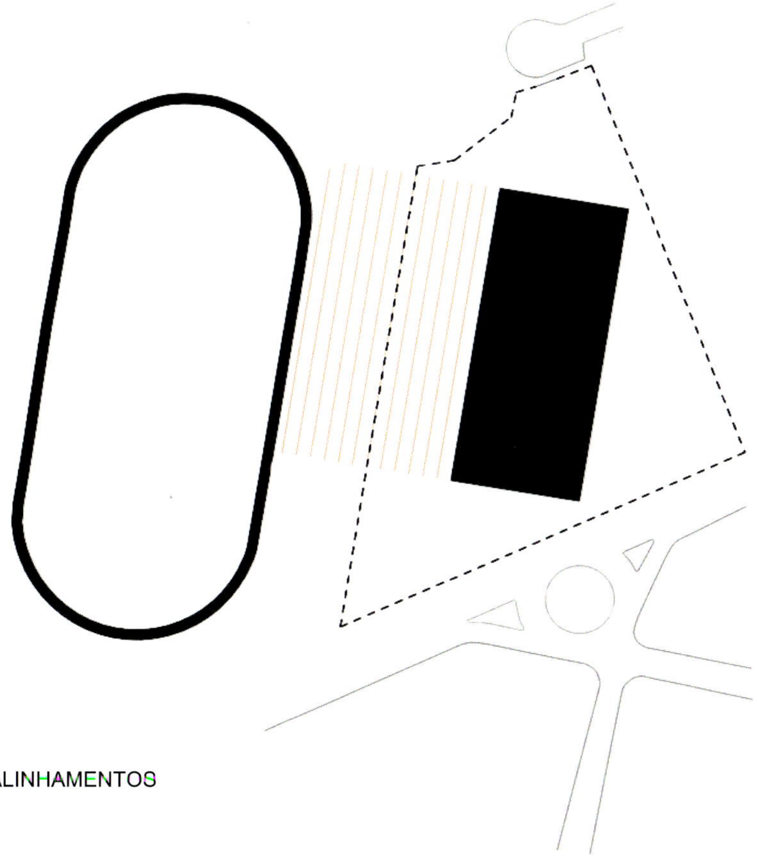

ALINHAMENTOS

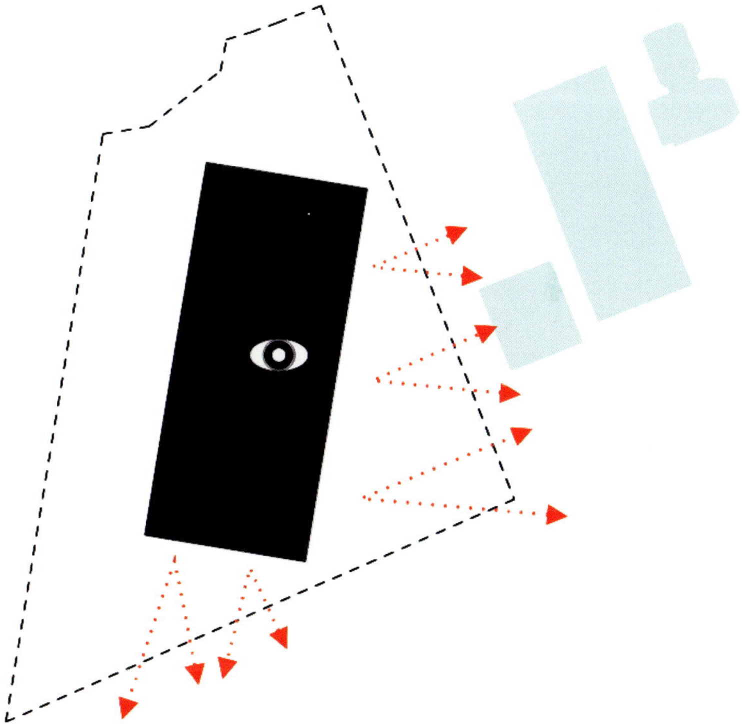

RELAÇÕES VISUAIS piso 0

西班牙Merida青年运动工厂

建筑设计：Selgas Cano / Jose Selgas, Lucia Cano
项目位置：西班牙，Merida
项目面积：3090 m²
项目年份：2011
图片摄影：Iwan Baan

地标性轮滑公园青年工厂于2011年3月落成，公园位于梅里达(Merida)，由当地建筑事务所SelgasCano Architects设计完成，建筑灵感来源于中国龙的形象，从远处望去，犹如一条蜿蜒的龙，到了夜晚灯火通明。整个工程花费13个月完工，利用了并不昂贵的轻型材料制成，可以说是现今世界上最具特色的多功能滑板公园之一。

青年工厂开放后，许多精力十足的青年聚到这里，他们踩着滑板，滑着旱冰，骑着小轮车飞舞在这条起伏的彩色长龙之间，攀岩爱好者在众人的围观中挑战着自己的极限……夜晚Factoria Joven公园的灯光亮起，更显示出年轻的活力与能量。青年工厂最早是一位体育老师Carlos Javier Rodríguez Jiménez所提出，建筑师José Selgas及Lucía Cano看了他的构想之后，深受启发，因而决定以中国东方的“龙”作为设计主轴，打造出这座结合脚踏车、滑板、攀岩于一身的滑板公园。除了这些精彩的室外设施，青年工厂还提供了室内的计算机实验室、舞蹈工作室、会议室以及供演出、乐队表演、甚至涂鸦的空间。

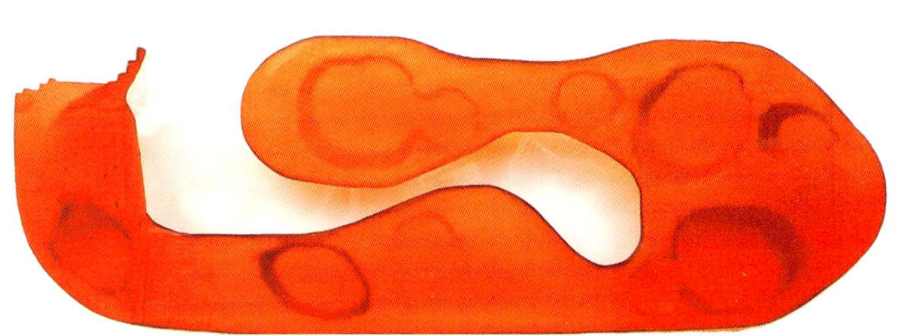

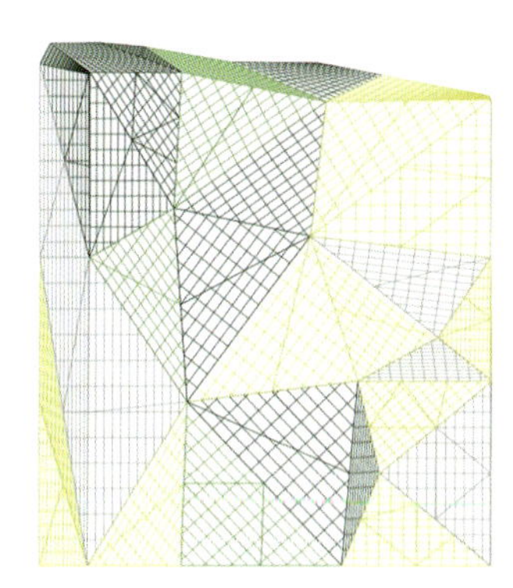
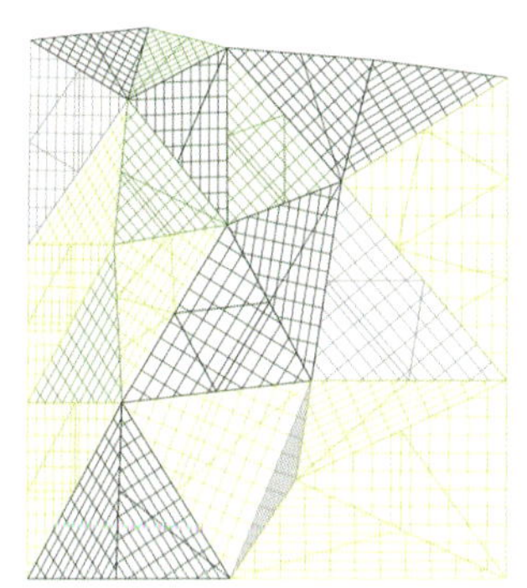
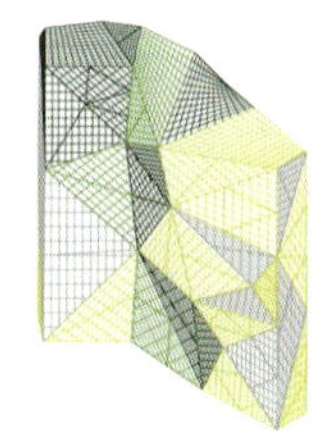
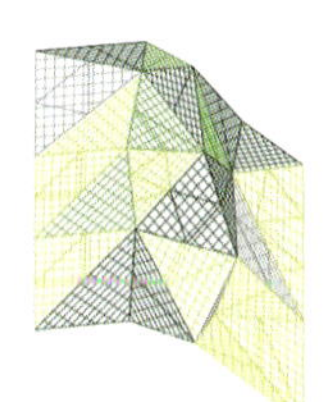
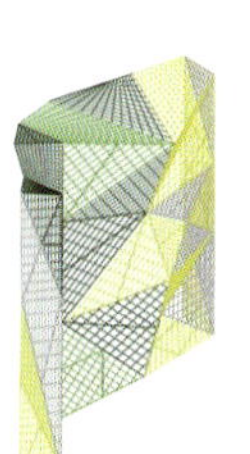
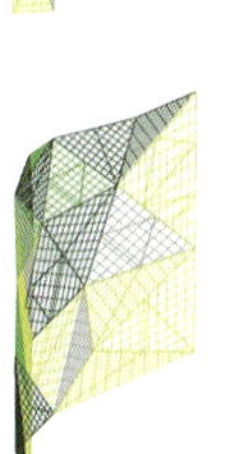

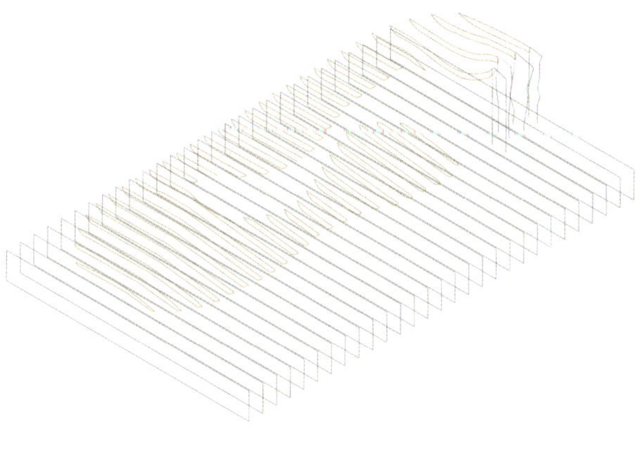

哈灵顿格罗夫乡村俱乐部

建筑设计：HASSELL
项目地点：澳大利亚，新南威尔士州，卡姆登
项目面积：2,230 m²
项目年份：2009
图片摄影：HASSELL

哈灵顿格罗夫乡村俱乐部是一个休闲随意又不失优雅的标志性农村环境建筑。乡村俱乐部不仅提供了大量的休闲和运动设施，也提供休闲餐饮、娱乐和社交的区域。

会所建设充分利用了其郁郁葱葱的绿色环境。扩大的玻璃幕墙到开放的大型悬臂式露台，使整个林地和草地的山丘一览无余。建筑的周围环绕着景观草坪梯田，水平角度的巧妙变化产生了多种用途的空间，包括一个露天剧场，用于娱乐或别的功能性目的。

可持续性也是设计不可或缺的一部分，俱乐部窄窄的楼板可使新鲜的空气和日光渗透到所有的主房间。建筑管理系统与灯光和机械通风连接在一起，当需要时可激活可调遮阳设备并关闭空调机组，它还可以收集雨水用于景观灌溉。

德国Niederwalddankmals游客中心

建筑设计： René van Zuuk Architekten

项目位置： 德国

这个项目的目标是将新的游客中心与景观悄悄地融合在一起，不使用强大的建筑语言，回避与附近的历史性建筑形成竞争之势。设计没有创造出方格子式的结构，而是采用半埋在地下的策略，将景观与建筑紧密衔接，同时延长了原有的石墙。

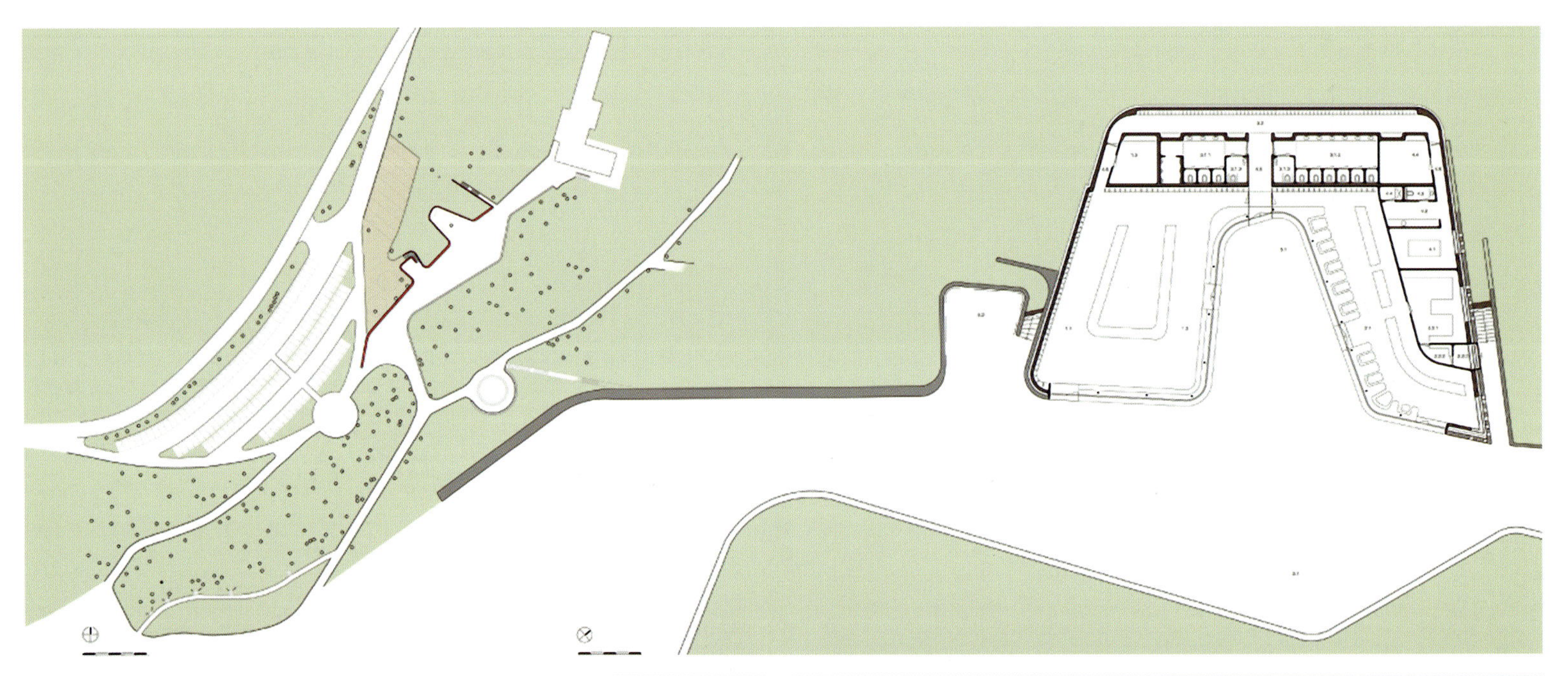

加拿大BLÜ休闲度假村

建筑设计：Blouin Tardif Architecture-Environnement

项目位置：加拿大，魁北克

项目团队：Isabelle Beauchamp, Pascal Mailloux, Sophie Marquet, Guillaume Martel-Trudel, Jonathan Trottier, Alexandre Blouin

项目年份：2011

图片摄影：Stéphane Groleau

这个度假综合体位于城市郊区，包含一个餐厅、蒸气浴、桑拿、按摩室、热池和冷池，还有很多的休闲空间。这些功能都分别分布在三个亭子结构内部，它们又分散在一个美丽场地上，并沿着河流排布，设计的挑战是如何突出自然，同时将这些功能融合在一个干净、现代的建筑内部，并最大限度地实现对环境的保护。为了统一项目结构，建筑表皮呈现出黑色的木质覆盖，不同的色阶呈现出随意的美感，反映了传统的房屋结构。

城市中的蝙蝠洞 Flederhaus

建筑设计：Heri & Salli
项目位置：奥地利，维也纳
项目年份：2010
图片摄影：Mischa Erben

“蝙蝠洞”(Flederhaus)作为一个开放式空间为旅行者提供了一个临时的“家”，同时“蝙蝠洞”(Flederhaus)又可以作为一个休息与放松的城市绿洲，成为垂直公共领域的符号。

“蝙蝠洞”(Flederhaus)明显的设计是当来访者利用建筑的内部开放空间时让建筑自身消失，得到一个新的公共空间维度。尽管它的名字叫“蝙蝠”但其并非蝙蝠，而是它的里面挂满了一个个的吊床。“进来吧，把它吊起来!”

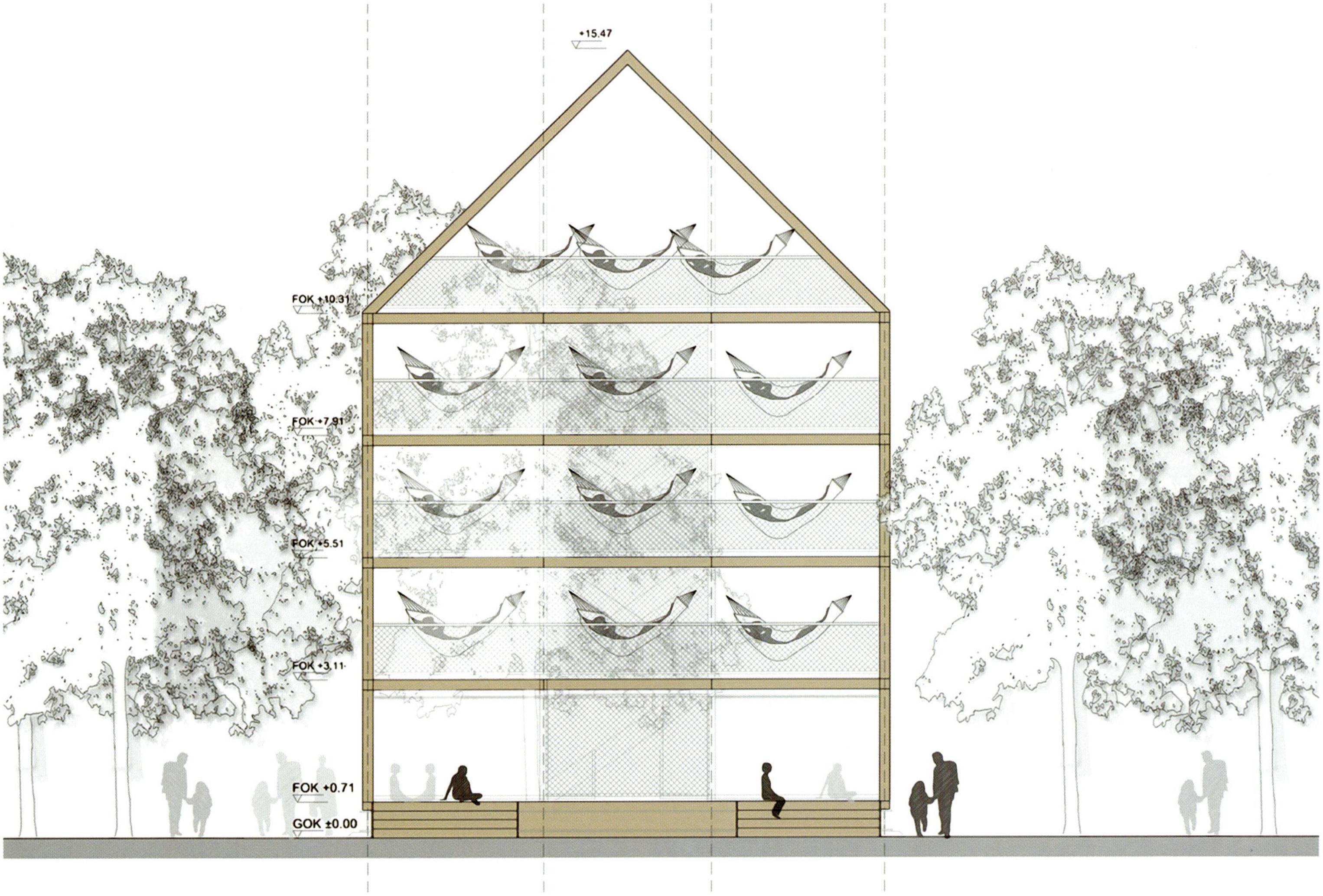

+15.47

FOK +10.31

FOK +7.91

FOK +5.51

FOK +3.11

FOK +0.71

GOK ±0.00

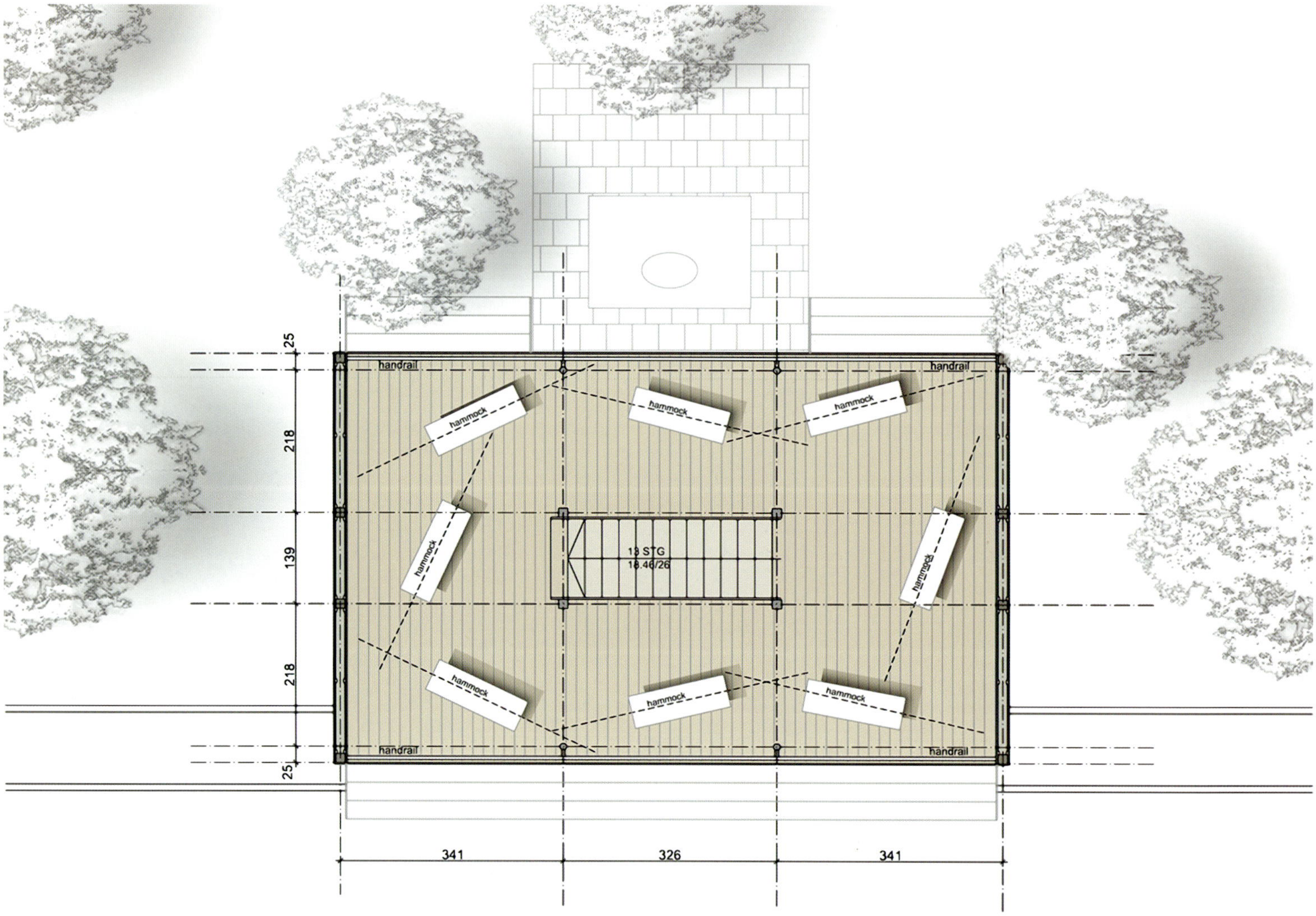
handrail
handrail
hammock
hammock
hammock
hammock
13 STG
16.46/26
hammock
hammock
hammock
hammock
handrail
handrail
25
218
139
218
25
341
326
341

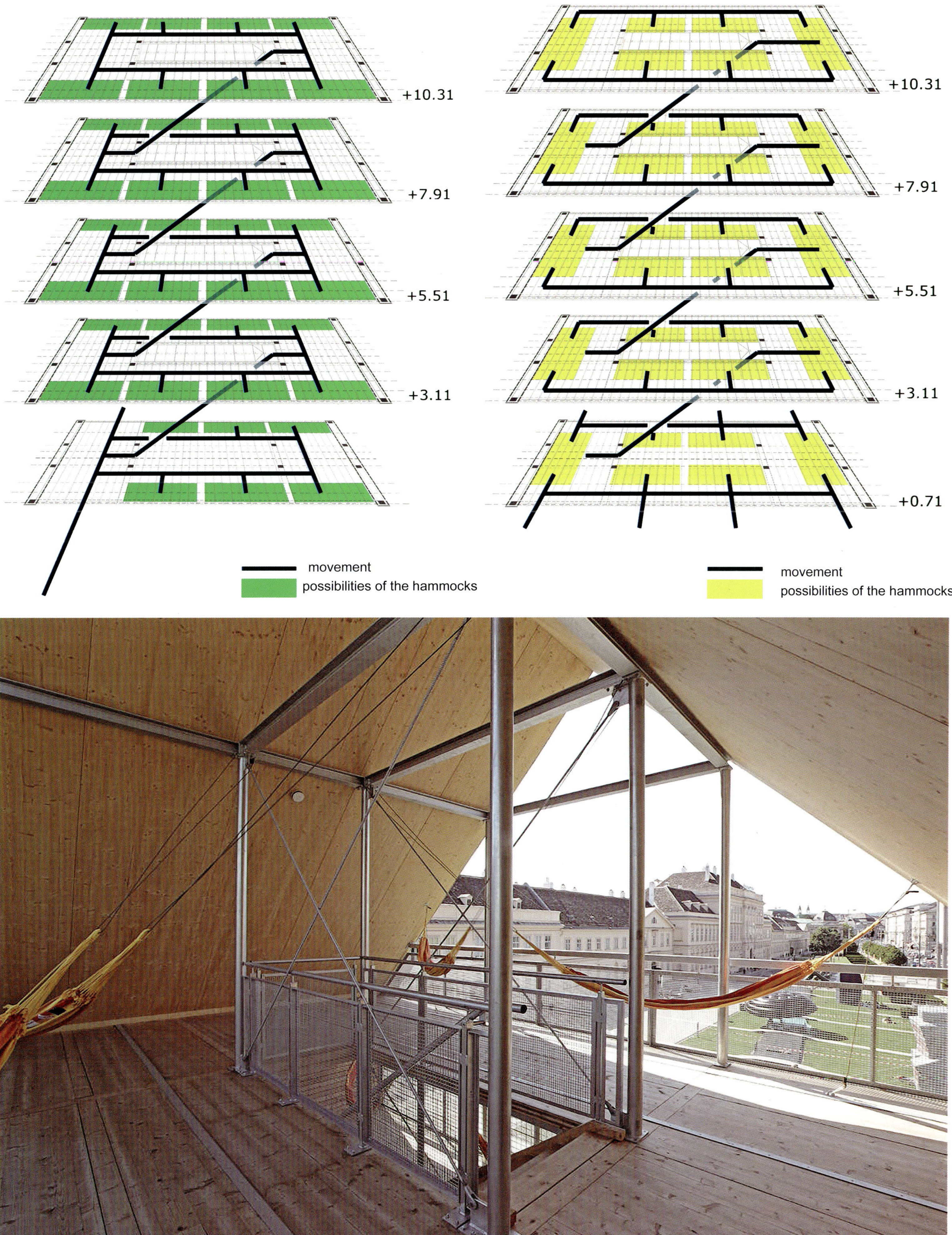
+10.31
+7.91
+5.51
+3.11
movement
possibilities of the hammocks
+10.31
+7.91
+5.51
+3.11
+0.71
movement
possibilities of the hammocks

Pulsen社区中心竞赛方案

建筑设计：HAO in collaboration with Niklas Thormark, Will Kempler and Tobias Lindqvist-Ottosson

项目位置：丹麦，巴林

项目团队：Jens Holm, HAO / Holm Architecture Office; Niklas Thormark; Will Kemper; Tobias Lindqvist-Ottosson

项目面积：3500 m²

这是由HAO事务所分享的他们设计的普尔森社区中心竞赛方案，这个项目位于丹麦巴林，包括一系列健康和体育设施。它是浴室、健身、医务室和社区服务中心的集合体，设计创造出一个独特的建筑形式，推动了居民之间的互动和创新。

这个建筑围绕一个中心空间展开，入口主要分布在两处重要的点上，连接已有人行道路。这个中心是城市的一个非正式起居空间，直接联系其他设施。

一个室外的公园环绕综合体，并与之互动，为冬季和夏季运动提供空间和场地。室内一个多功能大厅充当表演厅和教室，使普尔森社区中心成为城市的新焦点。

THE BUILDING HAS A GREEN ROOF HELPING TO COLLECT WATER AND REDUCE HEAT GAIN AND LOSS.
THE BUILDING HAS A GREEN ROOF HELPING TO COLLECT WATER AND REDUCE HEAT GAIN AND LOSS.
SOLAR ENERGY IS COLLECTED FROM THE BUILDING ROOF. TREES PROVIDE SHADING FOR THE BUILDING FACADE AND THE BUILDING IS DESIGNED WITH A THERMAL HEATING SYSTEM.

新西兰奥米斯顿活动中心

建筑设计：Archoffice

项目地点：新西兰，奥克兰

项目年份：2011

项目面积：194 m²

图片摄影：Simon Devitt

Archoffice设计的新西兰奥米斯顿活动中心，分为四个不同的组成部分，每个部分有独特的设计形式和材质，这个组合的结果是使建筑看起来俏皮、动感、充满活力。

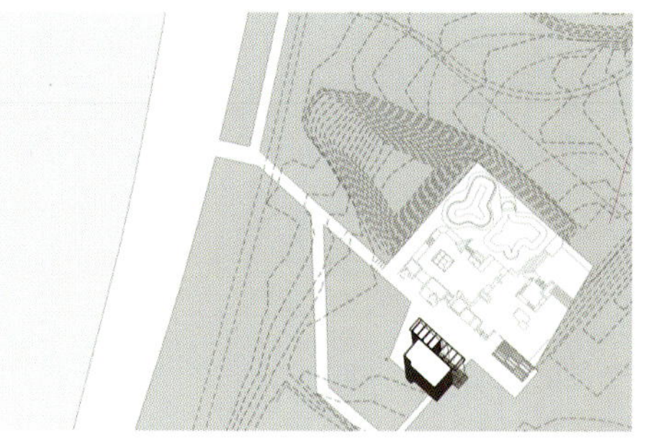

SITE PLAN 1：2000

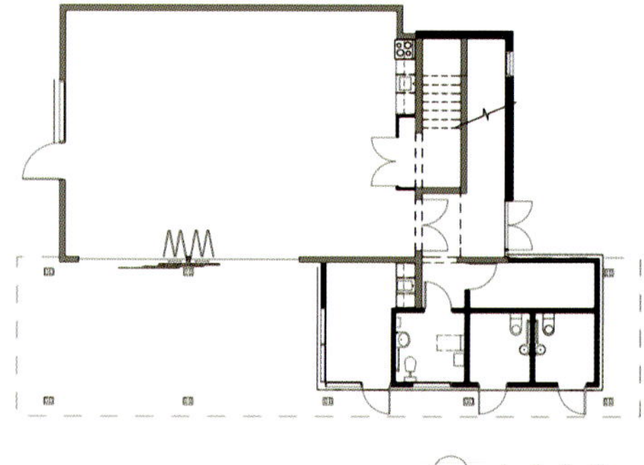

PLAN 1：2000

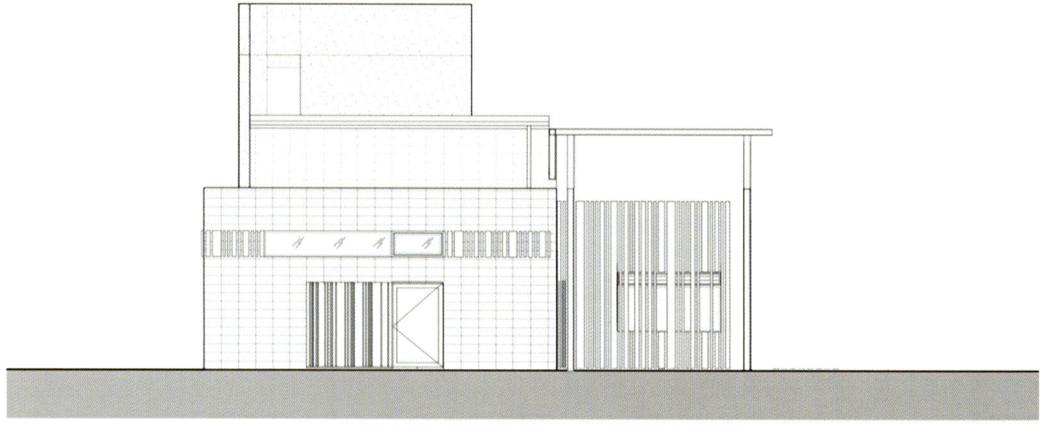

EAST ELEVATION

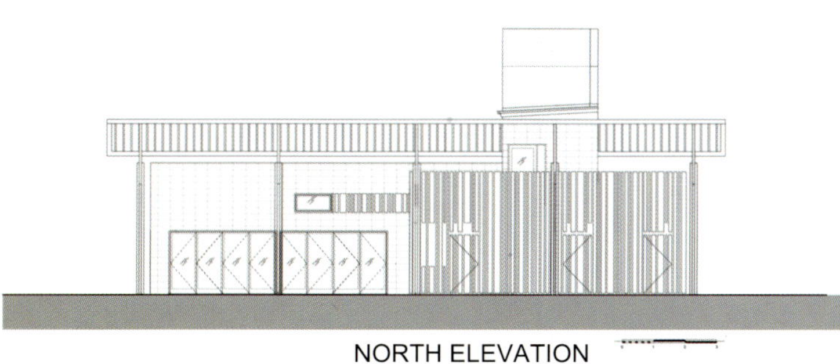

NORTH ELEVATION

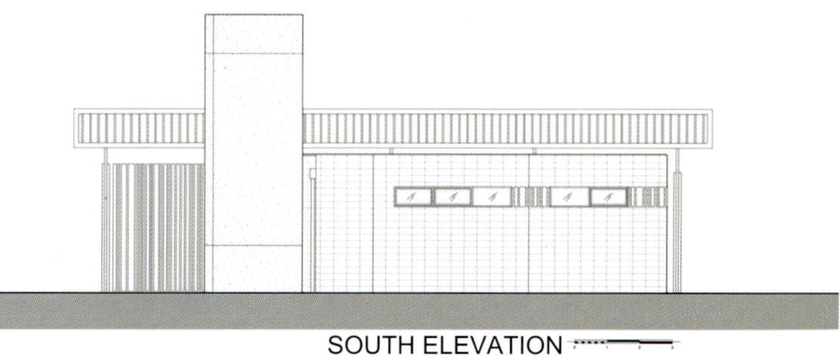

SOUTH ELEVATION

匈牙利布达佩斯Kossuth公园广场

建筑设计：SAGRA Architects

项目位置：匈牙利，布达佩斯

项目面积：101000 m²

项目年份：2011

设计最主要的目的是加强广场的功能性，使广场焕发活力。这个广场经过重新设计改造，将成为为周围区域和当地居住区的一个公共中心。北部广场由Béla Rerrich在1929年设计的，这里将在原有规划的基础上重新改造。在归正会和学校的这条轴线上，我们建议铺设步道连接新区和旧区，也是连接现代与历史的纽带。

公共广场变得越来越城市化。公园中的绿树创造出了一片公共空间。这里作为新园和旧园的转换连接空间。中心的敞开广场中铺设步道，现在标有主要的交通线，可以分流人群。尽管有交通道，但它还是一个绿化公园、有水景、座椅、花园、咖啡馆。广场成为一个居民可以停留的地方，也能够成为公共中心。

设计师敞开了广场的边界，以便更好地与周遭环境互动。依旧让草留在轨道之间生长。交通枢纽的人行道与公园的人行道相连接，加强公园与街道的联系。在广场的北部，设计师将广场延展到了建筑物外立面。在教堂和学校前面都规划了广场。教堂周围的栅栏推后到建筑物外立面，使建筑物感觉更能接近公园。

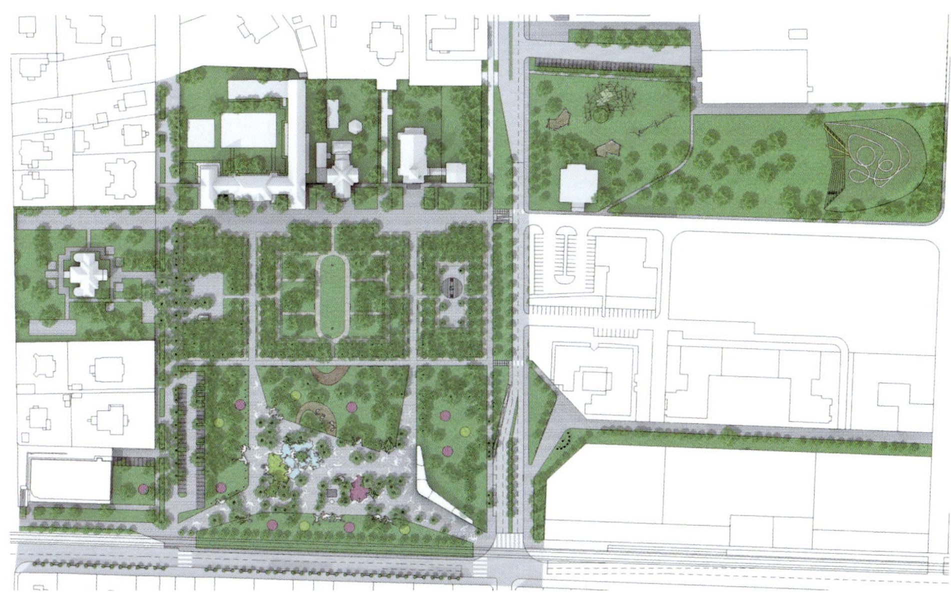

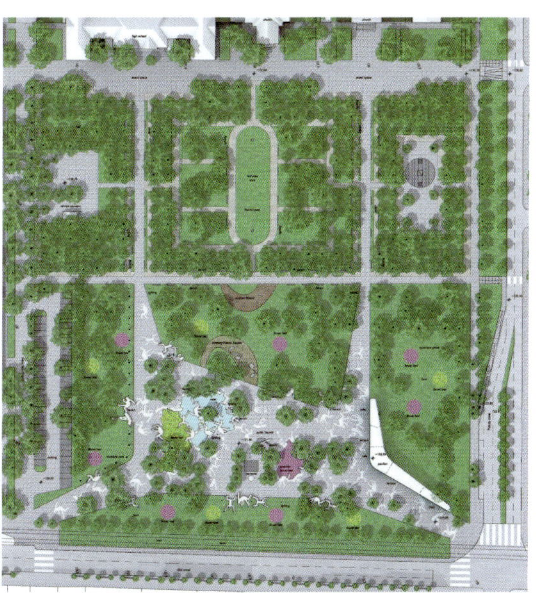

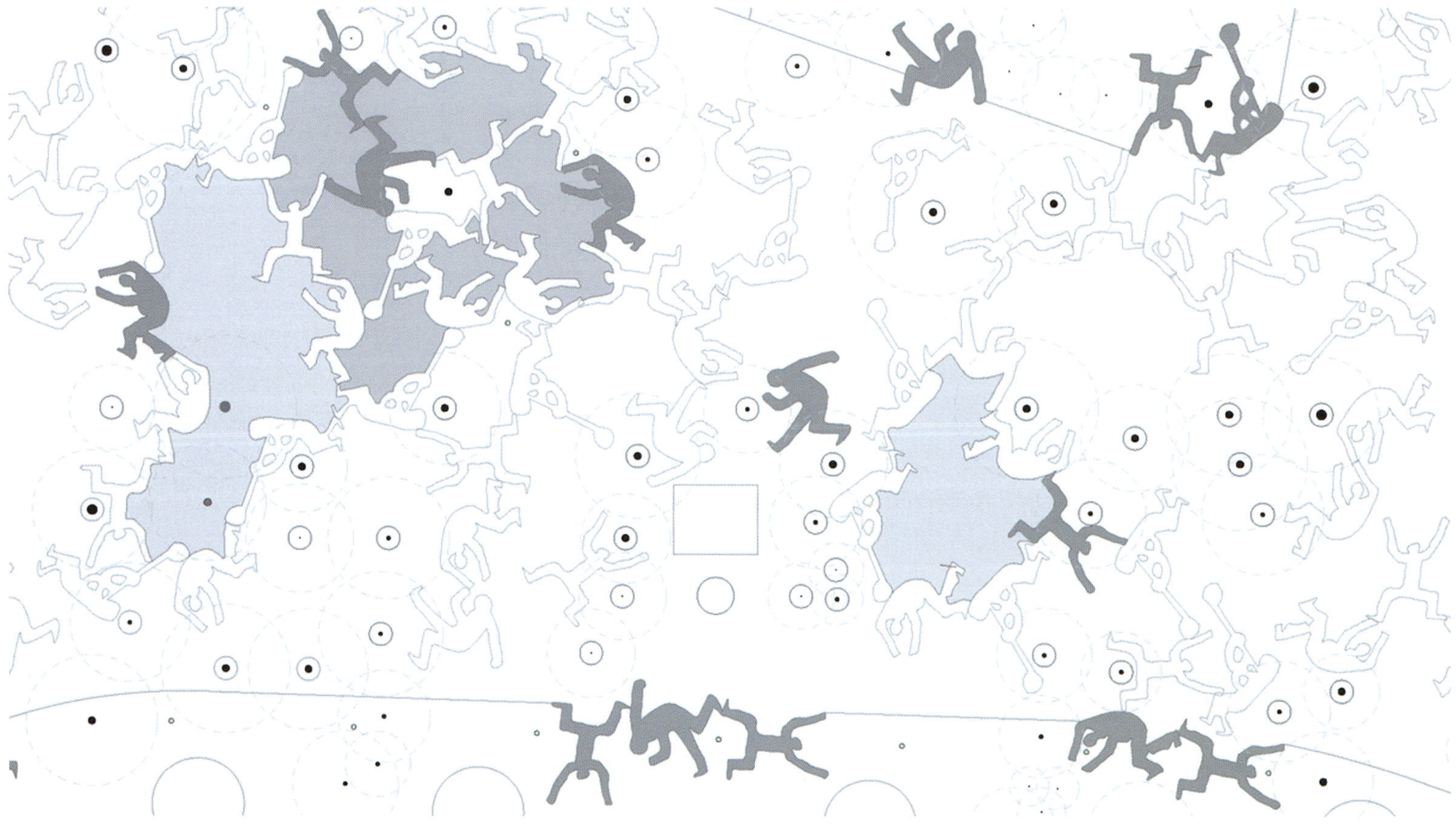

布达佩斯Ujpalota中央广场

建筑设计：HMS-Plan

我们设计的起点开始于附近的小山丘，每年冬天孩子们都会在那儿滑雪橇。付出劳动提出设想的人、提供木材、土壤、建造过程本身也是项目的重要组成部分，二者共同为当地居民创造一个全新的居住环境。

广场的翻新应该先把人们组织起来，与居民(包括当地年轻人以及志愿者)共同展开探讨。在此过程中，起着最大的协调作用的是社区。人们参与讨论建造方法，亲自构造属于自己的生活空间，所以完成后的公园的维护工作已得到保障。该理论在“领养一棵树”或“领养一块地”项目中得到实践支持，即各个家庭可以在园区内开辟自己的小花园。

我们的设计中主要的视觉元素是一个橙红色的露天平台，可供散步、娱乐消遣，并在节日庆典时作为观景台。露天平台下面分布着公用室，如洗手间、报刊亭、商店等。广场如同森林：景观的各个层面都有着不同的功能。绿色山丘绵延至露天平台并穿插而过，经翻修及拓展的文化中心及停车场也隐藏在露天平台这一自然加高层下。由于有山丘小径拾级而上，所以露天平台无需阶梯或是电梯。这样的设计以一种生态的方式保留并扩大了绿地面积，创造出一个天然、持续变幻的景观。现有的雕塑及纪念碑仍留在原处，而山腹可能作为户外展览场地。

采用价格便宜、可持续且在当地加工的建筑材料对我们而言非常重要。较成熟的树木用作木制平台。墙壁用特种水泥稳定性粘土砖砌成。我们尽可能少地使用混凝土以减少能耗。通过使用替代能源，如太阳能电池集成在锥形结构内支撑露天平台，维护成本也得以削减。中央部分铺上一块石头或是混凝土板，夏季整体喷泉运作时将有一层薄薄的水膜覆盖。通过这种方式可保持地表干净，并且水也可清爽空气。冬季时将会开建滑冰场甚至是露天舞台。

文化中心的现有结构保持不变，当中依然有小型的多功能厅出租。将新建一个新的剧院和咖啡店以及一个做展览用途的大门厅。

总而言之，我们的设计与其说是一个精密的规划，不如说是一种社区及景观哲学。它是一次以积极的方式改造环境的全面行动。

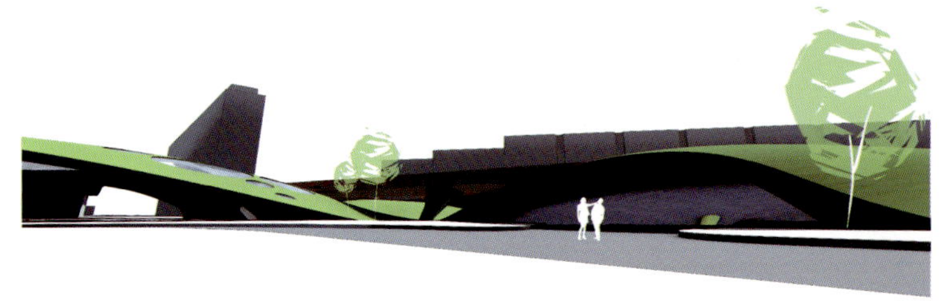

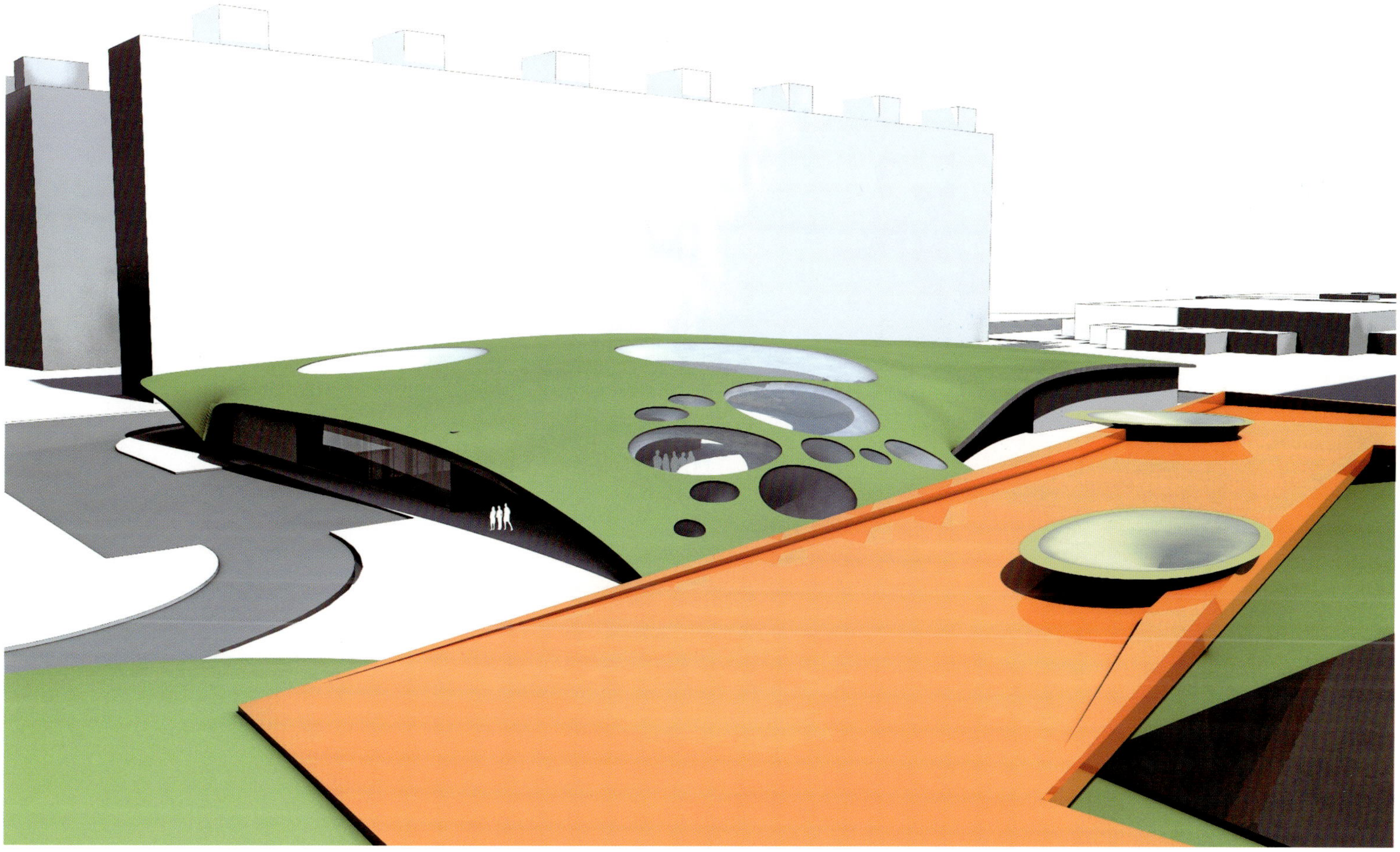

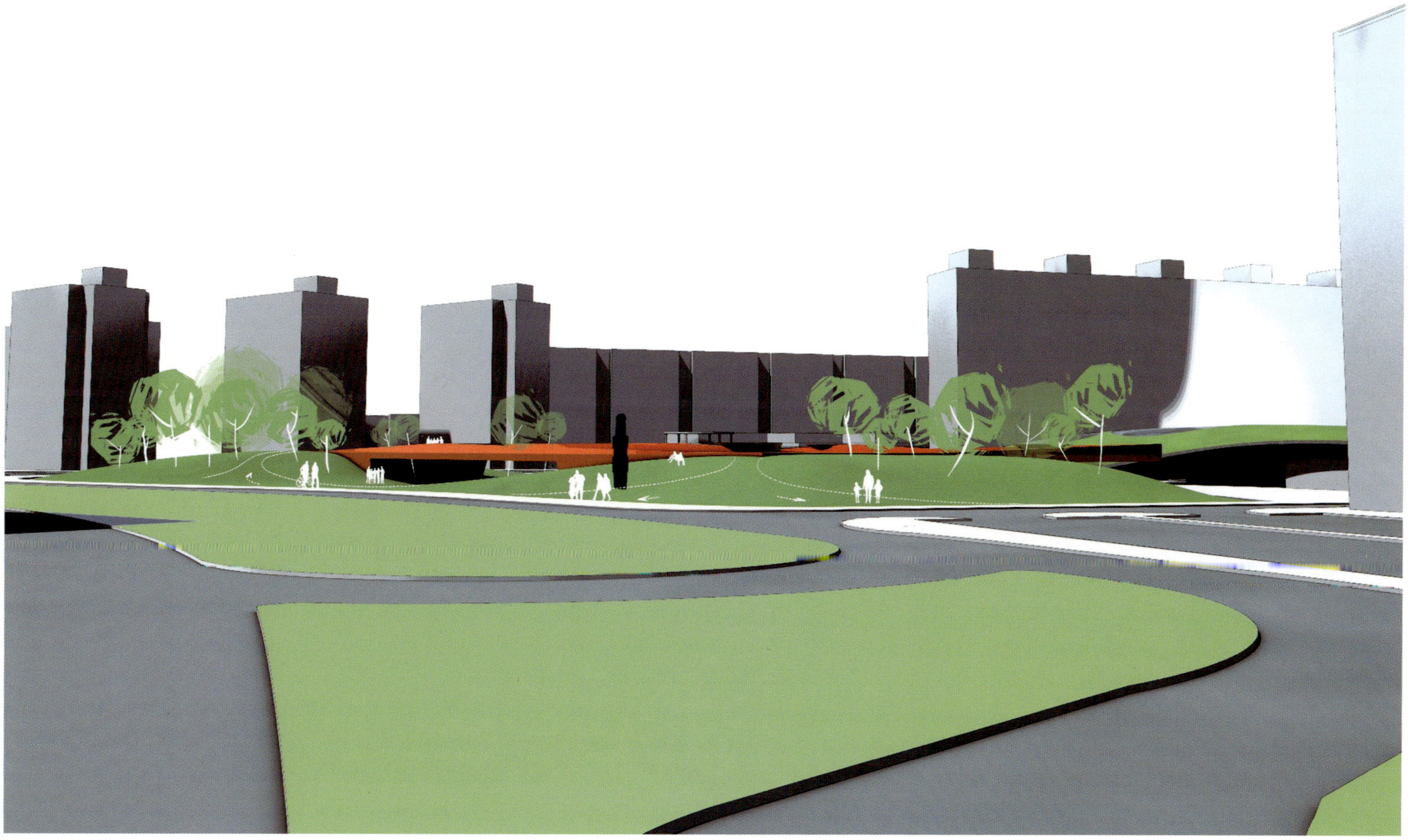

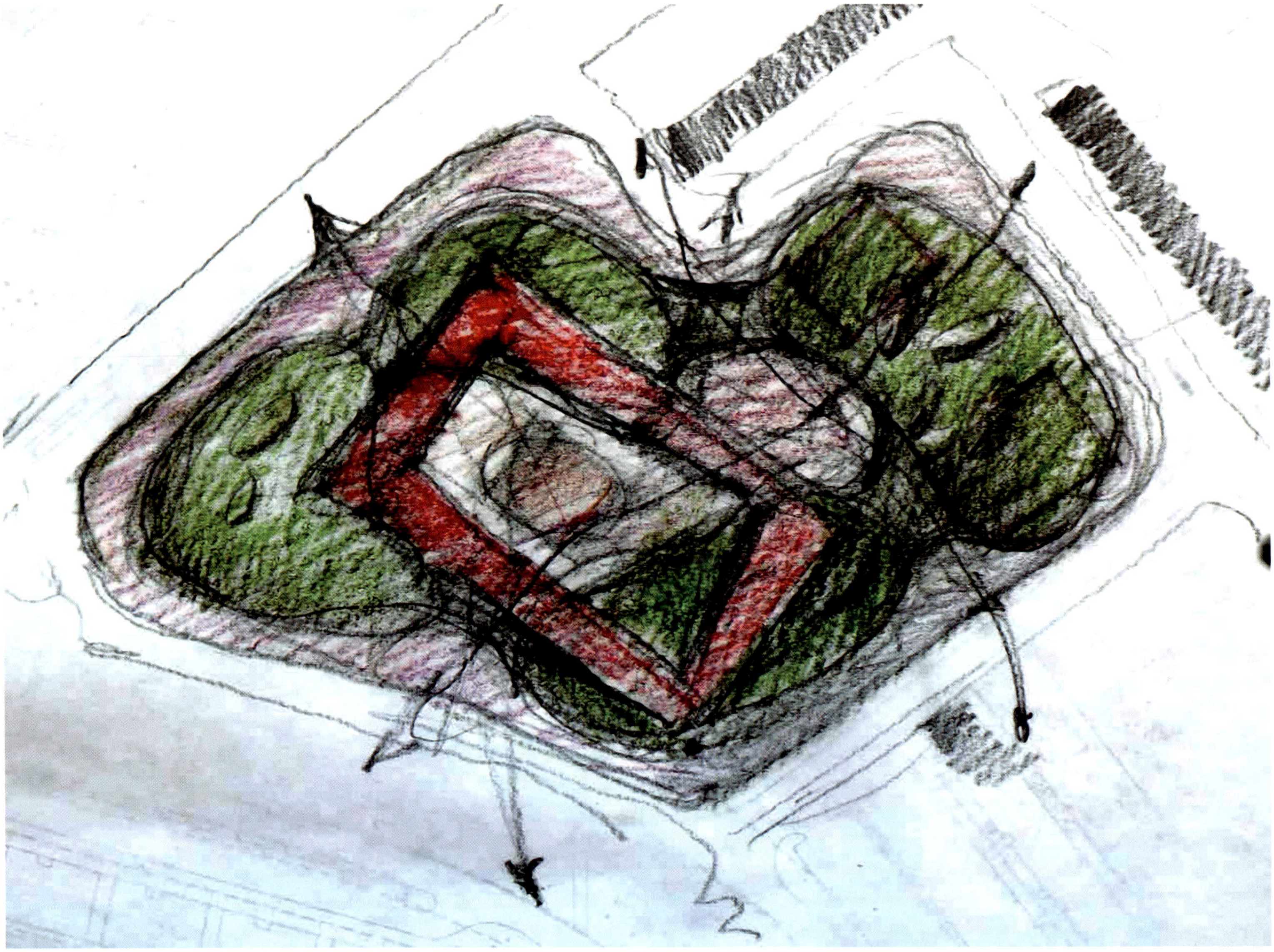

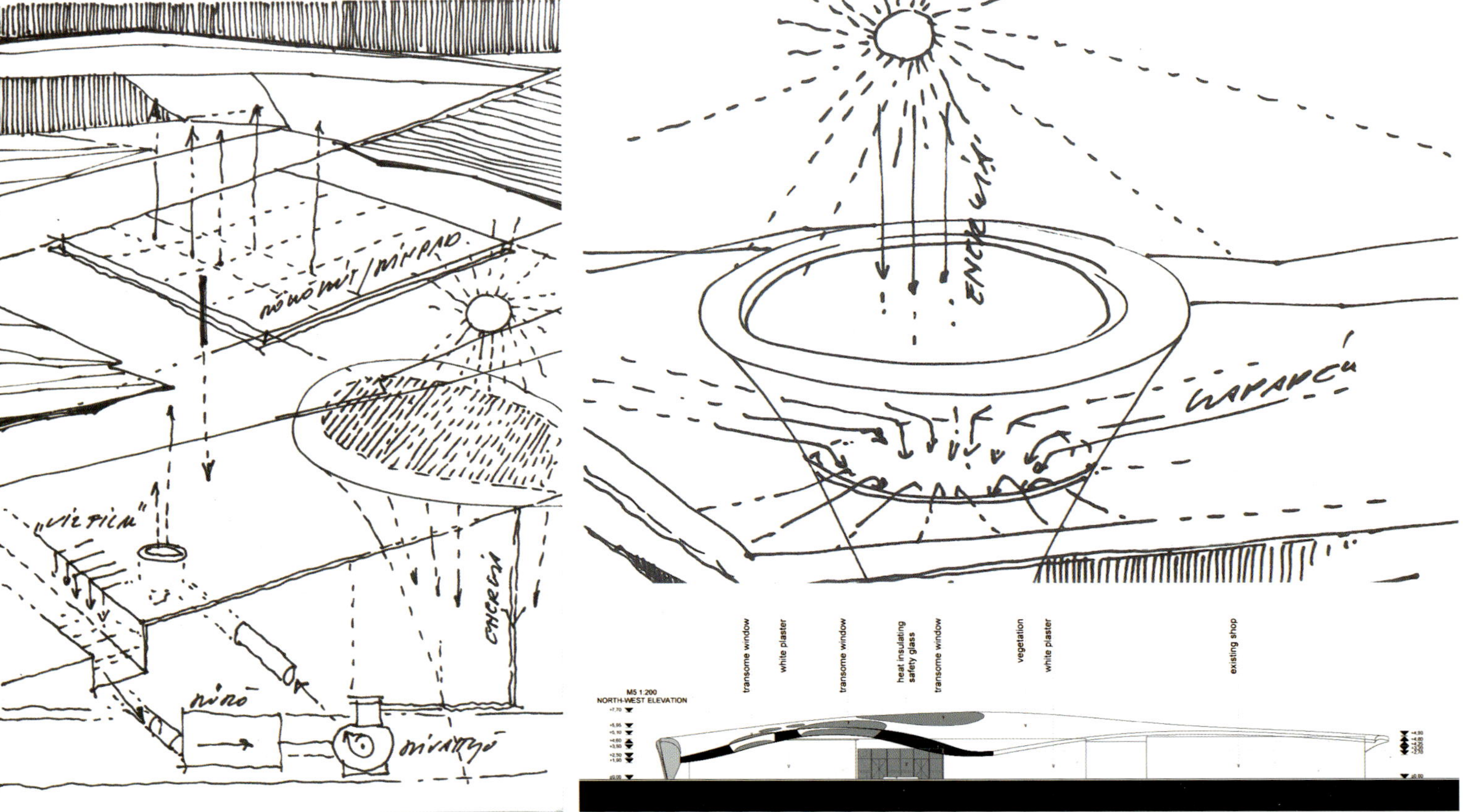
transome window
white plaster
transome window
heat insulating safety glass
transome window
vegetation
white plaster
existing shop
M5 1:200
NORTH-WEST ELEVATION
+7,70
+5,95
+5,10
+4,60
+3,50
+2,50
+1,90
±0,00
±0,00

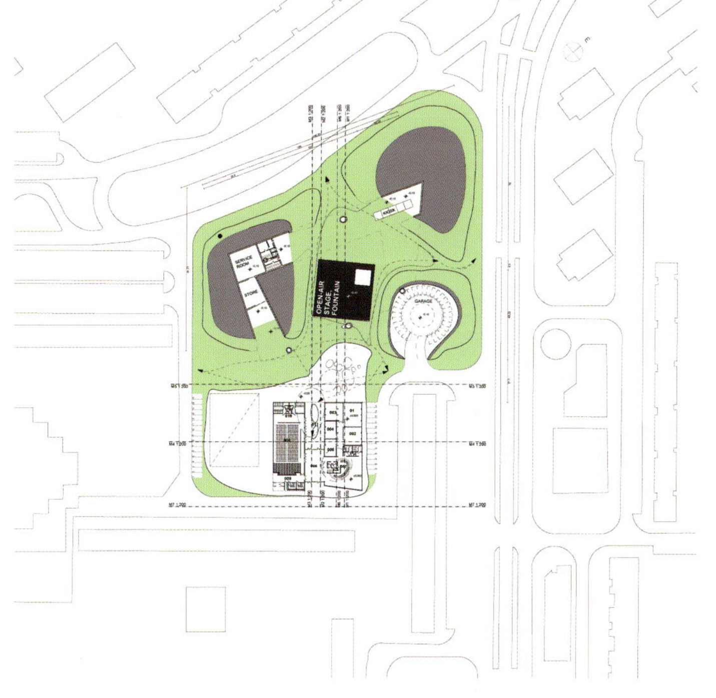
OPEN-AIR
STAGE
FOUNTAIN

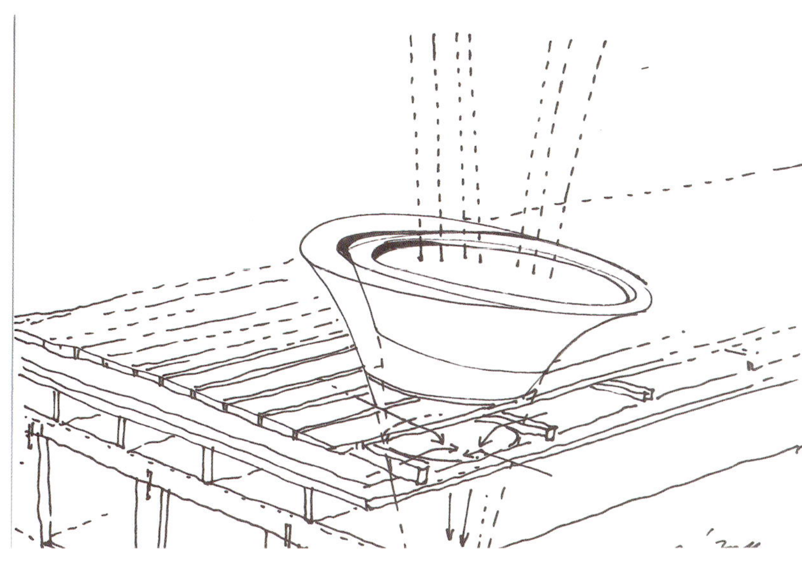

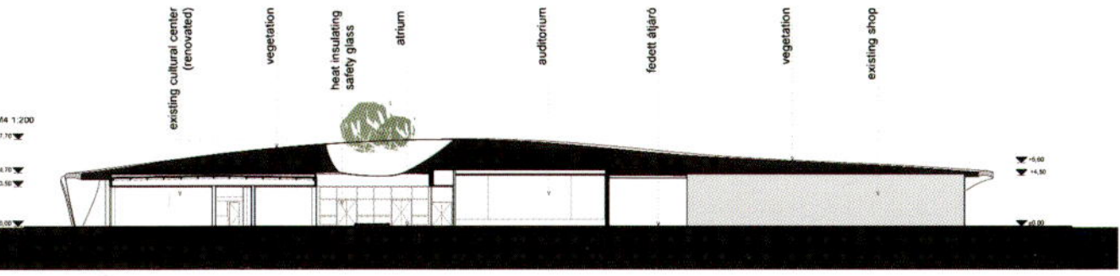
existing cultural center (renovated)
vegetation
heat insulating safety glass
atrium
auditorium
fedett átjáró
vegetation
existing shop

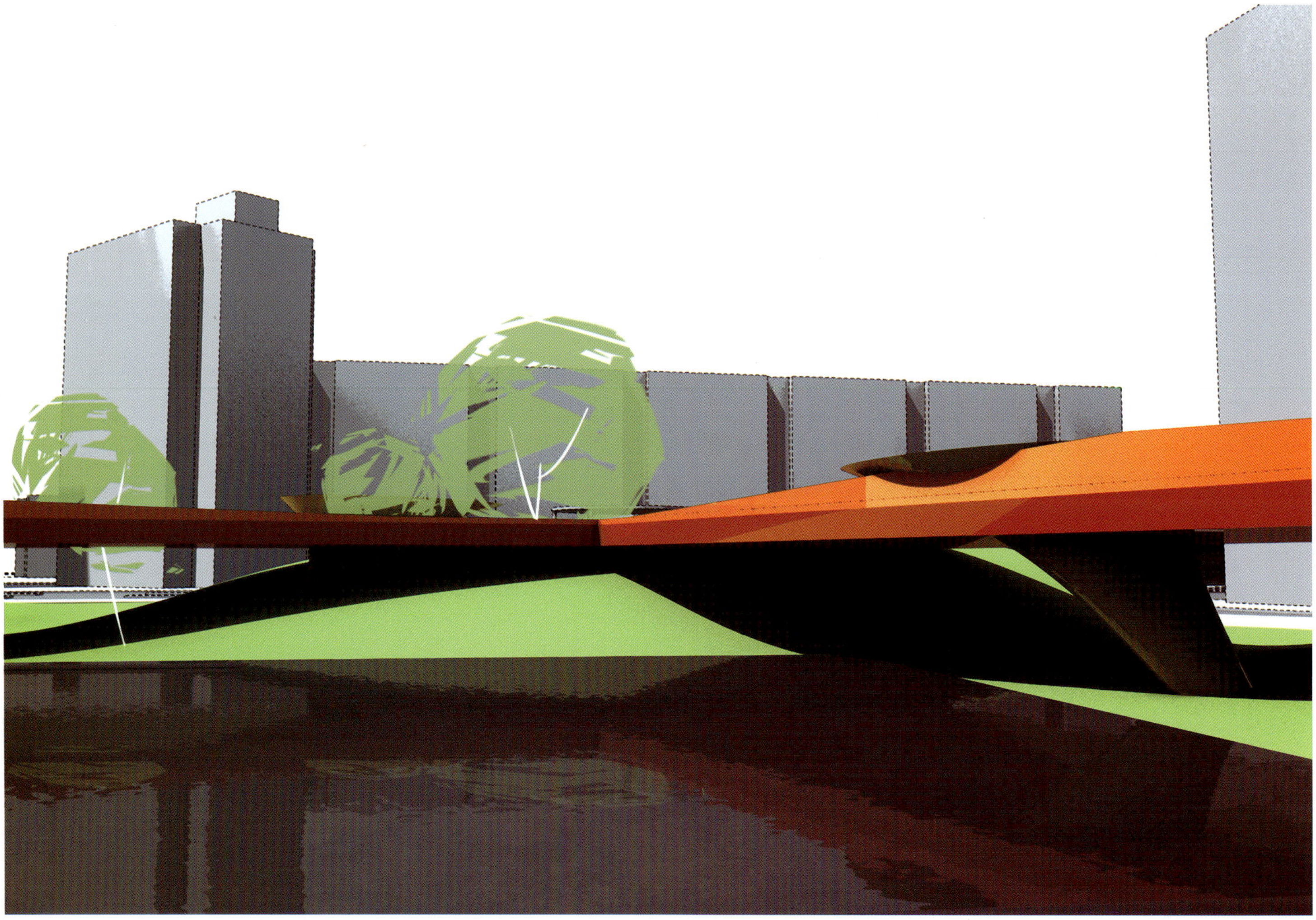

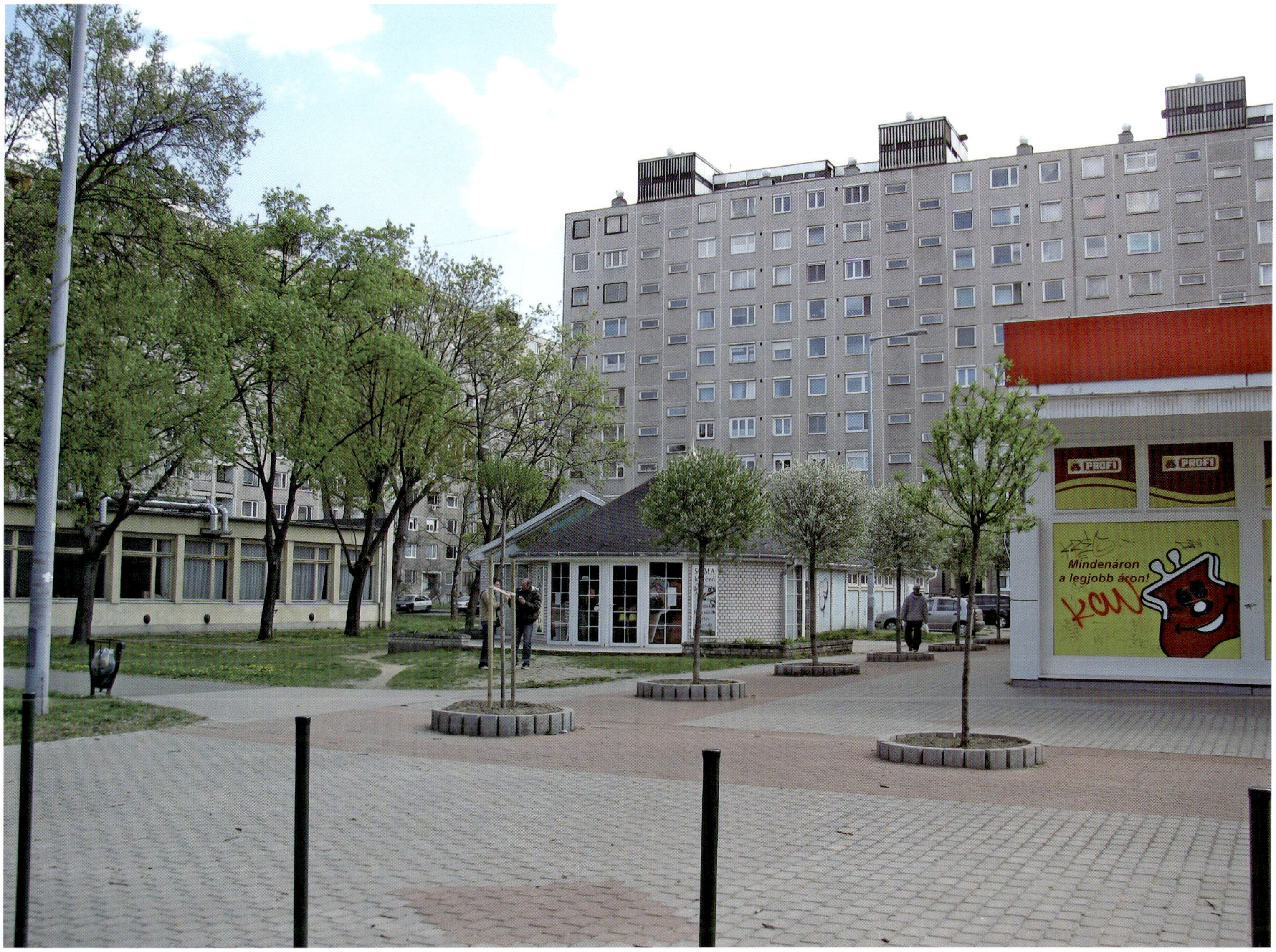

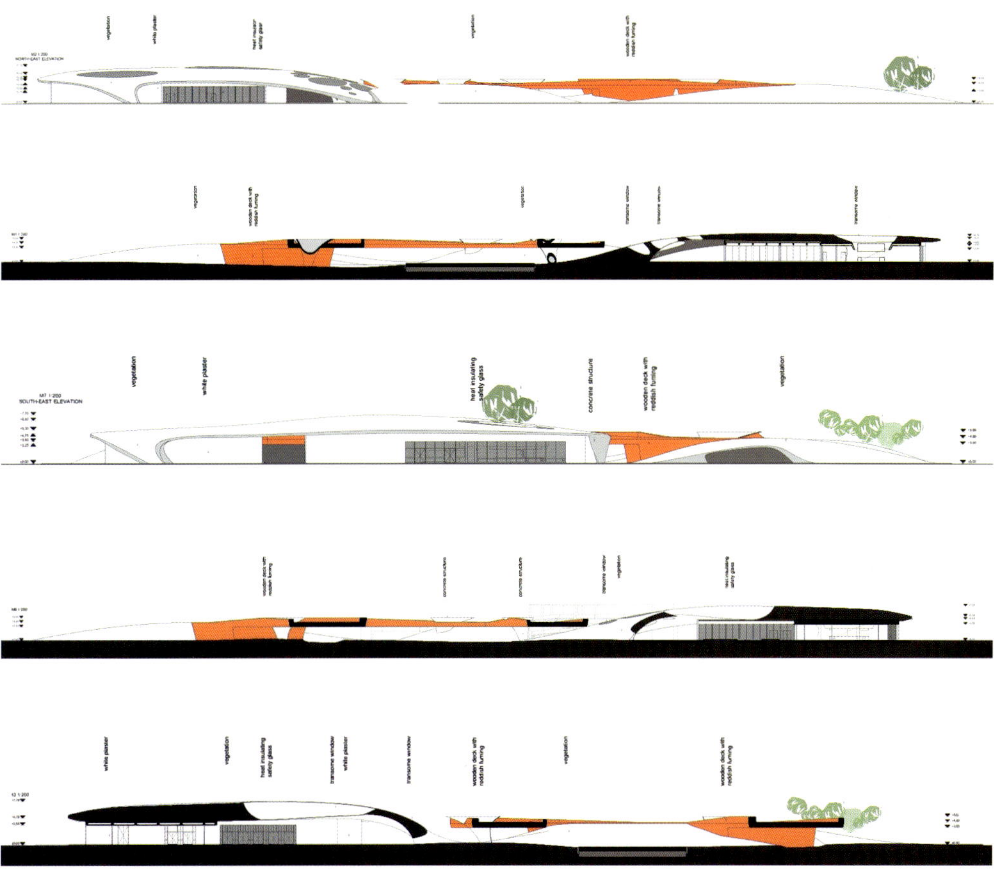
vegetation
white plaster
M7 1:200
SOUTH-EAST ELEVATION
heat insulating safety glass
concrete structure
wooden deck with reddish fuming
vegetation

奥地利Eduard-Wallnöfer-Platz 公共广场

建筑设计：LAAC Architekten + Stiefel Kramer Architecture

项目位置：奥地利，因斯布鲁克

项目面积：9000 m^2

项目年份：2010

图片摄影：Günter Richard Wett

这是位于奥地利蒂罗尔州因斯布鲁克的一个广场改建项目，面积9000平方米，其水泥地面如同一件雕塑作品。原有广场与四周的纪念馆以及一侧的纪念碑保持着象征性纪念意义，却忽略了与市民的联系。纪念碑是自由纪念碑，但原有广场的气氛使其看起来就像是法西斯纪念碑一样。同时广场下方有一个建于1985年的地下车库。

新广场改变了原有广场的气氛，同时以一个创造性的，如同雕塑般的地面让人耳目一新。地面的地形划分出功能区和交通流线。在这里，人是被考虑的主要因素。

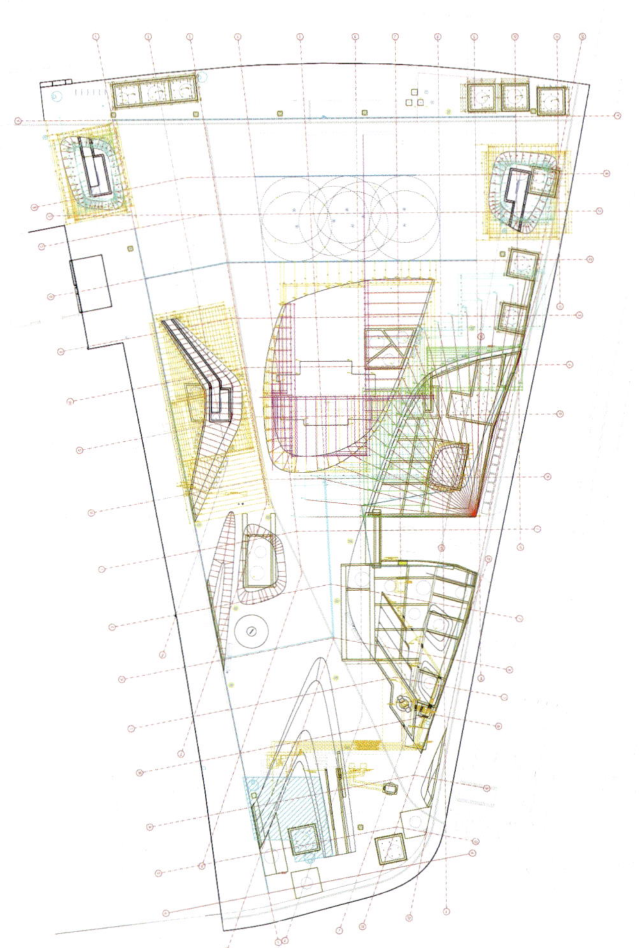

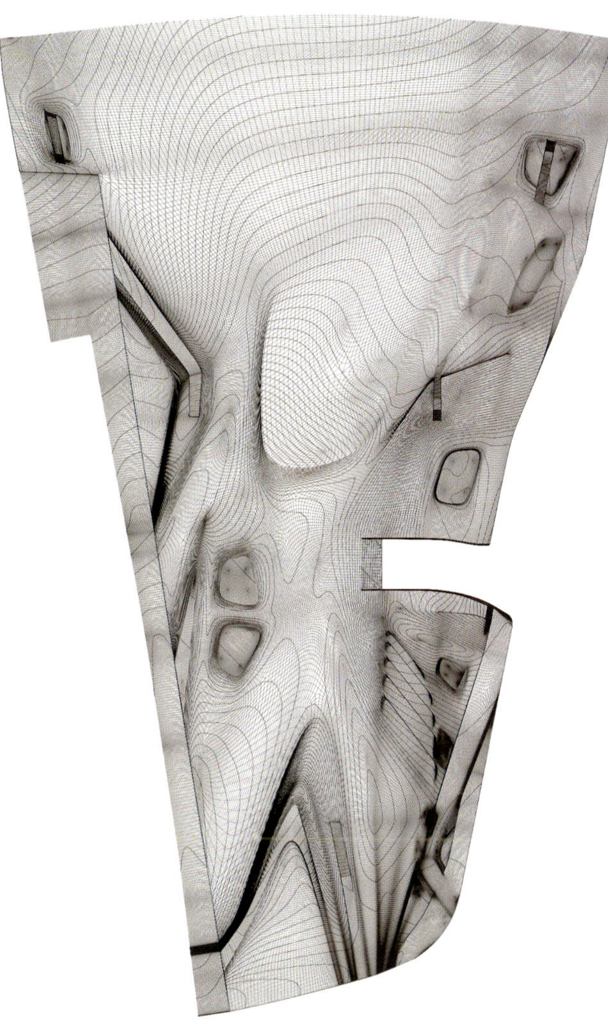

拉脱维亚尤尔马拉瞭望塔

建筑设计：ARHIS Architects

项目位置：拉脱维亚，尤尔马拉

首席设计：Arnis Kleinbergs

设计团队：Ieva Stale，Andrejs Gorodnicijs

项目年份：2010

图片摄影：Arnis Kleinbergs

拉脱维亚AHRIS Architects建筑事务所设计的"尤尔马拉瞭望塔"项目，位于拉脱维亚尤尔马拉市的Dzintaru公园内。

这座38米高的瞭望塔被金属百叶板包裹，为参观者提供了良好的观景视野。人们通过一条楼梯进入瞭望塔，在登上33.5米处的平台之后，要自己爬到塔的最高点，这个至高的观景台完全暴露在外，让人们置身在大自然环境中。

建筑师还设计了12个外接阳台，这些小阳台悬吊在长方体建筑外侧，可以容纳1到2名参观者。

金属框架外部装饰了一层细木条板，这种立面处理为半透明的细长条建筑创造了一个精致的外形，让它完全地融入到自然环境中。内部地面使用了工业钢栅板，为参观者提供了一个身临其境的户外体验。

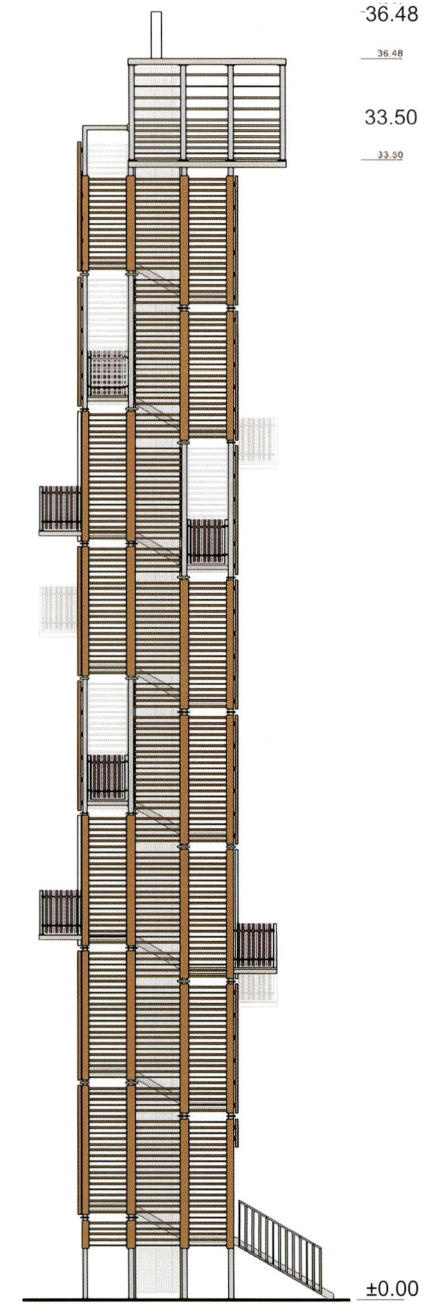

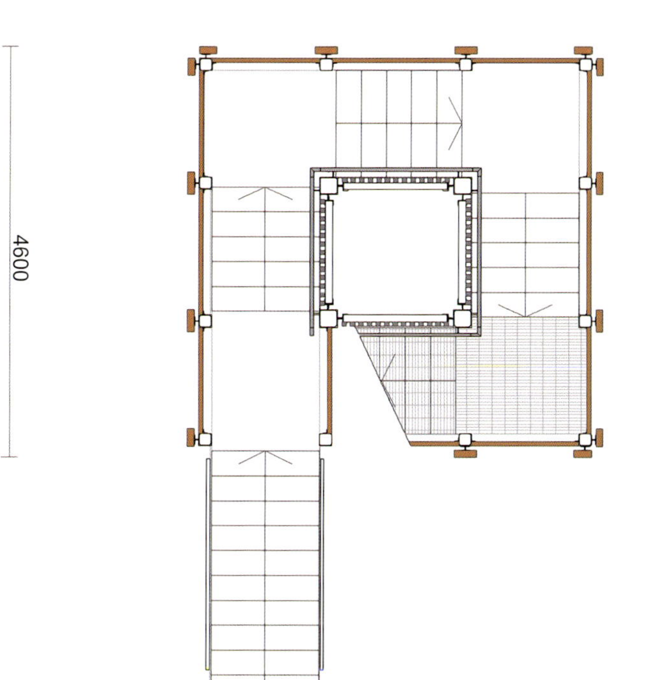
4600
4600

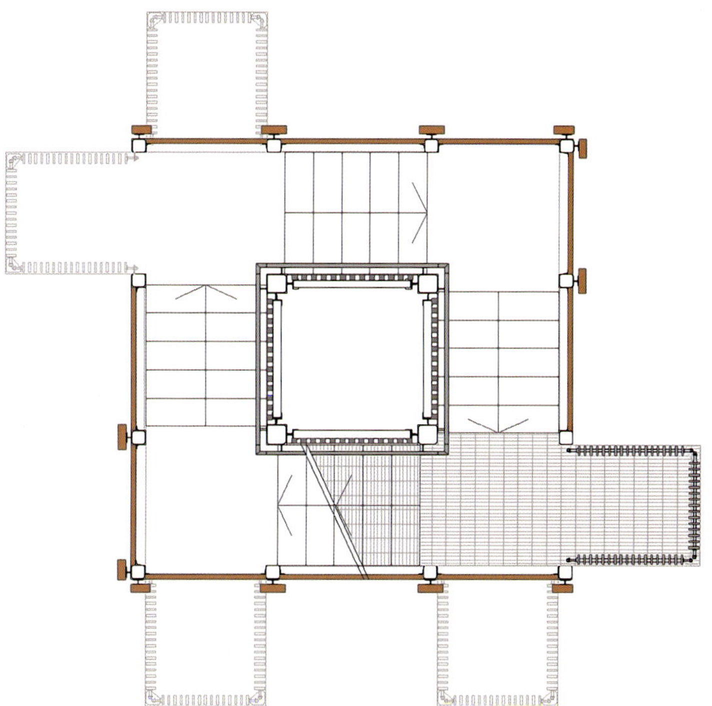
6900
6900

澳大利亚凯恩斯植物园游客中心

建筑设计：Charles Wright Architects

项目地点：澳大利亚 凯恩斯

项目团队：Charles Wright, Richard Blight, Justine Wright, Katja Tsychkova

图片摄影：Patrick Bingham Hall

项目面积：1415 m²

项目年份：2011

委员会想要的是用新鲜和富有挑战性的建筑设计理念来创造一个可以与周围环境融合得天衣无缝的让人过目难忘的热带建筑。设计师为满足委员会的要求，给出了一个可以直接的实实在在反映周围花园的镜面立面的提案。门内设有一间咖啡厅露台、信息和展览空间以及工作人员办公室。它激活行人长廊并把花园与艺术中心连接起来，全年为游客提供一个脱离于热带花园湿热环境之外的一片干爽的阴凉区域。设计师事务所与机械、结构、水力、景观顾问合作，使其得以把接下来的ESD措施与镜面顶棚构想结合起来，项目采用太阳能电池板以及雨水收集装置、混合模式空调系统、节能照明装置、节水装置、长寿命高效材料、窗户的太阳能处理装置，自然通风循环走廊，内部蓄热体等。

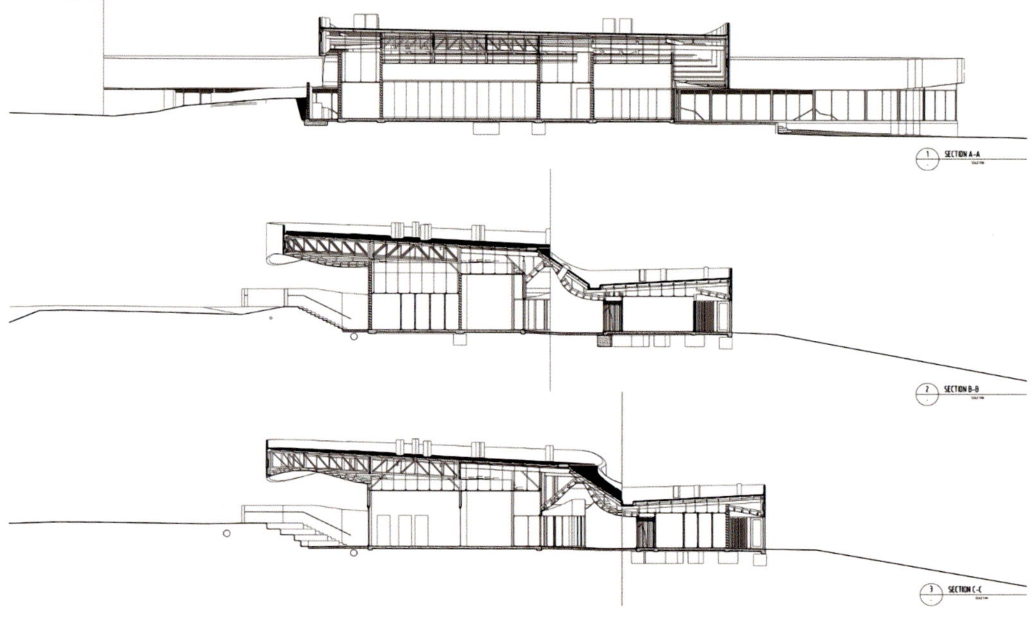

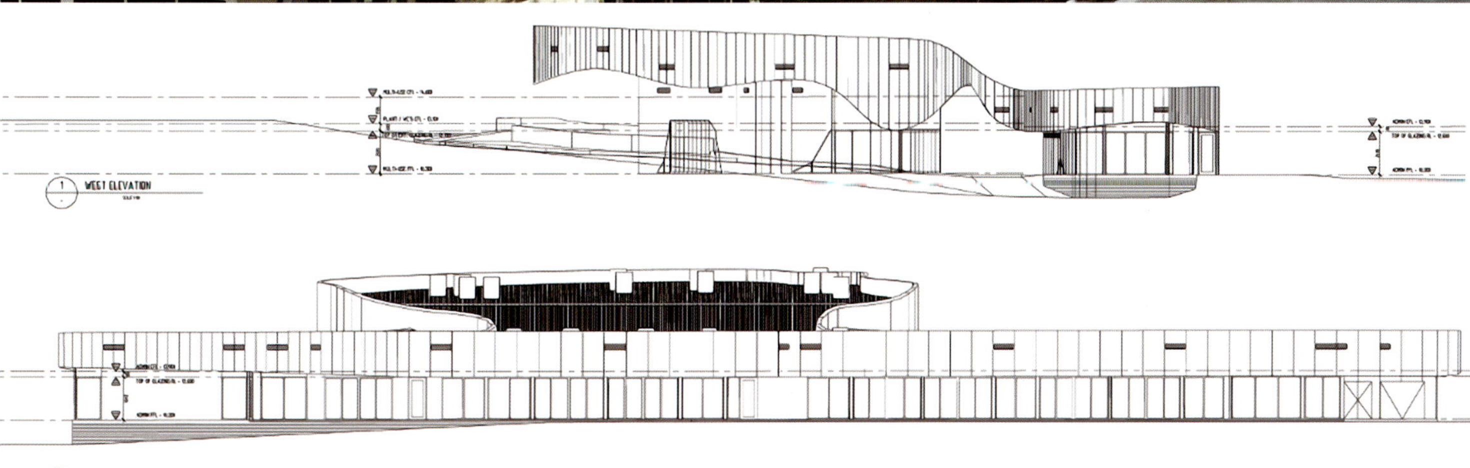
1
WEST ELEVATION
2
SOUTH ELEVATION

Akakiko
asmaçatı

商业服务

新Gerngross商场

项目位置：奥地利，维也纳

建筑设计：LOVE architecture and urbanism

总策划师：Delta Projektconsult GmbH

图片摄影：LOVE architecture and urbanism

位于奥地利施泰尔马克州的这个商店原来的布局不是很合理，走廊通道有些太复杂，让人糊涂，为了改善这一状况，设计师将室内楼层的布局重新打造，并加入了新的商业空间；设计每个楼层的重点是考虑如何保持空旷，以满足未来流通系统的插入。

中庭把横向和纵向视轴结合起来，成为商店新的核心和中央定位点，各个层次的天花板向上滚起。这样，中庭向零售层扩展，使其比以前更大、更开放。中庭和零售区域似乎融在了一起，使不同的层次可以互相呼应，使商场成为一个特殊的连续体。

支持这种效果的是照明和材料战略：使用的材料和不同层次间材料过渡的方式都在中庭得以体现（大穿孔金属区仿佛从一个白色底子上冒出来）。灯光装置随意地安装在每层的天花板，可以覆盖中庭圆形弯折处和自动扶梯。总之中庭看起来明亮而动感十足，相对较矮的楼层，看起来也很高。

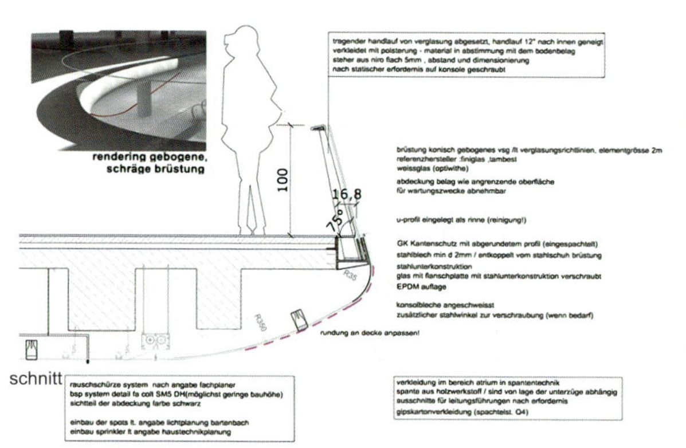

deckenfeld
kundenlift
shop
shop
shop
mall
lager
shop
storeguide
mit sitzmöbel
atrium
mall
shop
deckenfeld
shop
shop
parkhaus
storeguide

Ansicht Eingang U-Bahn

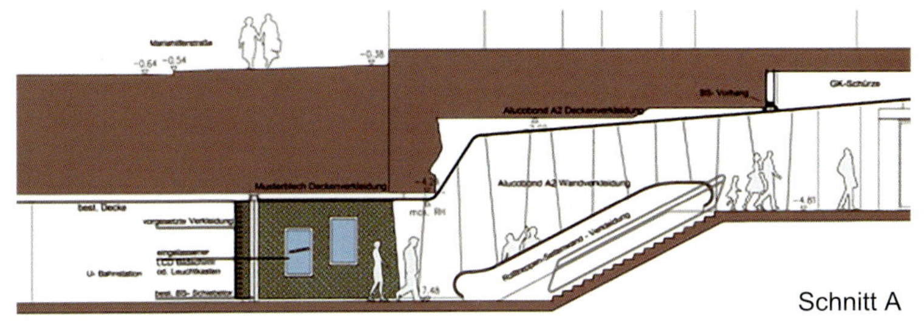
Schnitt A

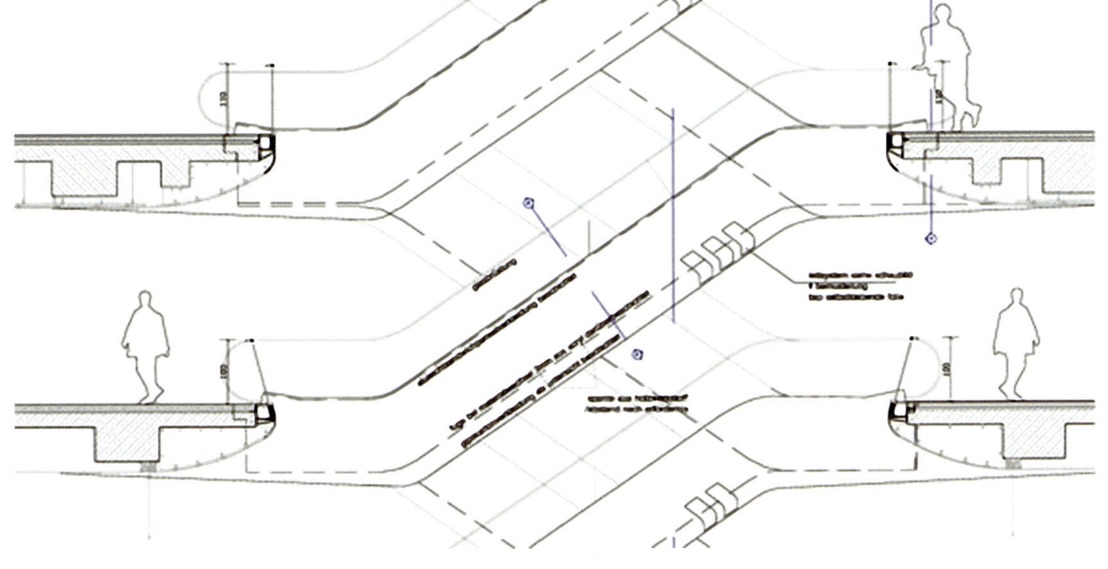

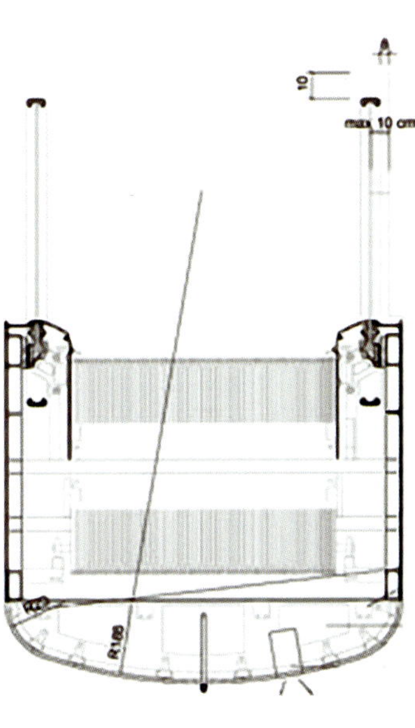
max. 10 cm

西班牙巴塞罗那商场

建筑设计：MiAS Arquitectes, Josep Miàs
Silvia Brandi, Adriana Porta
Maria Chiara Ziliani
Andreu Canut, Carles Bou

项目位置：西班牙，巴塞罗那

项目面积：5200 m²

项目年份：2007

图片摄影：Adrià Goula

这是个很热闹的商场，由MiAS Arquitectes 设计，周围民众很热衷于在这里购物，这种情况下商场已经成为巴塞罗那的一种文化体现。商场选用钢架做建筑构架，像动物的骨骼一样，被禁锢在城市中，无法逃脱。

市场必然成为社区和城市的一部分，给城市带来的变化正在向市场前面和后面拓展。新的金属构架方式在原来建筑的构架基础之上创造了一个新的不接触地面的空间。

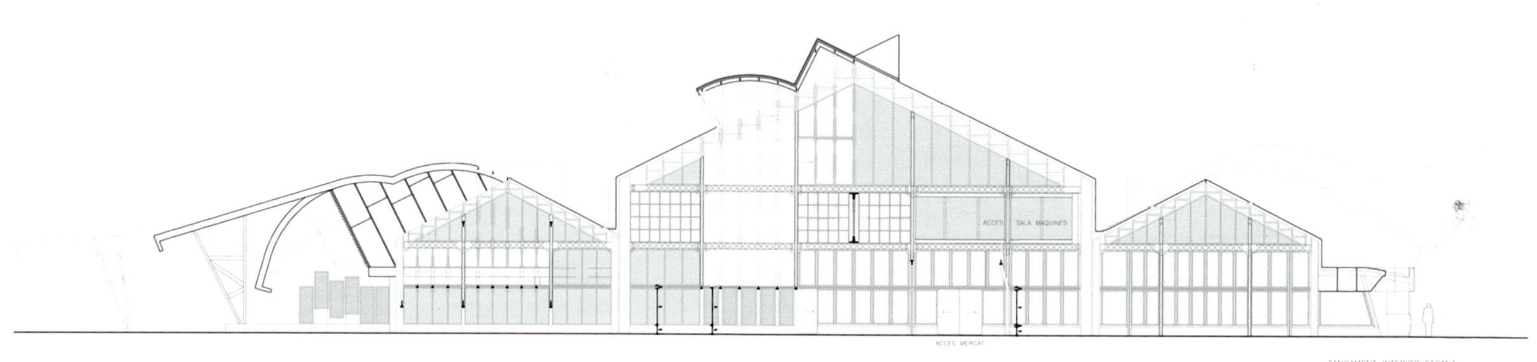

Embotits
POLLERIA

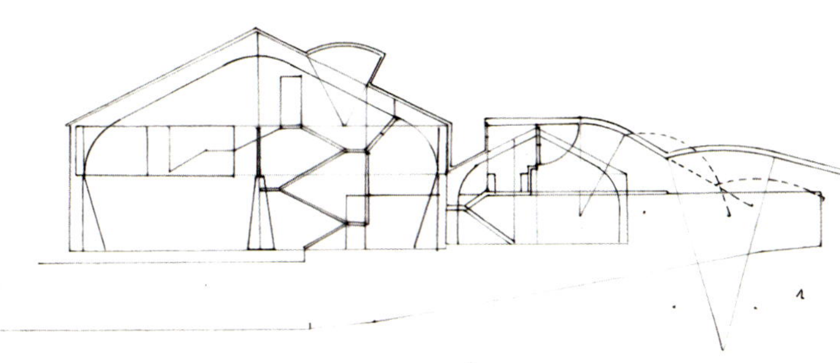

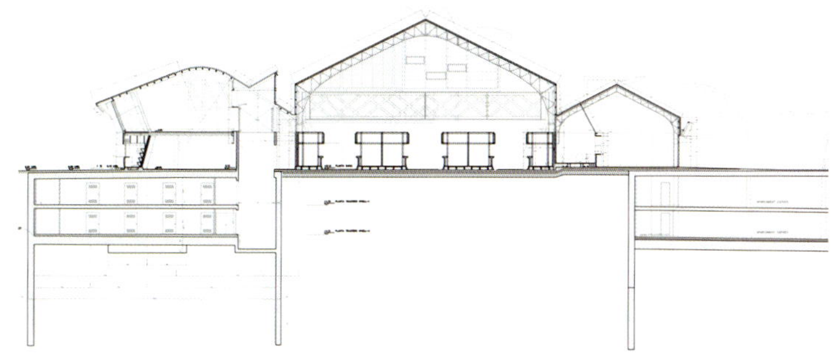

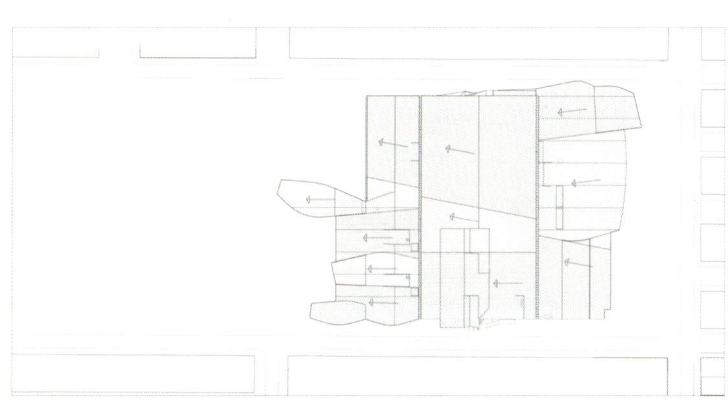

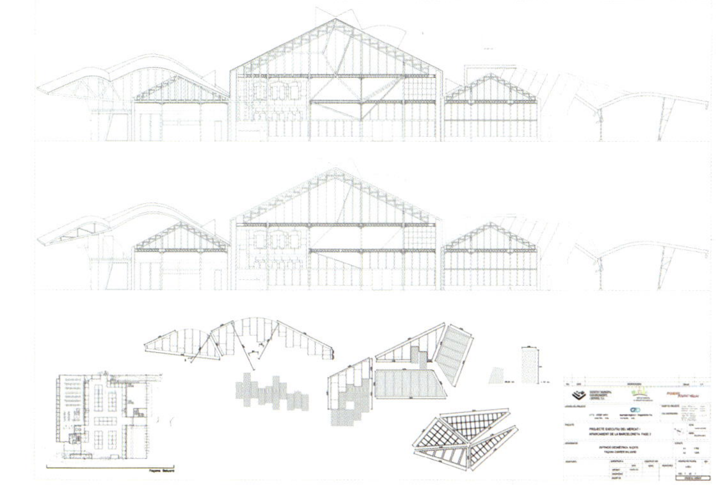

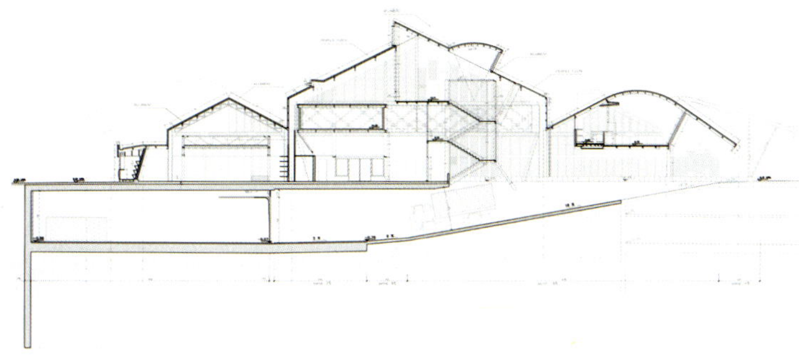

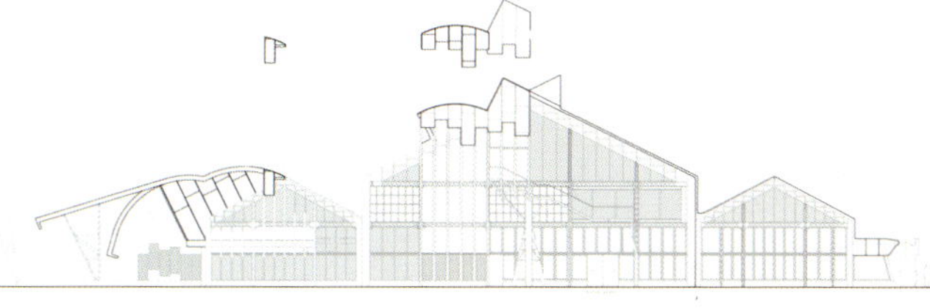

土耳其阿斯马卡提购物中心

建筑设计：Tabanlioglu Architects
项目位置：土耳其
项目面积：22760 m²
项目年份：2009
图片摄影：Thomas Mayer

Asmacati购物中心和聚会中心位于伊兹密尔城市中心，这个中心弘扬伊兹密尔城市的室外生活方式，同时融合当地温和的气候条件。

半开放的商店设施自然地在商店之间形成娱乐区。由自然材料做成的凉亭为人们提供休闲和遮荫的地方，设计模仿的是当地景观中的葡萄藤叶形状。

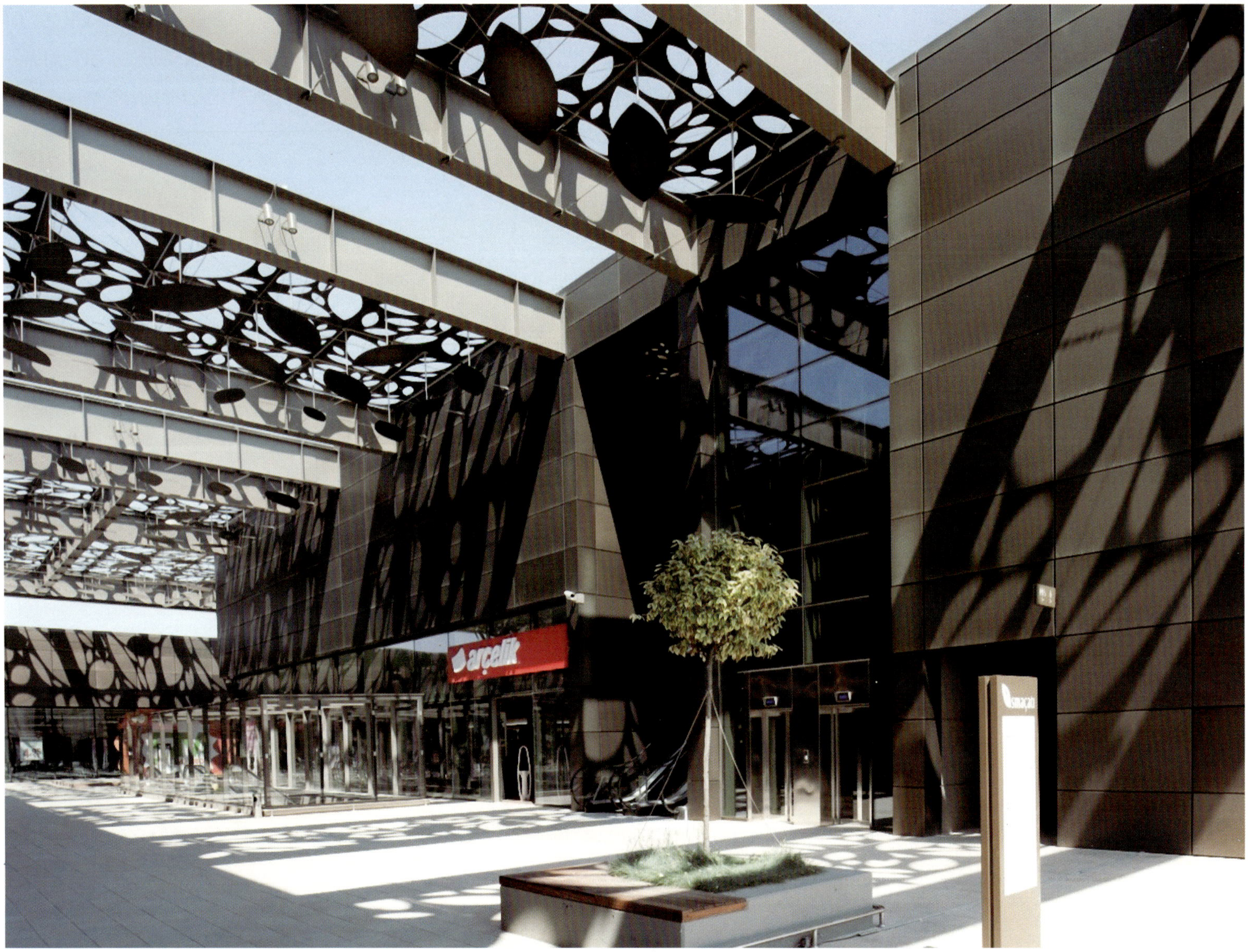

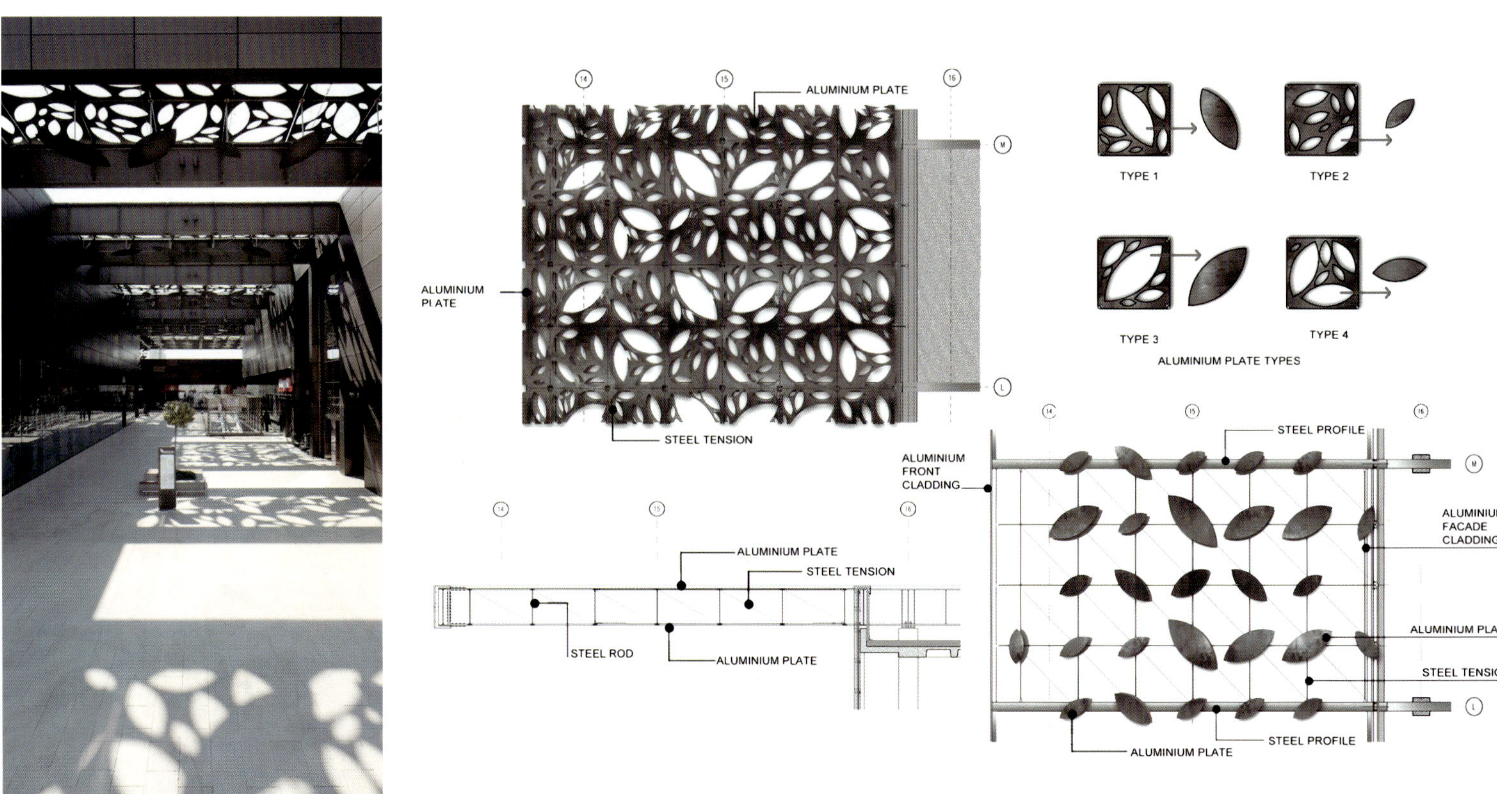
ALUMINIUM PLATE
ALUMINIUM PLATE
STEEL TENSION
TYPE 1
TYPE 2
TYPE 3
TYPE 4
ALUMINIUM PLATE TYPES
ALUMINIUM PLATE
STEEL TENSION
STEEL ROD
ALUMINIUM PLATE
STEEL PROFILE
ALUMINIUM FRONT CLADDING
ALUMINIUM FACADE CLADDING
ALUMINIUM PLATE
STEEL TENSION
STEEL PROFILE
ALUMINIUM PLATE

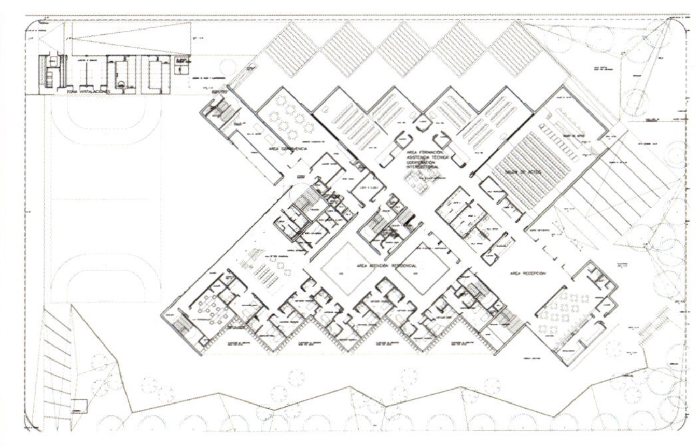

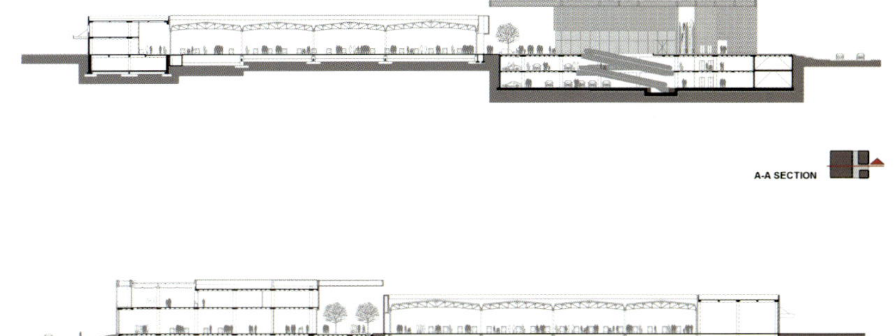

A-A SECTION

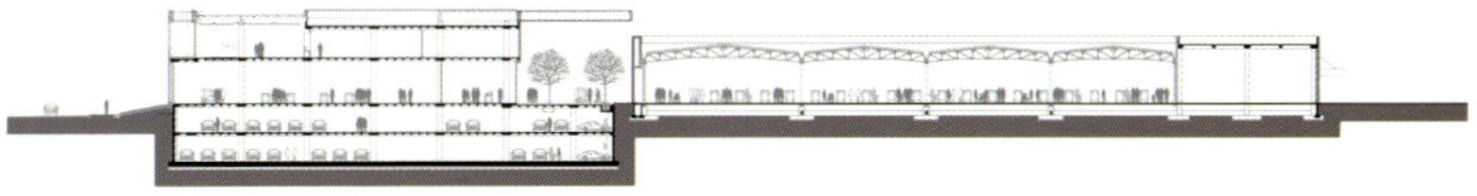

B-B SECTION

黎巴嫩ABC Dbayeh百货公司

建筑设计：nARCHITECTS
项目地点：黎巴嫩，贝鲁特
项目年份：2011
项目面积：50万 sqft
图片摄影：nARCHITECTS

nARCHITECTS建筑事务所设计的面积为50万平方英尺的ABC Dbayeh百货公司是贝鲁特最为知名的百货公司品牌，目前正在紧张的施工建设当中。这项工程在原有的20万平方英尺的建筑基础上，加建了25万平方英尺的建筑和一个新的门面外观。

美国佩德罗角购物中心

建筑设计：Lowney Architecture

项目地点：美国，加利福尼亚州

项目团队：Ken Lowney, Tim Sloat, Tony Valadez

项目面积：17000 spft Anchor Space,

3000 sqft Retail Space

项目年份：2007

图片摄影：Courtesy of Lowney Architecture

Lowney Architecture 装修的美国加利福尼亚佩德罗角购物中心，显示出了可持续发展的创新性。项目利用可持续发展的建筑措施获得了LEED金牌认证，包含了原始23000平方英尺建筑的大部分。

佩德罗点购物中心使用了加州北部时尚而绿色的本地建筑理念，现代的混凝土和石材贴面颜色鲜艳，增加了视觉和建筑学价值。

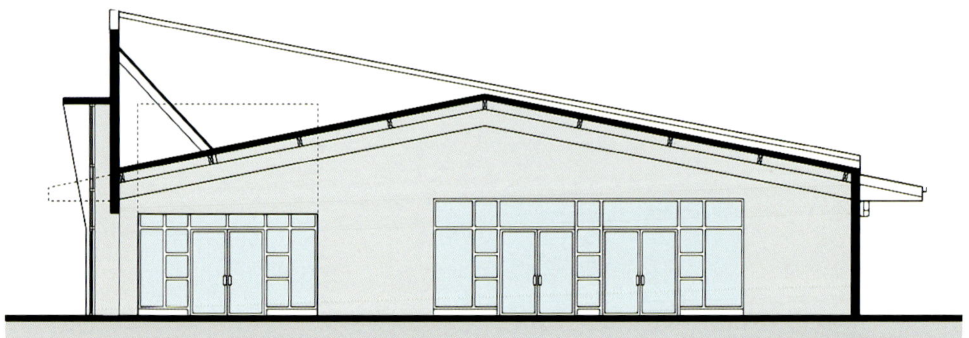

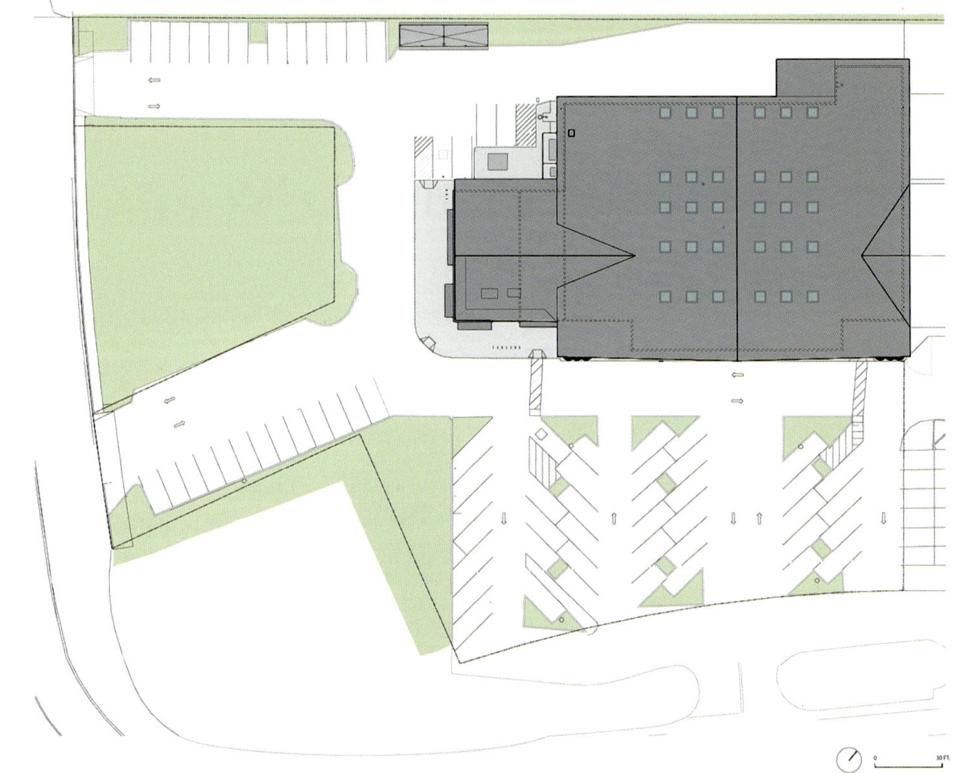

Garden 5 Tool购物中心

建筑设计：DeStefano Partners, Samoo Architects & Engineers
项目位置：韩国，首尔
项目年份：2011
图片摄影：Samoo Architects & Engineers

这个项目是Garden 5 Tool购物中心，原来是东南分配中心，近期改名Garden 5 Tool购物中心，这是一个大型的购物中心，位于韩国首尔，结构是由芝加哥的DeStefano Partners事务所设计完成。

项目位于一个占地258720平方英尺（24035.87平方米）的场地上，沿着首尔Jang-Ji河的北岸延展。场地内包含1500个商店，综合体的面积达到了3000000平方英尺（278709.12平方米），它将原来散落在城市中心各处的工业商品零售店集中在了一起。除了商店等设施外，这个项目还包含补充性的设施，如健身中心、食品超市和办公空间。

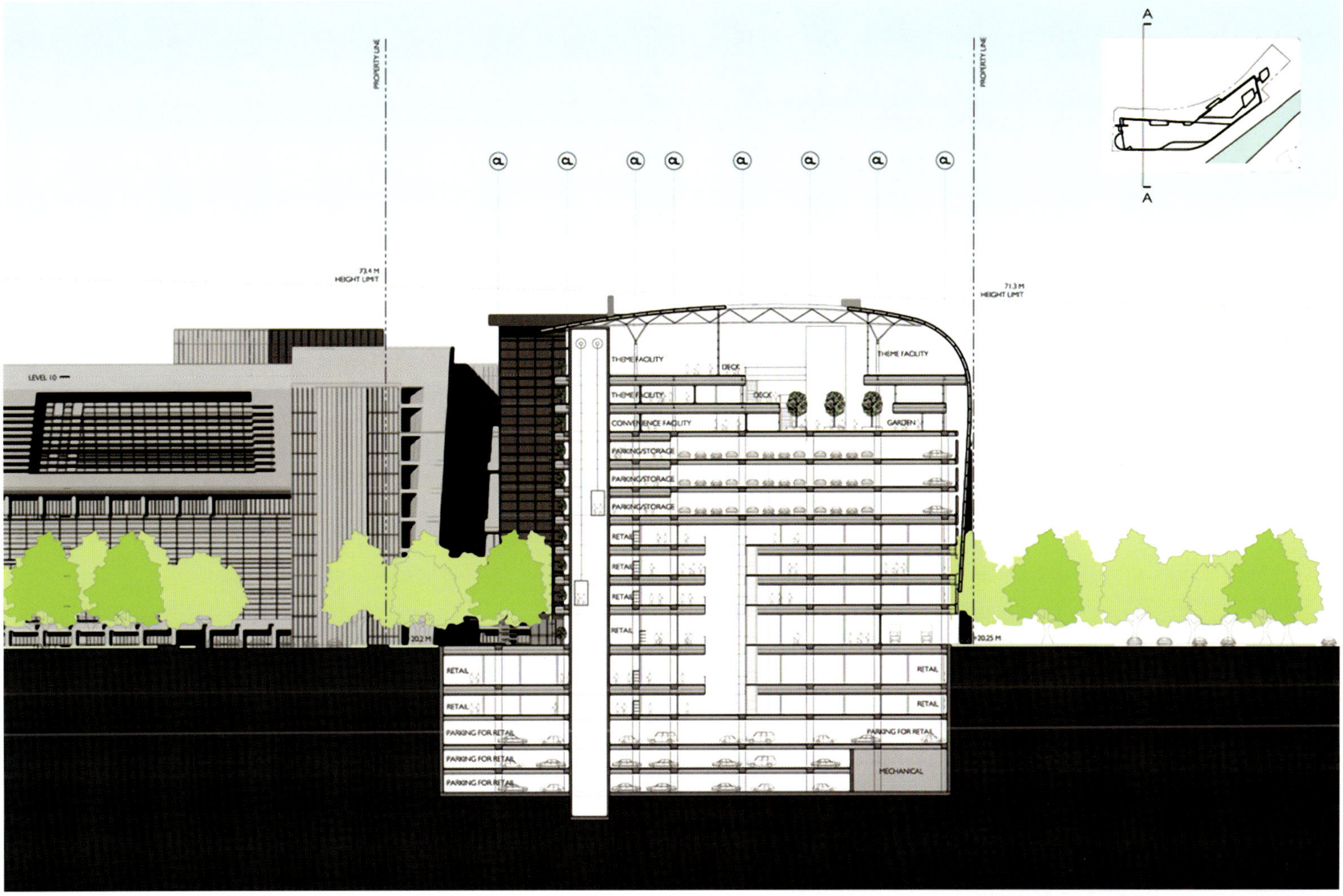

A

A

PROPERTY LINE

PROPERTY LINE

73.4 M
HEIGHT LIMIT

71.3 M
HEIGHT LIMIT

LEVEL 10

THEME FACILITY

DECK

THEME FACILITY

THEME FACILITY

DECK

CONVENIENCE FACILITY

GARDEN

PARKING/STORAGE

PARKING/STORAGE

PARKING/STORAGE

RETAIL

RETAIL

RETAIL

RETAIL

20.2 M

20.25 M

RETAIL

RETAIL

RETAIL

RETAIL

PARKING FOR RETAIL

PARKING FOR RETAIL

PARKING FOR RETAIL

PARKING FOR RETAIL

MECHANICAL

加拿大新市场运营中心

建筑设计：RDH Architects

项目位置：加拿大，安大略，新市场

项目面积：6100 m²

项目年份：2010

图片摄影：Tom Arban

新市场运营中心设计的目标是通过建立一个新地标同样满足复杂的技术要求坚固又经济的结构，主建筑把三个市政部门合并在一起，包括办公室、培训室、会议室、储藏设施、车辆维修和清洗设备。这片11公顷的土地还设有一个停车场、工作区、户外材料存储仓库、盐和沙临时周转仓库和一个温室。

该项目被看作是一个在特点和高度上不同的平行程序性酒吧的线性系列、公共中庭和车队的工作区是一个日光笼罩的大厅，其他的空间被安排在较低间质空间内。锯齿形的建筑截面为凹形的机械屋顶和绿色屋顶提供了天然位置（带孔的金属挡风玻璃隐藏起来从外面看不到）。

中庭由办公室、绿色外部空间、会议室、培训室和一个咖啡厅环绕，作为社会空间为游客和员工提供服务。大楼梯同时又兼为早聚者的非正式圆形剧场。

三个大工作区上方有20个折叠门，夏天这些门可以全天向左打开来创造一个浑然一体的室内外工作空间，悬吊的镀锌钢丝天花板可以阻止鸟儿在里面筑巢。

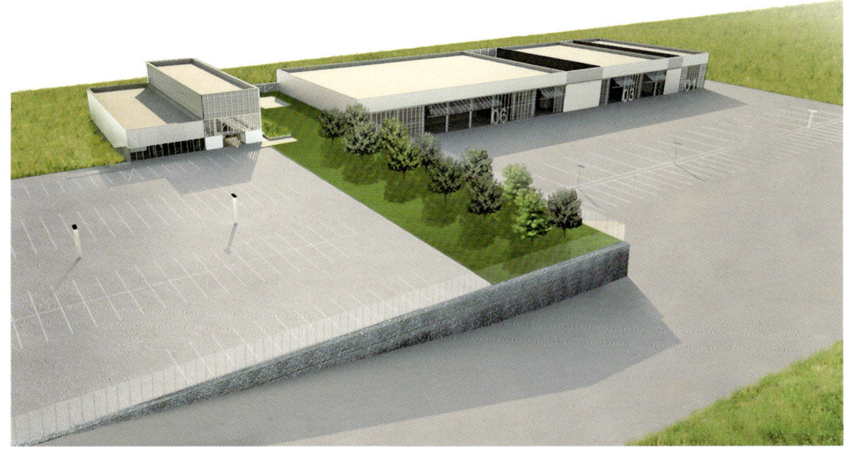

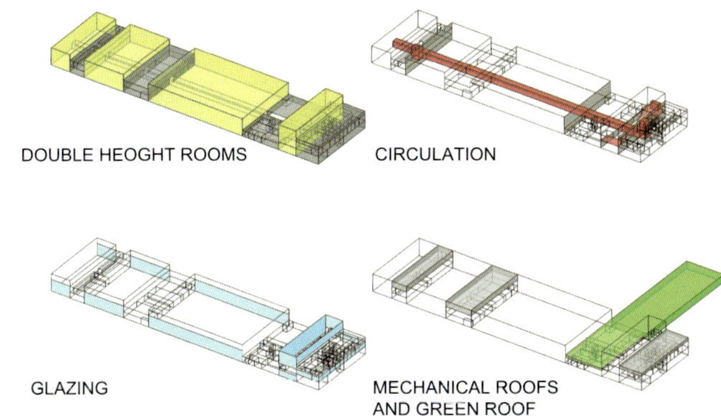

DOUBLE HEOGHT ROOMS
CIRCULATION
GLAZING
MECHANICAL ROOFS
AND GREEN ROOF

02
04

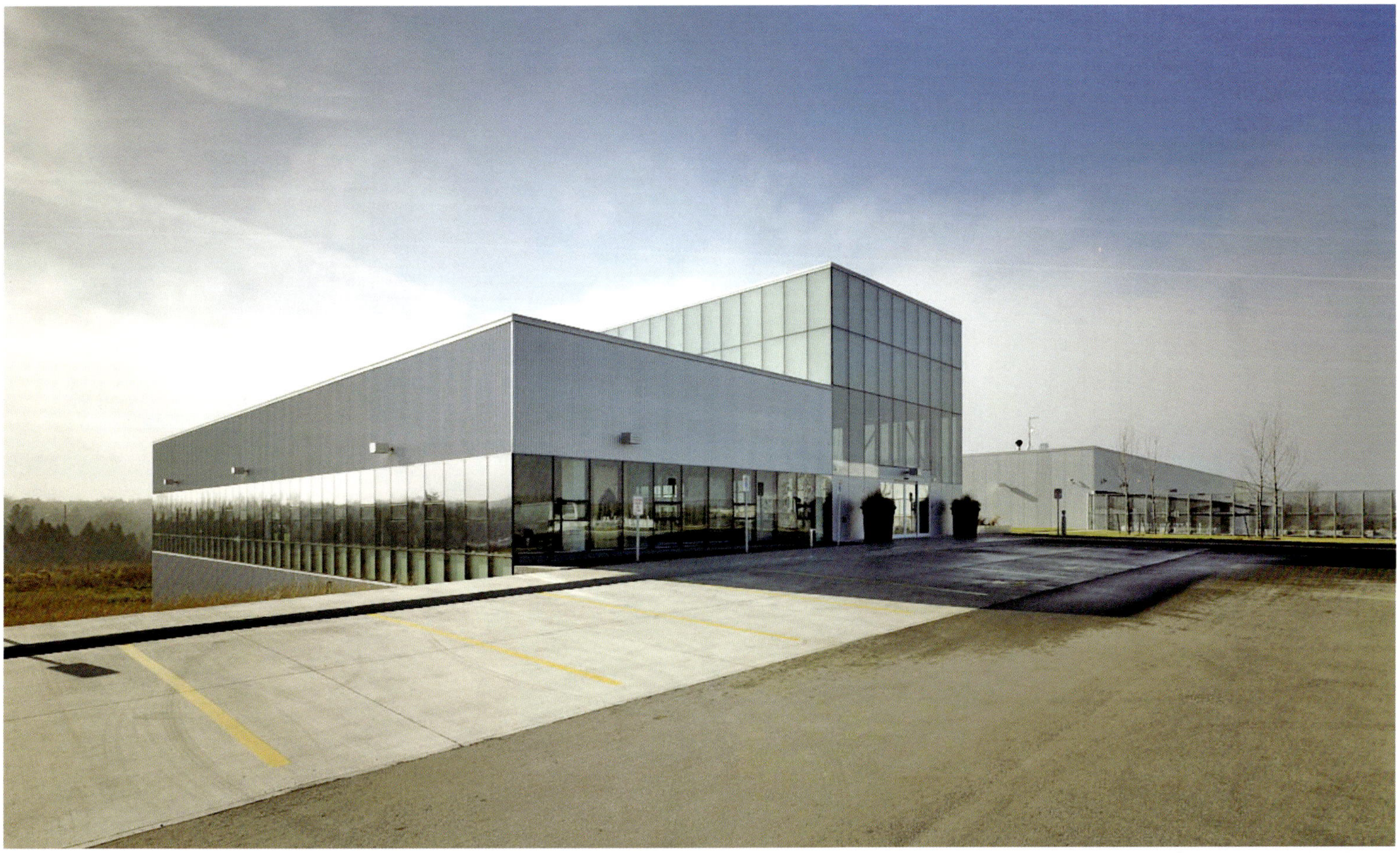

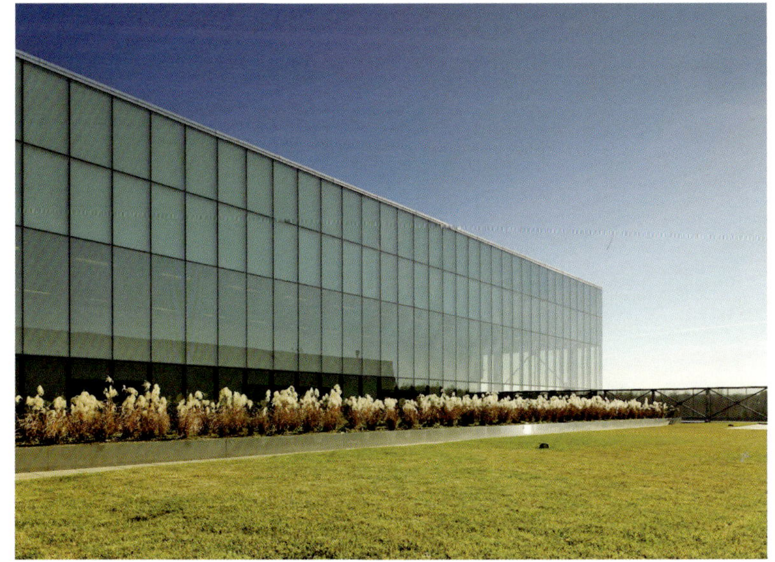

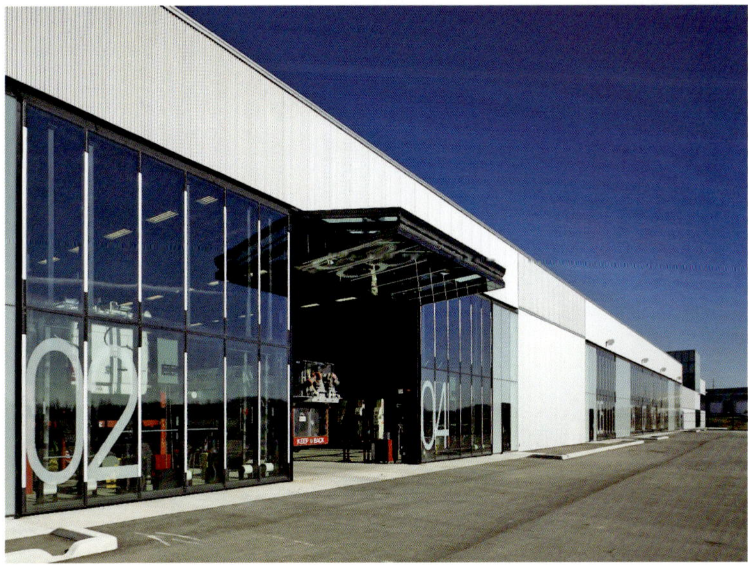

Green Strategies

01 Reflective Membrane Roof
02 Intensive Green Roof
03 Underground Stormwater Collection For Irrigation
04 Stormwater Retention Area
05 Geothermal Heating And Cooling
06 Future Wind Turbine
07 Naturalized Vegetation
08 Solar Hot Water Heating Array
09 Daylit Workspace

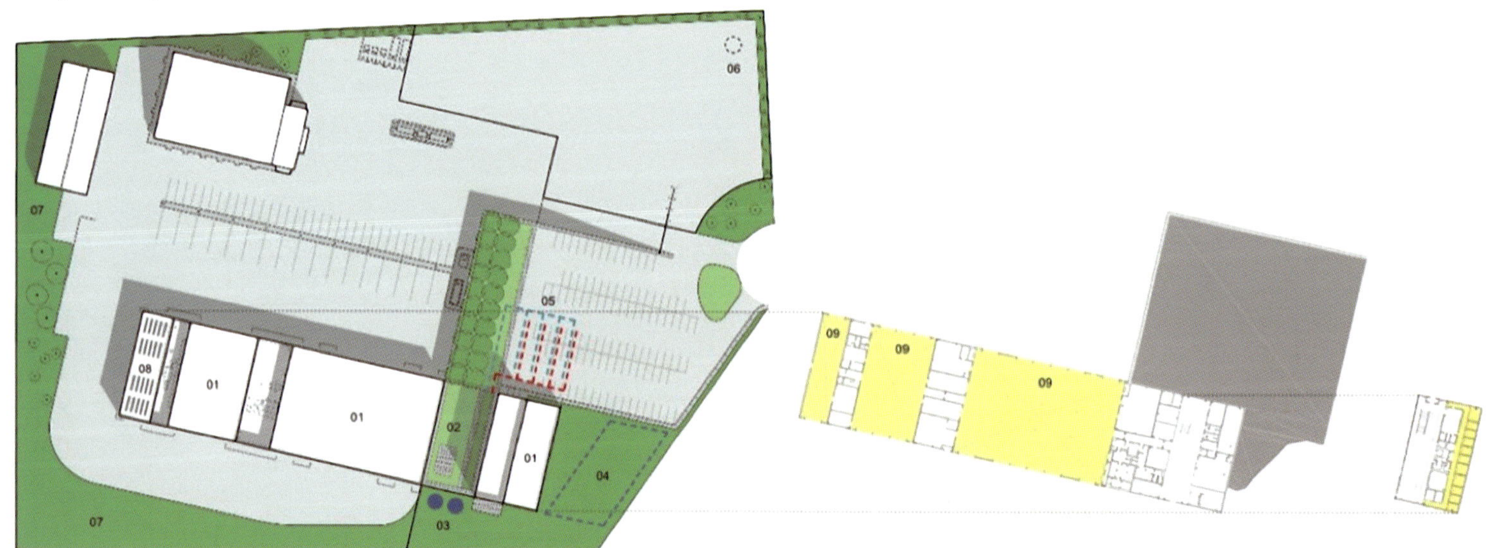

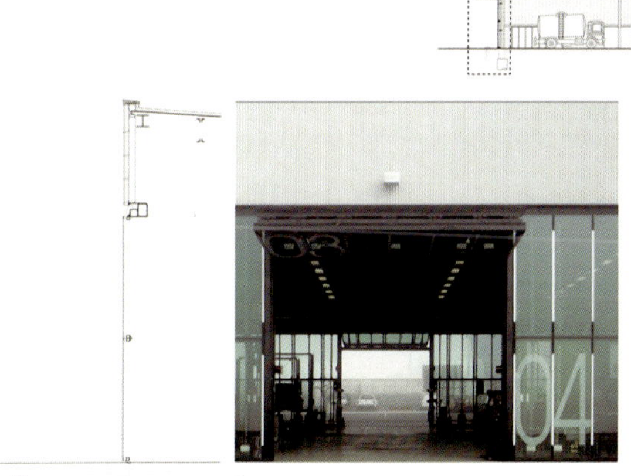

01 Section through typical fleet bay
02 Typical O/H door section
03 Overhead door elevation

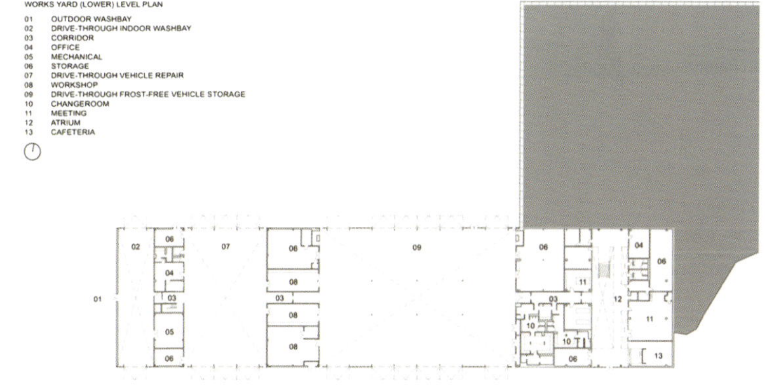

WORKS YARD (LOWER) LEVEL PLAN

01 OUTDOOR WASHBAY
02 DRIVE-THROUGH INDOOR WASHBAY
03 CORRIDOR
04 OFFICE
05 MECHANICAL
06 STORAGE
07 DRIVE-THROUGH VEHICLE REPAIR
08 WORKSHOP
09 DRIVE-THROUGH FROST-FREE VEHICLE STORAGE
10 CHANGEROOM
11 MEETING
12 ATRIUM
13 CAFETERIA

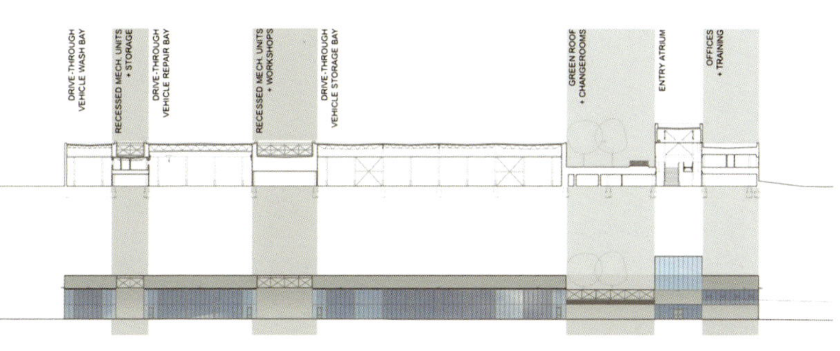

巴西Chapadão采石场

建筑设计：Decio Tozzi Arquitetura e Urbanismo

项目位置：巴西，圣保罗

景观设计：Rodolfo Geiser

项目面积：35000 m²

项目年份：2008

落基山在20世纪初是商业矿物开采的对象。

掠夺性的开采以一种让人震惊的功利性方式使山上的巨石被挖去，造成了规模可观的迂回空间。

小开采区有三面石墙，通过建造透明的钢结构屋顶、水泥阳台以及坡道这样简单的改造为这座城市构造了一个新音乐厅。

大开采区将被建造成一个开放的多功能空间，用于开展文化、运动及娱乐活动。

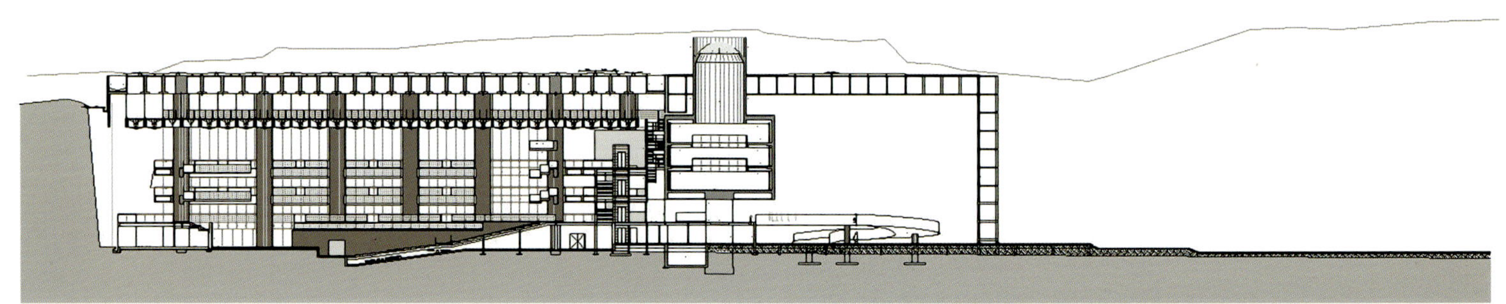

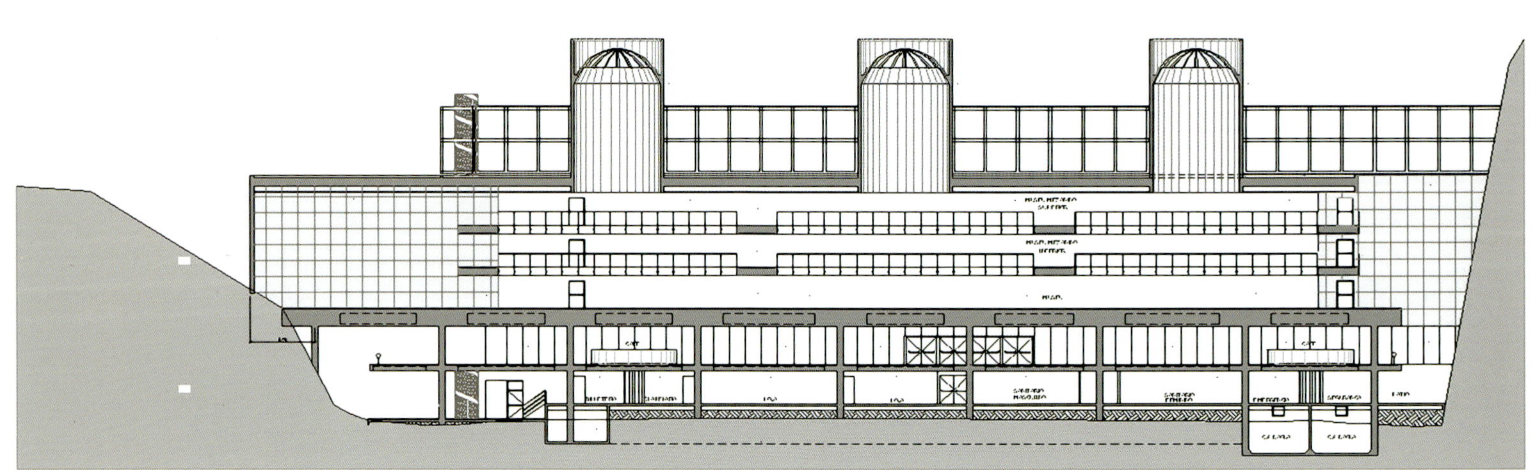

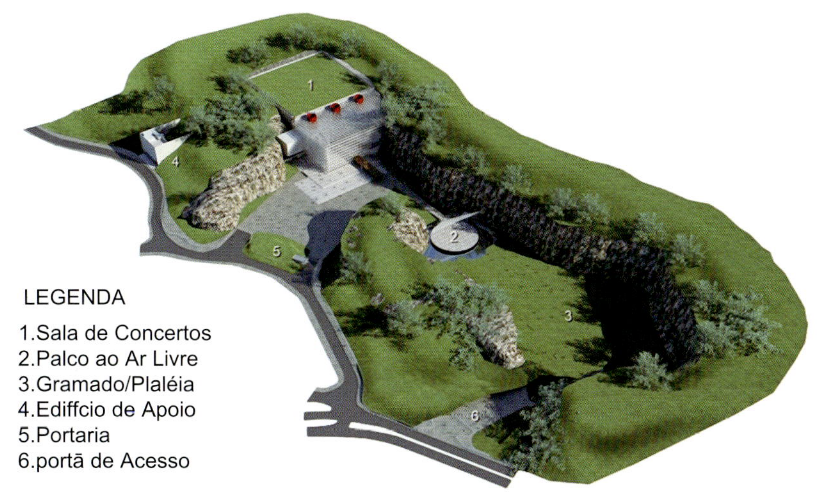
LEGENDA
1.Sala de Concertos
2.Palco ao Ar Livre
3.Gramado/Plaléia
4.Ediffcio de Apoio
5.Portaria
6.portā de Acesso
1
2
3
4
5
6

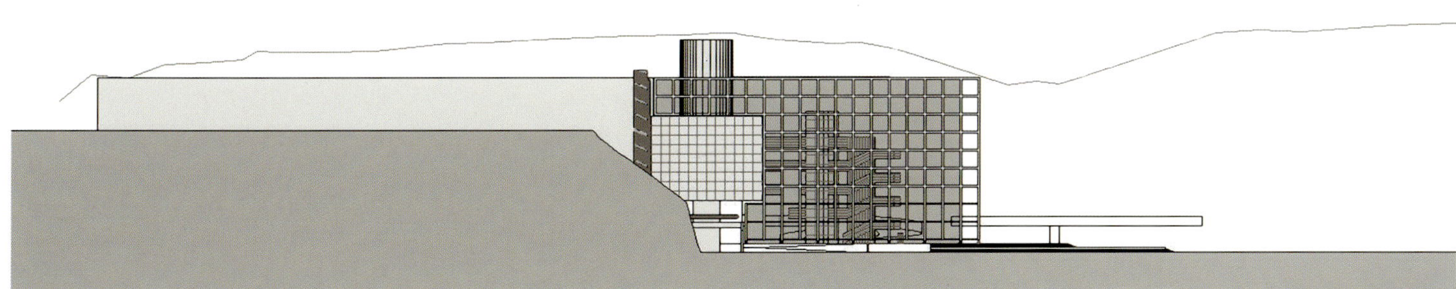

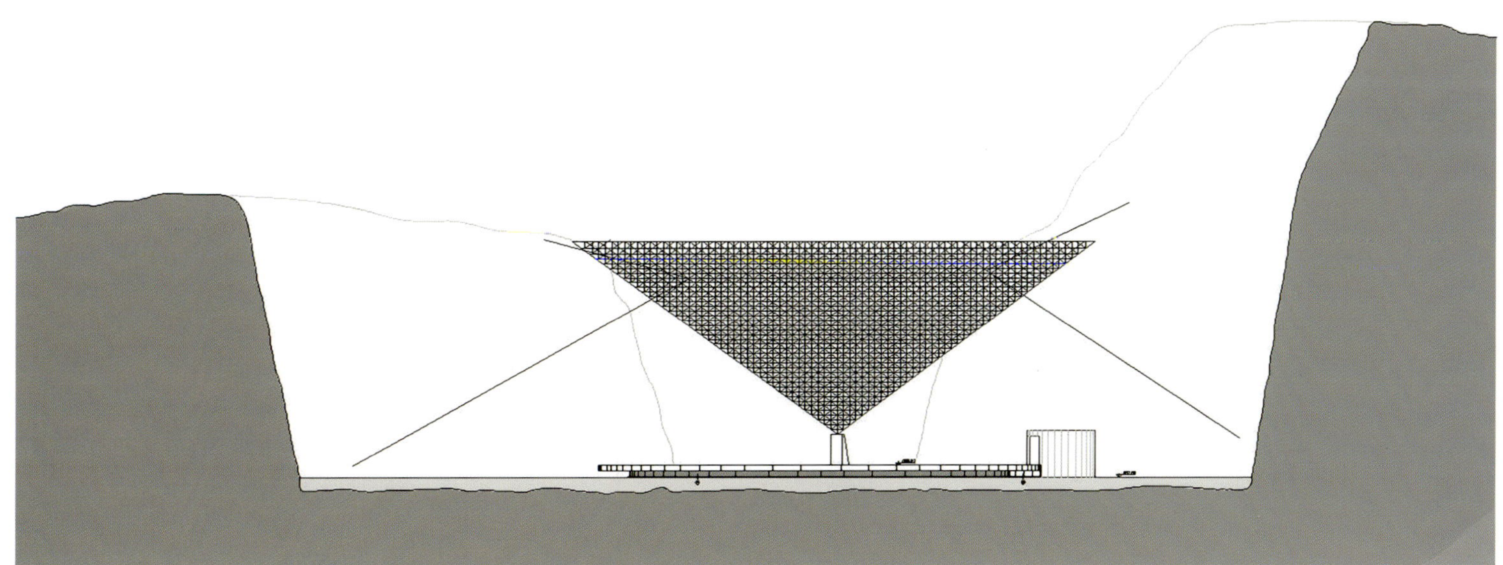

Seattle Children's

公共服务

新西兰维塔克里市民中心

建筑设计：Architectus，Athfield Architects

项目地点:新西兰，奥克兰

项目面积：13400 m²

项目年份：2006

图片摄影：Simon Devitt

新市民中心由Architectus和Athfield事务所设计，靠近北奥克兰铁路线，公民楼有三个主要的内容：会议厅、议员设施和办公室。管理楼有公共接待厅和开放式办公空间。管理楼是街道和火车站人流的入口。

建筑采用了广泛的措施以提高能源效率，如：防晒、保温、屋顶自然采光。精心挑选可持续和可再生的建筑材料。减少用水量，通过屋顶和园林绿化处理雨水，多余的水才排入公共下水道。

行政楼的一个连续5层的大楼梯为雇员们提供了交流的空间和场所。

会议厅的形状类似当地部落（毛利人）重要的人工制品——葫芦，以此反映了当地的传统文化。

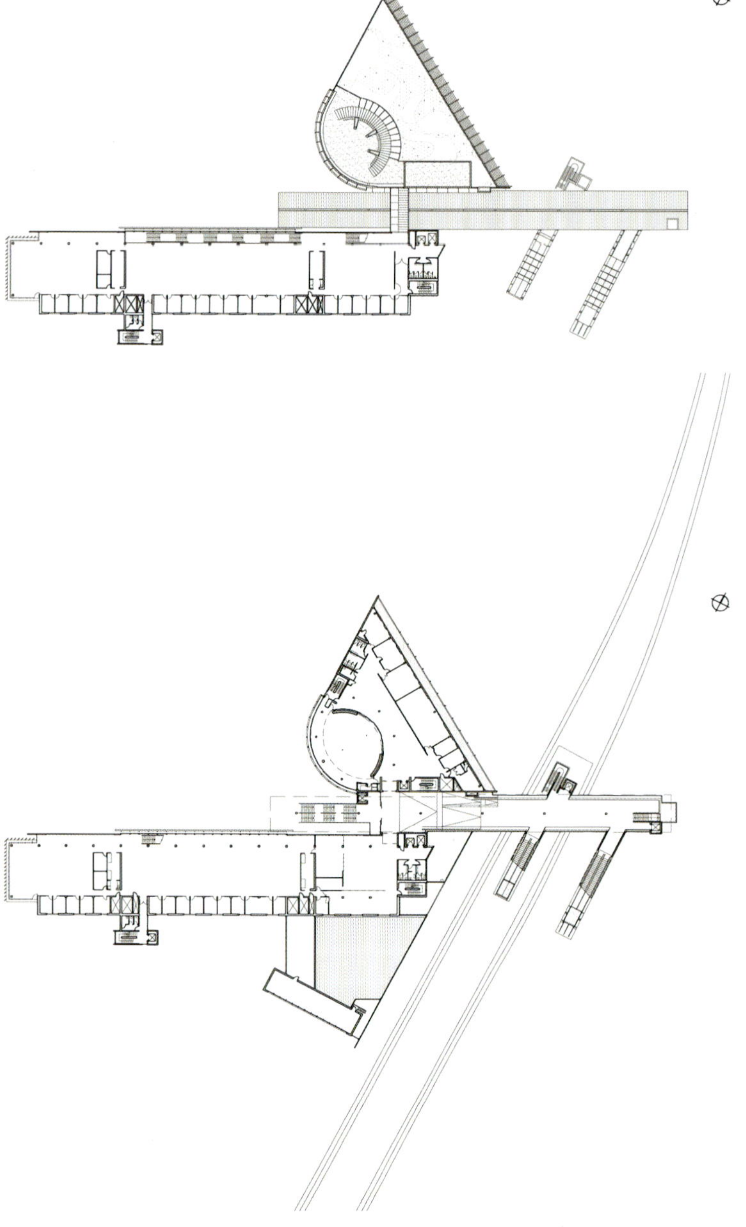

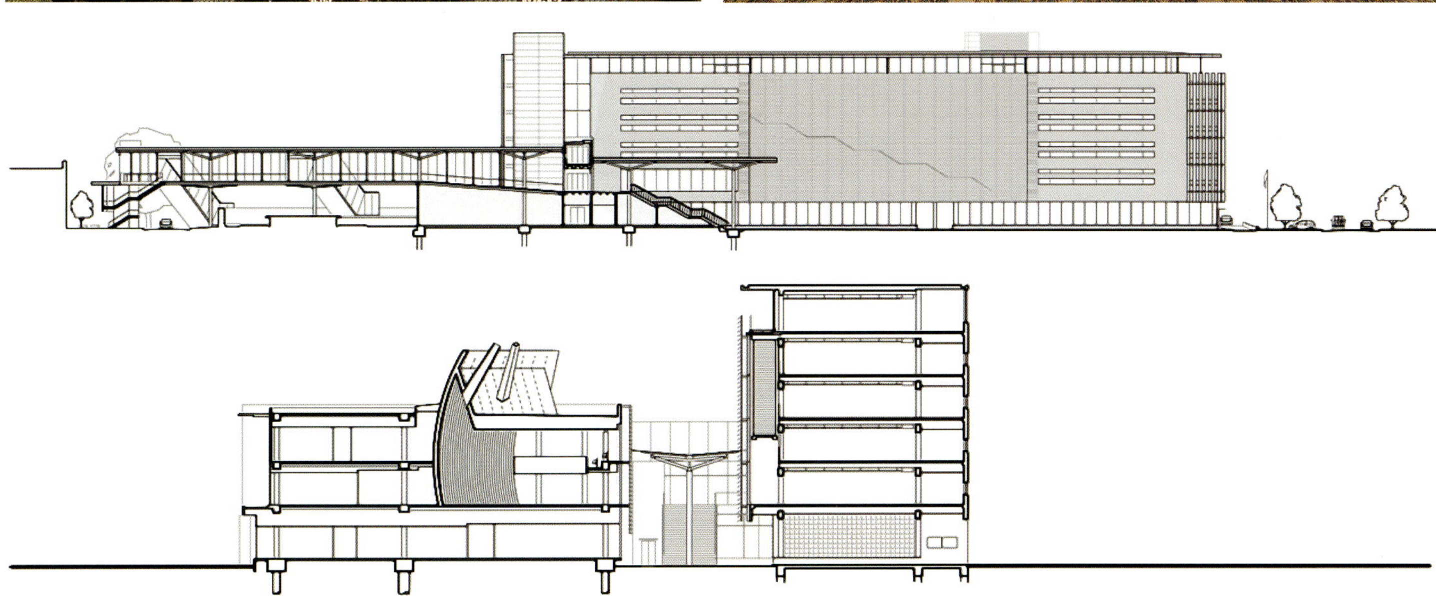

西班牙Ibaiondo市民中心

建筑设计：ACXT Arquitectos
项目位置：西班牙
项目面积：14200 m²
项目年份：2009
图片摄影：Josema Cutillas

IbaIbaiondo社区中心面积14200平方米，位于西班牙的Vitoria-Gasteiz，它将运动、休闲、社区办公室融合在一个建筑里。在保证室内宽敞、功能区域有序安排的前提下，建筑师将中心设计的比较开阔、开放，以吸引市民来这里，室外设计就能让人看出里面的功能：剧院、休闲和运动泳池、日光浴室、咖啡厅、室内运动中心、图书馆、工作室、市民服务委员会等等。

中心并没有使用复杂的幕墙，反而向人展示多元的室内空间，这也让自己看起来比较休闲舒适。也正是因为室内有很多不同功能的空间，中心的室外才能如此独特抢眼，尤其是混凝土幕墙和朝向各个方向的凹槽能反射出各种色彩的光线，非常漂亮。室内设计是严格根据竞标时期当地委员会技术小组制定的功能标准进行布局的。运动空间（游泳池和室内运动中心）位于建筑的北面，它是根据笛卡儿几何学确定几个空间的大小和规模的。其他的区域位于南侧，这一面的几个不规则空间朝向住宅区。其他功能空间沿着走廊布置，走廊将不同的功能空间连接了起来。通过走廊的玻璃窗，过往的行人能看到里面的活动，好像一个展窗一样。

建筑内的能源可持续设计也达到了很高的标准，保证了高效率的保温效果和设备的高效运行。另外，大约700平方米太阳能集热器能为游泳池的水和建筑里面用水加热。此设计预计能减少1,900吨的二氧化碳排放。

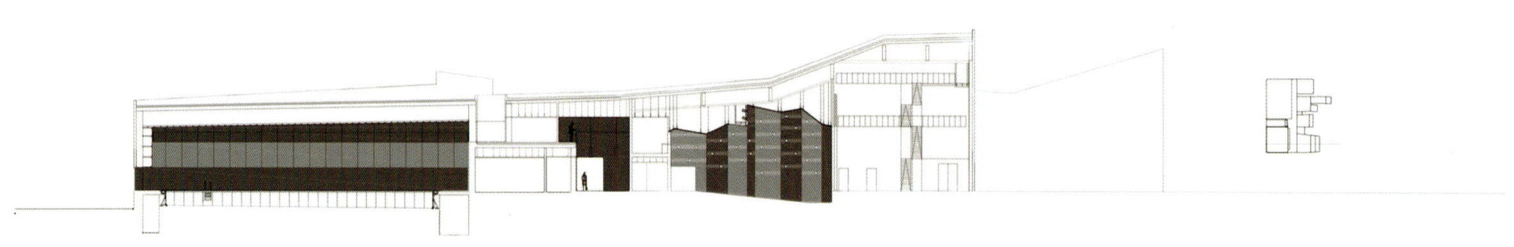

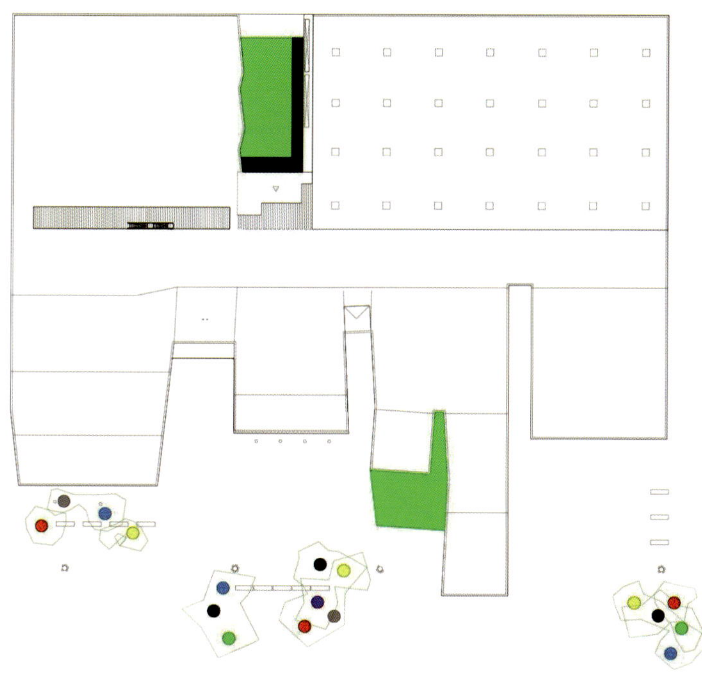

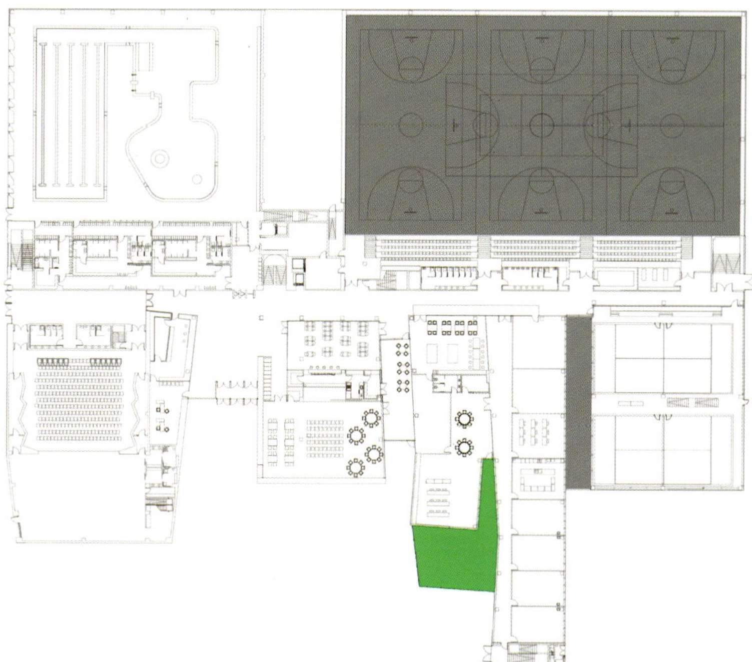

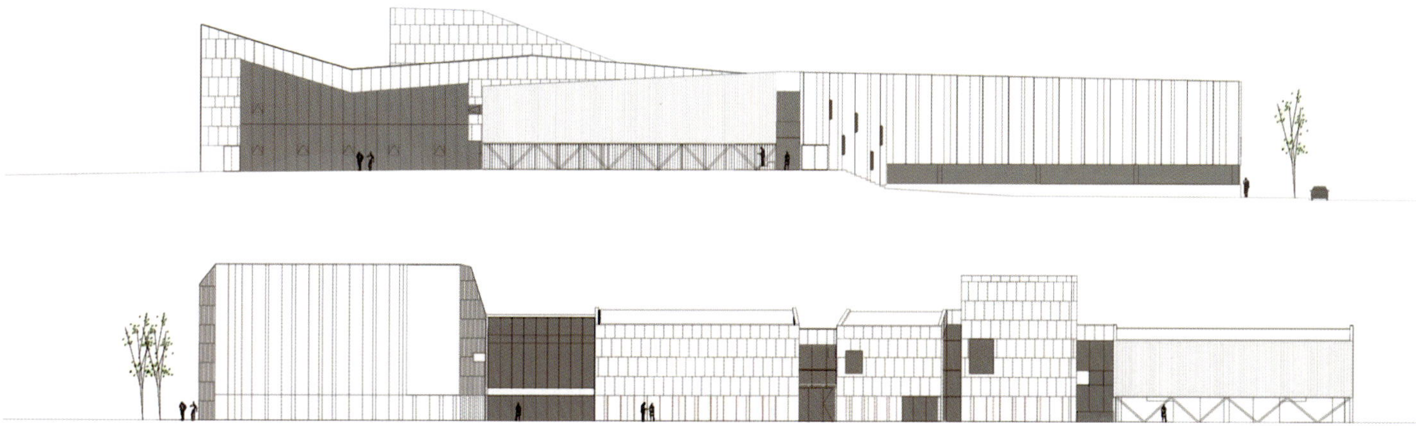

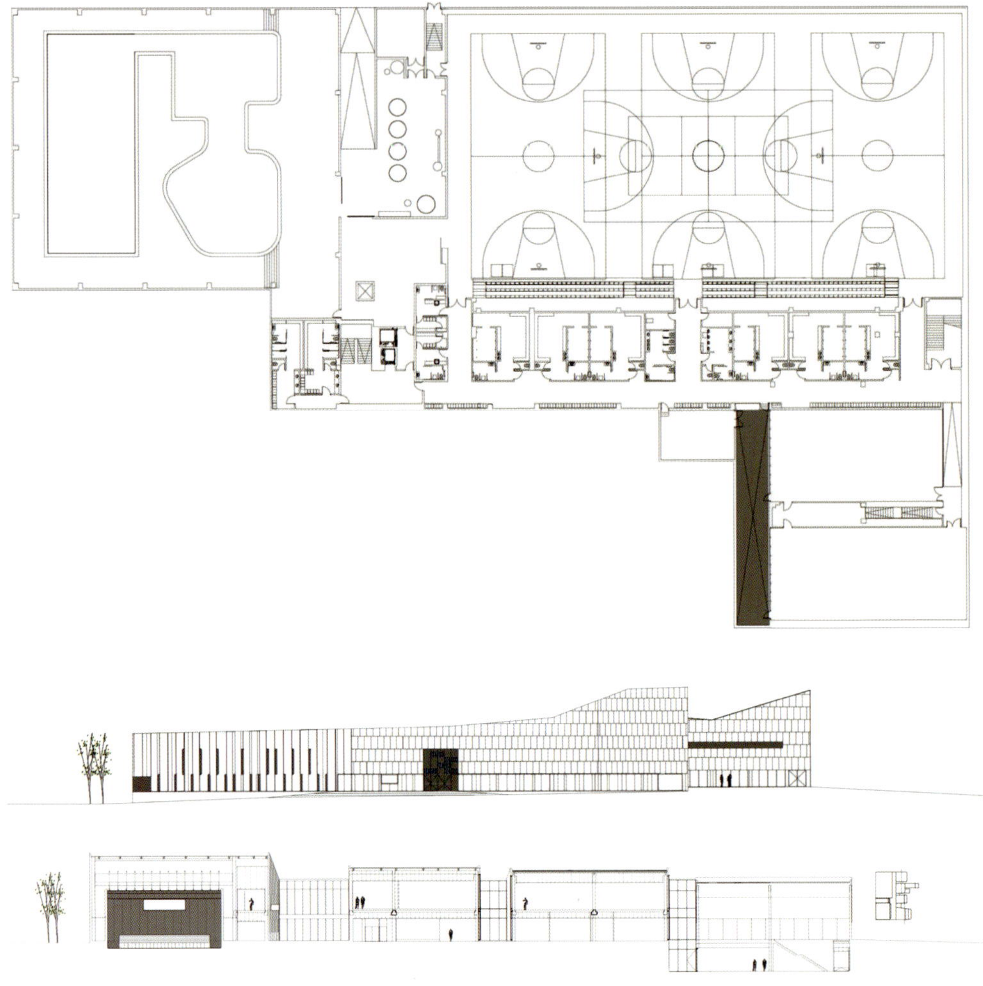

法国L'arbrisseau社区中心

建筑设计：Colboc Franzen & Associes

建造地点：法国，里尔

项目年份：2011

图片摄影：Paul Raftery

这座建筑是由Colboc Franzen & Associés建造完成的。建筑铝制的弯管形成一个螺旋形的结构，围绕中部的玻璃中厅。四层楼的每一层都通过一个外部楼梯与景观和梯田式结构相连。游客们可以顺着楼梯爬到这个位于里尔的螺旋形社区中心的屋顶。社区的下面三层包含有适合各年龄段的人们使用的设施，最上面一层则是员工办公室和宿舍。

尽管建筑从外观来看不是很整齐，但却是由市政府和当地民众共同设计完成。该中心的使用者提出各种不同的新创意，这些都被包含在最终的成品当中。

这个社区中心位于里尔南部，这里历经多年的经济萧条正步入重新发展之道，因此市政府希望建造一座“雄伟”和“高品质”的建筑。

建筑围绕中央中庭设计了一个螺旋形结构，这样的结构使它没有固定在一个方向上，而是可以朝着每一个人。螺旋形楼梯环绕建筑外部在每个楼层都设置了一个阳台，都有一个楼梯与此相连。一个连接所有楼层的中庭成为建筑核心，其结构就像树木一样，用户可以轻松到达户外活动区展开活动。未经装饰的铝板覆盖建筑立面突出对建筑立面进行标准化设计的理念，同时为建筑增加了一份吸引力。建筑利用自然光照，经太阳光照集中起来，形成一个极具魅力的整体。这座建筑共四层高，底部三层包含了适合于各个年龄段人们使用的设施，包括一楼的母婴喂养室、二楼供6～12岁孩子使用的阅览室和三楼供成人使用的多功能厅，可用于举办婚礼和公私聚会，顶层则是员工办公室和宿舍。

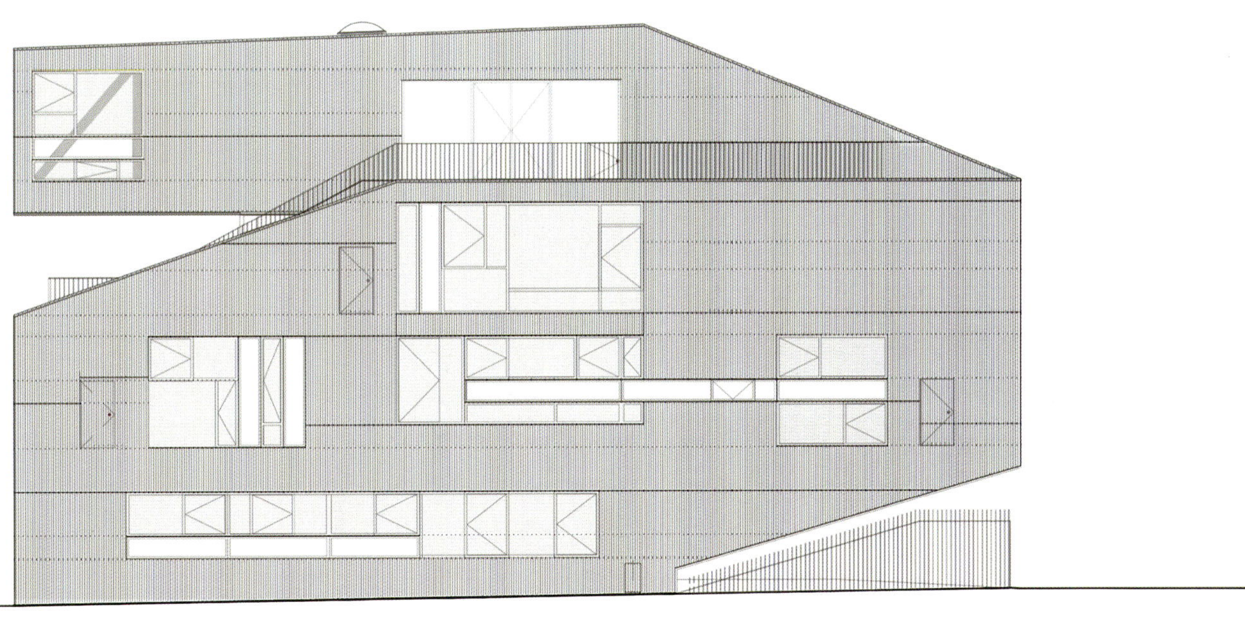

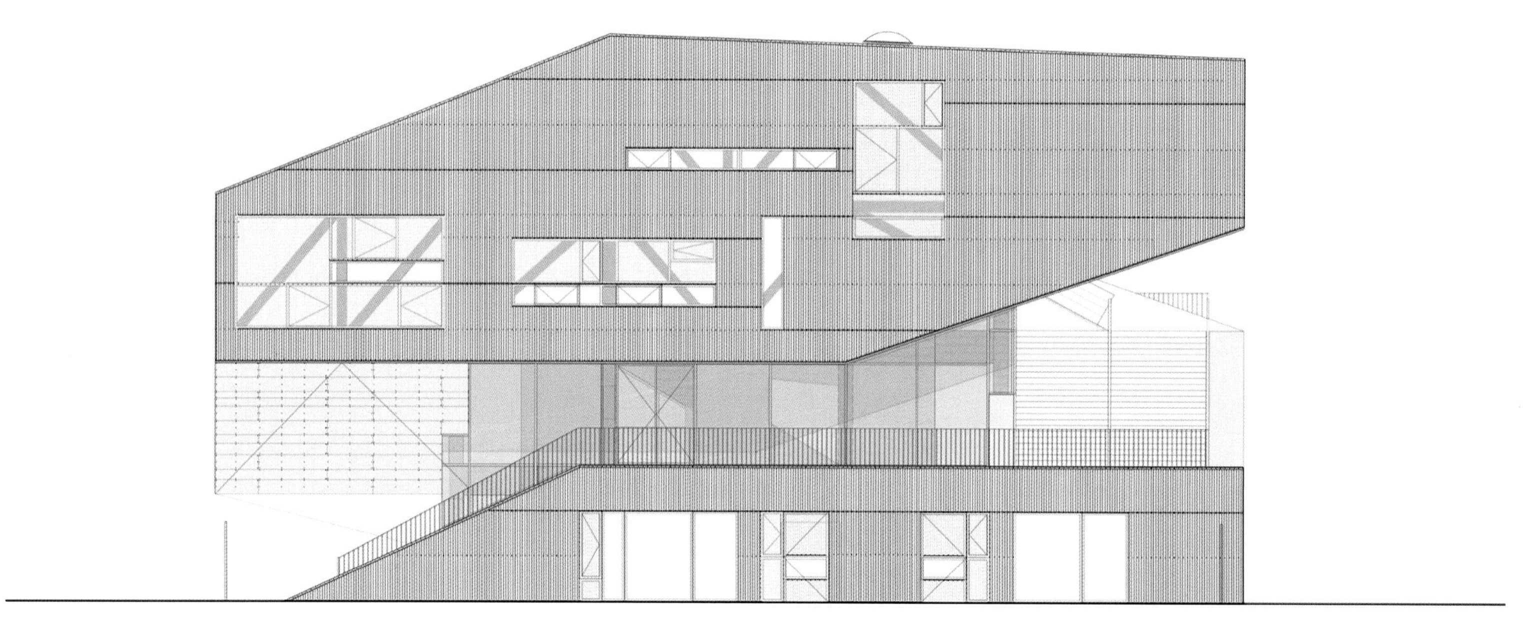

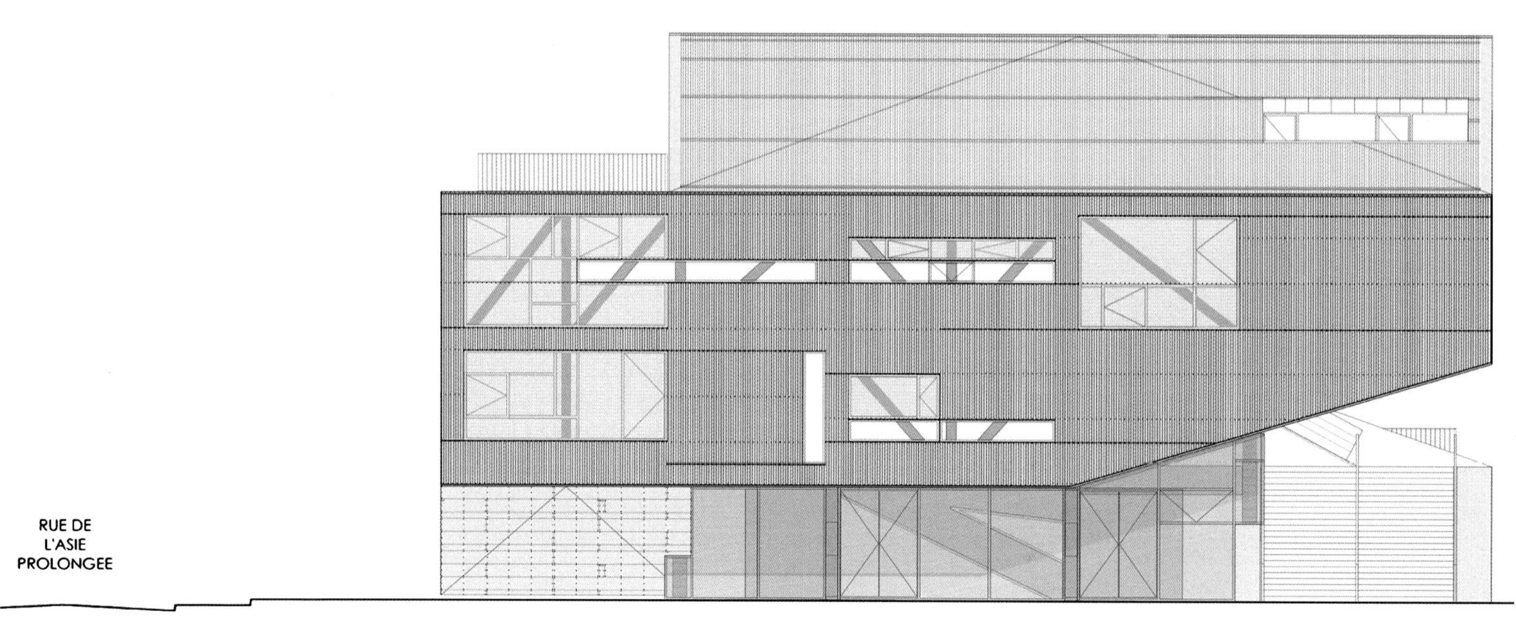
RUE DE
L'ASIE
PROLONGEE

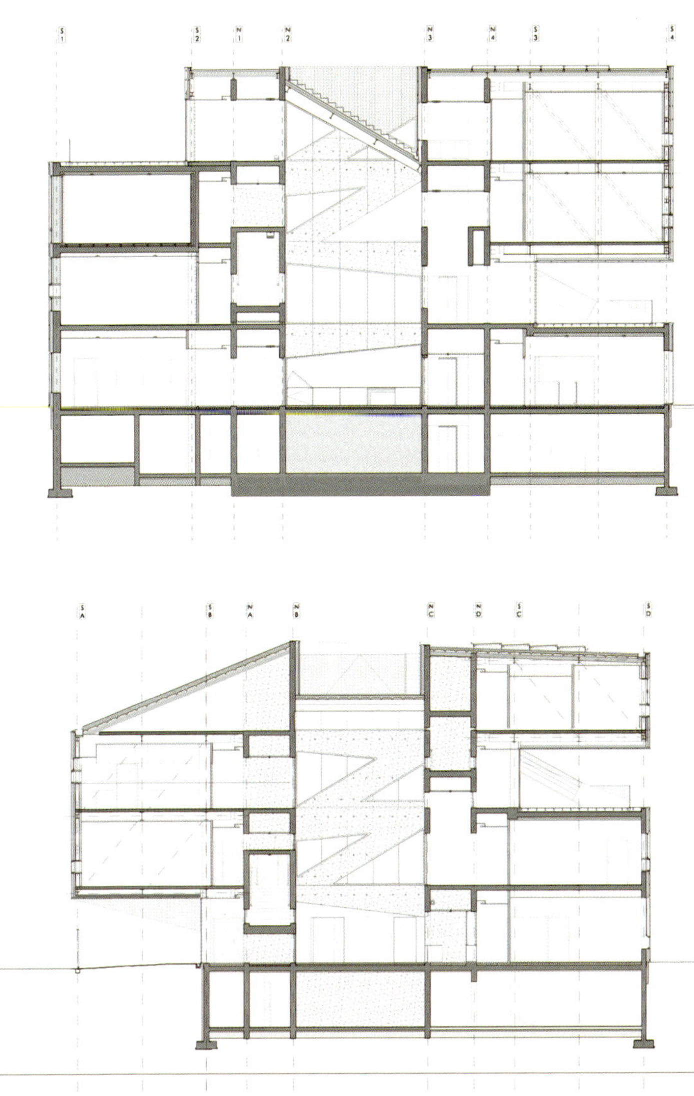

斯洛伐克Hodoš老年中心

建筑设计：Ravnikar Potokar

项目位置：斯洛伐克，Hodoš

项目面积：2473 m²

项目年份：2010

图片摄影：Miran Kambič

Hodoš老年中心位于Hodoš镇子的中心，连同学校、政府大楼一起形成社区活动系统，除了普通的为老人准备的房间，它还包括为其他人准备的公共空间。设计呈现出清晰的L形体量，首层是红砖色，与周围红色的屋顶相得益彰，营造出现代的气氛。

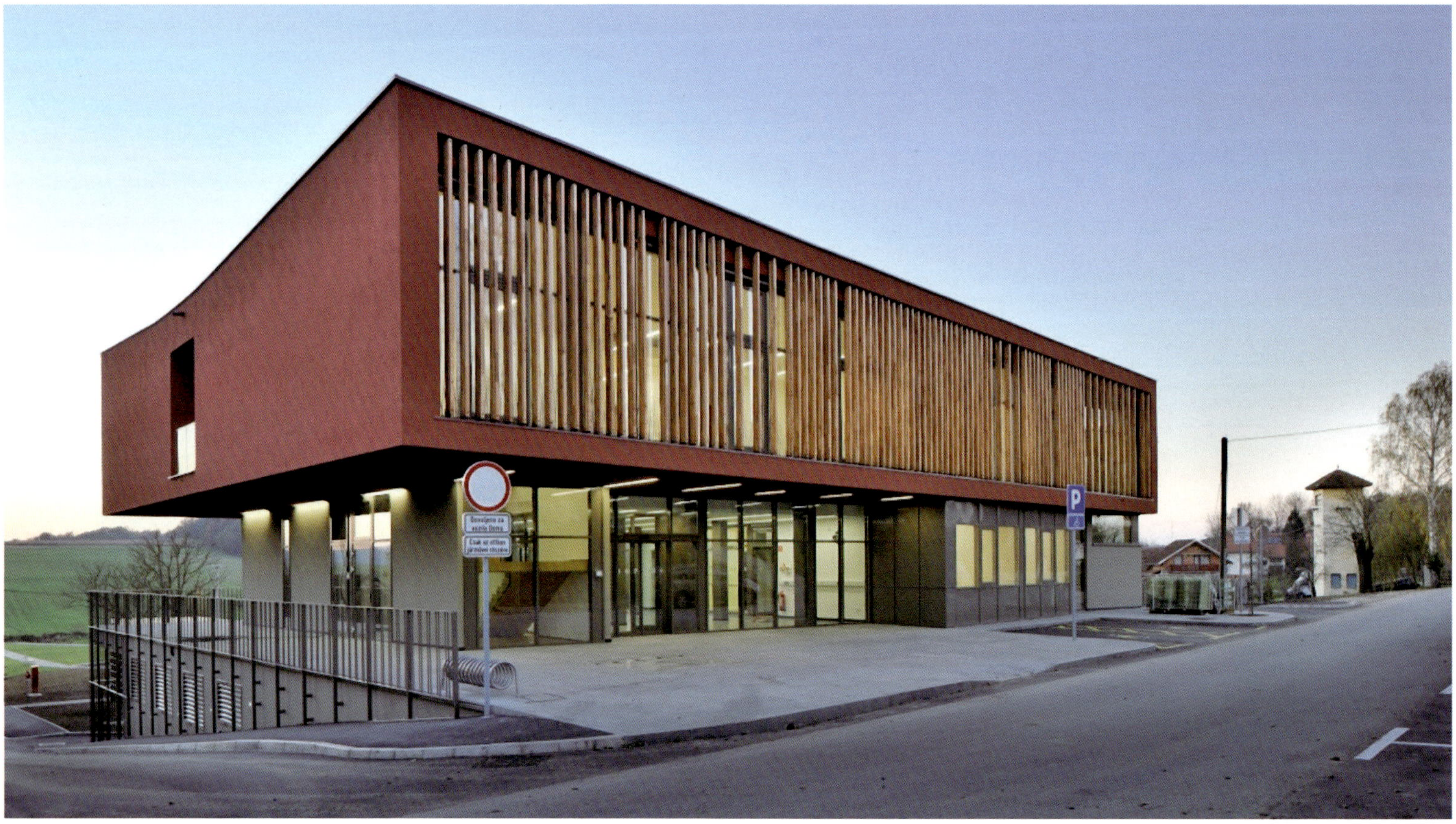

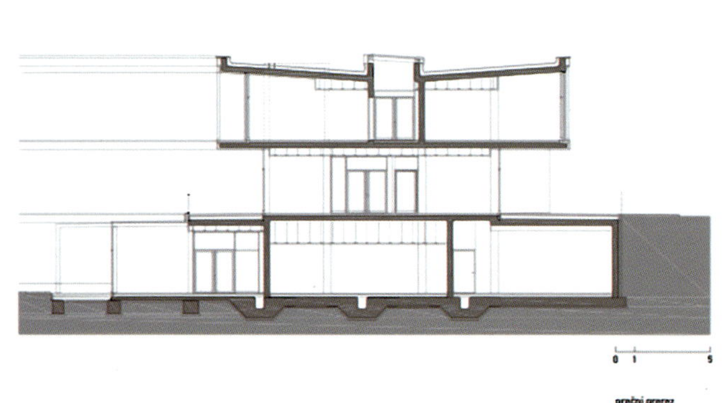

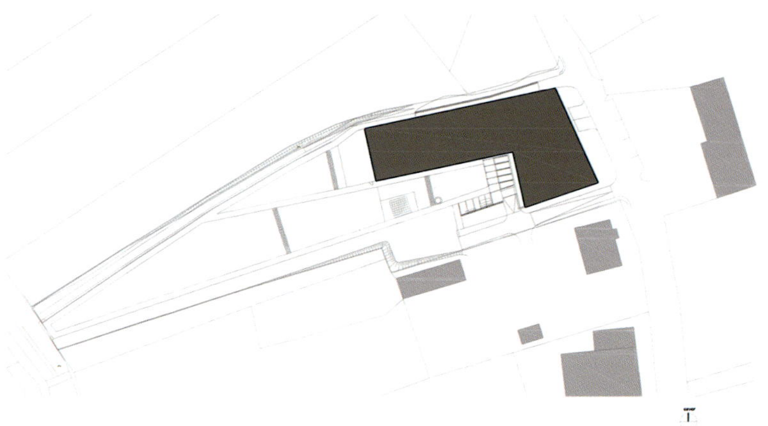

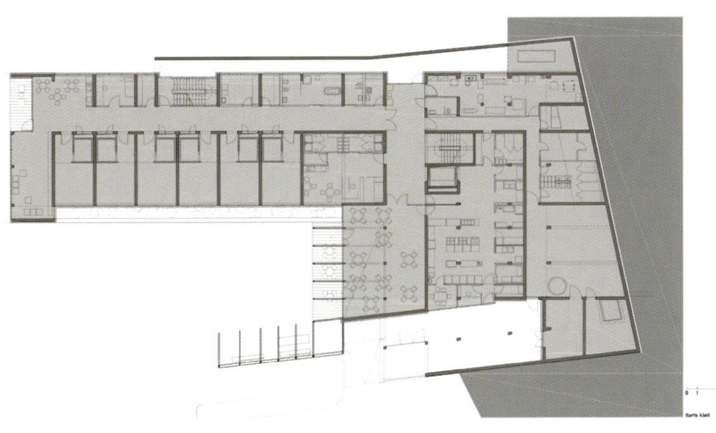

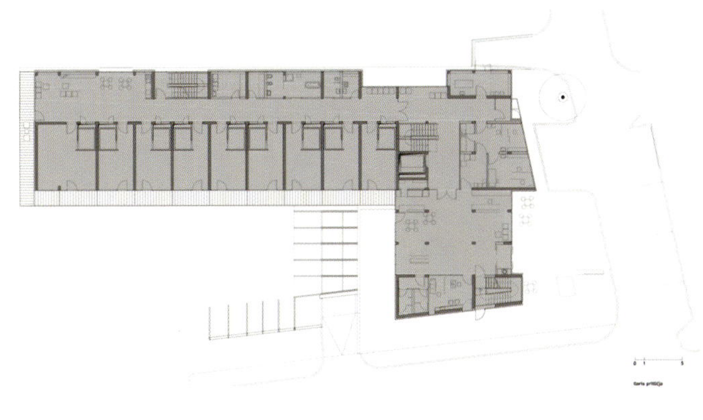

法国自由时光公共空间

建筑设计：Gaetan Le Penhuel Architectes

项目位置：法国

项目年份：2009

图片摄影：Hervé Abbadie, David Cousin-Marsy

这是一个公共空间，包含众多的项目元素，其中有固定的空间、图书馆、大礼堂等，也有其他的临时性空间，包含办公室、玩具图书馆、工作室和训练空间等。项目是想通过外部形象充分表达室内的复杂性，所以从街道交叉口看去，它呈现出新的城市逻辑。

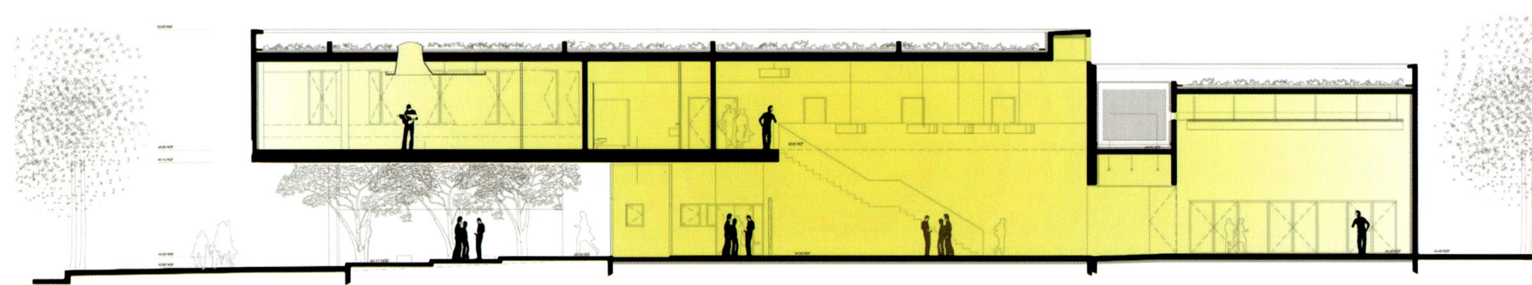

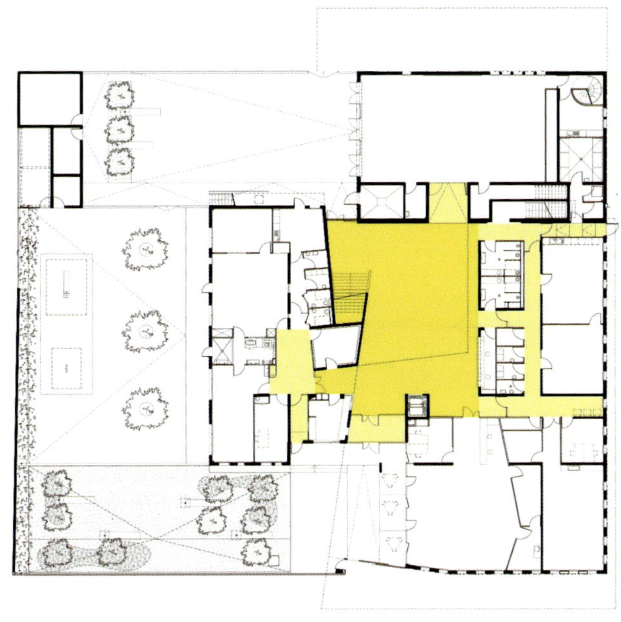

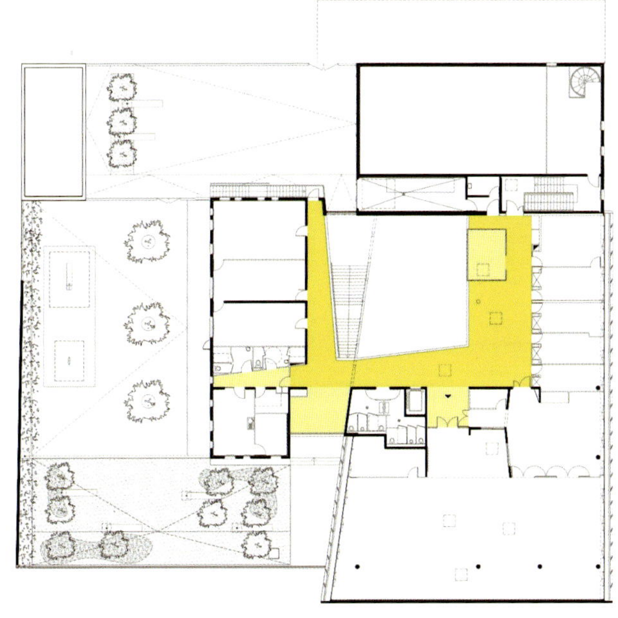

MAISON DU TEMPS LIBRE

亚利桑那州凤凰城里奥·萨拉多奥杜邦中心

建筑设计：韦德尔·吉尔摩·布莱克罗克工作室

项目地点：美国亚利桑那州，凤凰城，3131南中央大街

项目面积：8000 sqft

项目年份：2009

图片摄影：Bill Timmerman, Chris Brown

里奥·萨拉多奥杜邦中心位于滨水环境保护区中心，沿着里奥萨拉多河道分布，这个环境保护区曾将一道城市伤疤改为一个生态结构丰富的滨水区。这个研究中心的任务在于恢复和保护鸟类生态系统，设计以当地的景观作为依托，成功打造有利于鸟类栖息的环境，并获得了凤凰城第一个LEED白金认证。

景观设计的目标是让游客置身于天然的景观环境中，该中心景观背景是历史上发现的沿着盐河走廊生长的本地植物，分为多个栖息地带，该地达到了环境要求，并帮助游客认识不同河流生境的区别。

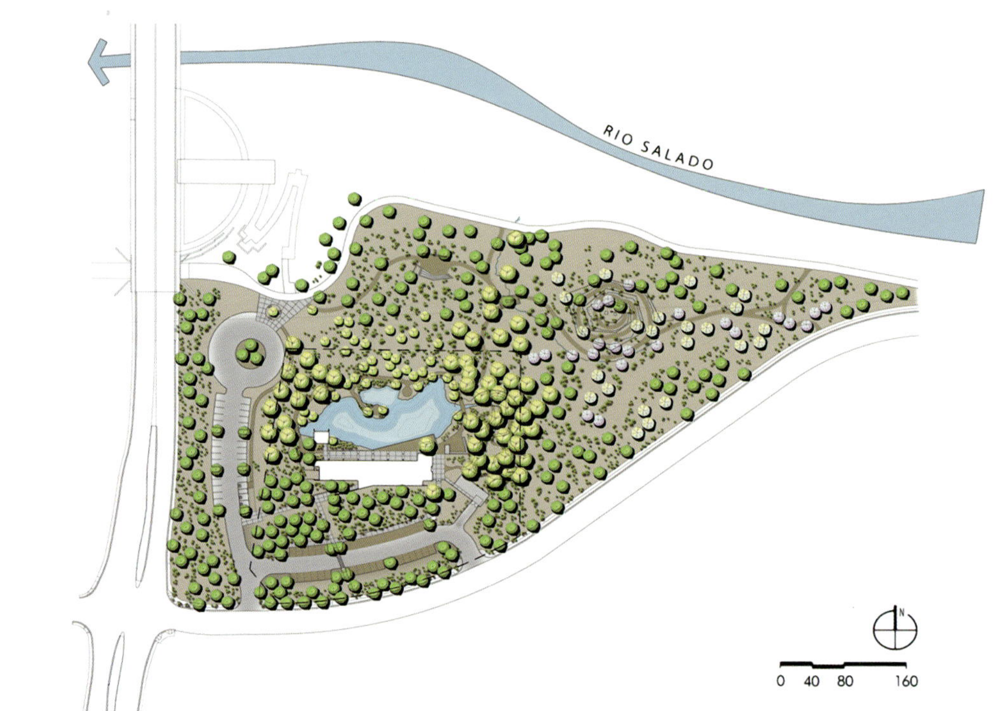

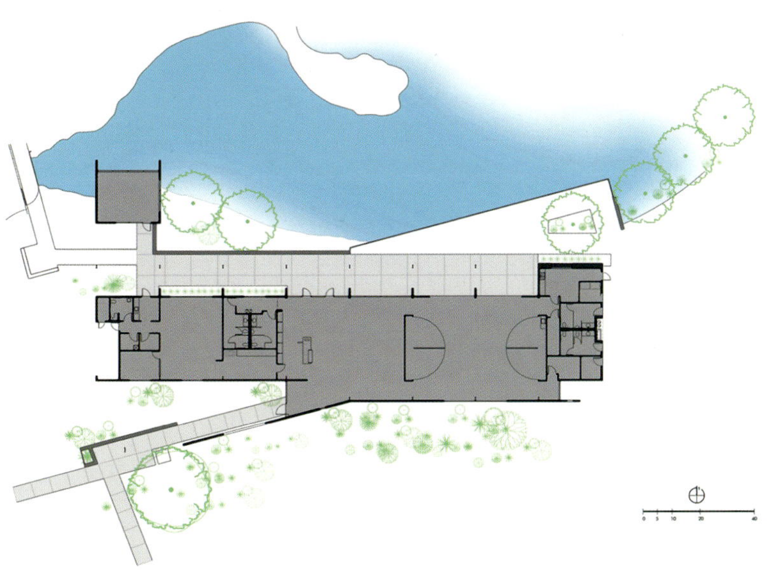

西班牙巴伦西亚国家心理康复中心

建筑设计：Peñín Architects ,Alberto Peñín Llobell,Pablo Peñín Llobell,
Alberto Peñín Ibáñez

项目位置：西班牙，巴伦西亚

项目面积：12362 m²

项目年份：2010

图片摄影：Diego Opazo

场地的城市条件是设计的基础，并最终形成一个相对独立的城市系统，它有着严格的北部朝向，同时使建筑免受噪音和直接视角的影响。建筑的紧凑性通过它的多孔性、光亮感和室内的流畅感展示出来。中心的研究和学术性特征通过严谨的结构系统，度量和材料的精准展示出来。这个建筑为人们提供不同的服务，包括一个为二十人准备的理疗区、一个研究实验室、教室、管理办公室和大礼堂。

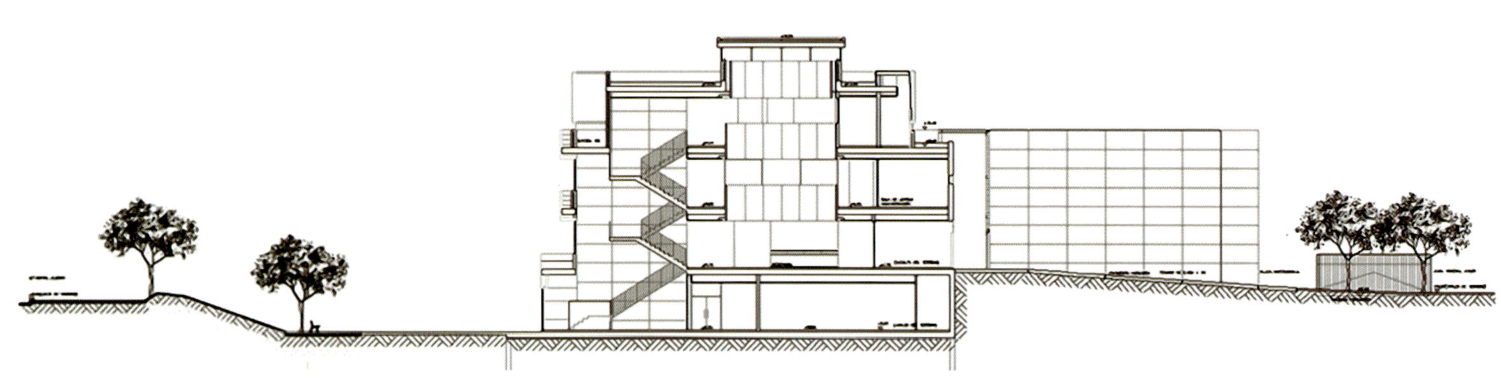

韩国釜山落东江畔生态中心

建筑设计：Atelier Tekuto
项目位置：韩国，釜山
图片摄影：Courtesy of Atelier Tekuto

洛东江河口生态中心位于釜山市沙下区的世界知名候鸟公园“乙淑岛候鸟公园”内，是一个展示、学习及体验自然生态的绝佳空间。建筑一共分三层，一楼是综合咨询室、教育室、资源服务室、管理室；二楼为展示厅、体验区、探鸟台、迷你图书馆；三楼则为多功能放映室。洛东江河口生态中心为游客准备了丰富多彩的体验活动，如昆虫植物的观察、鸟巢制作、雕刻木工艺术品、观察鸟类以及鸟的羽翼和蛋的教育体验活动等。洛东江河口生态中心所在的乙淑岛候鸟公园内，有野餐场、探访路、观鸟区、花园、树林带、户外学习场等多种设施，供游人休息。

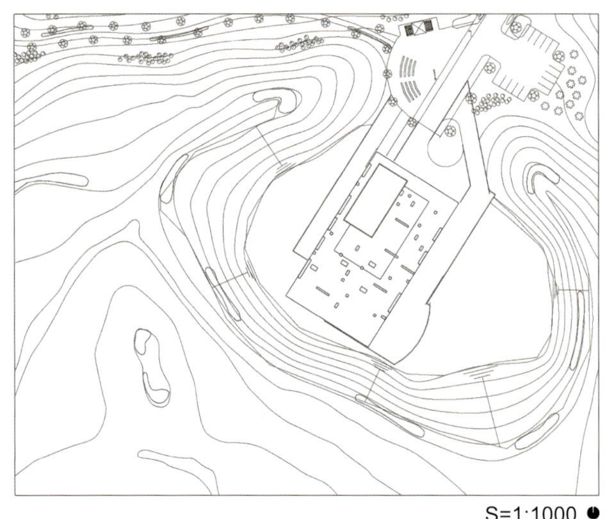

S=1:1000
Site Plan

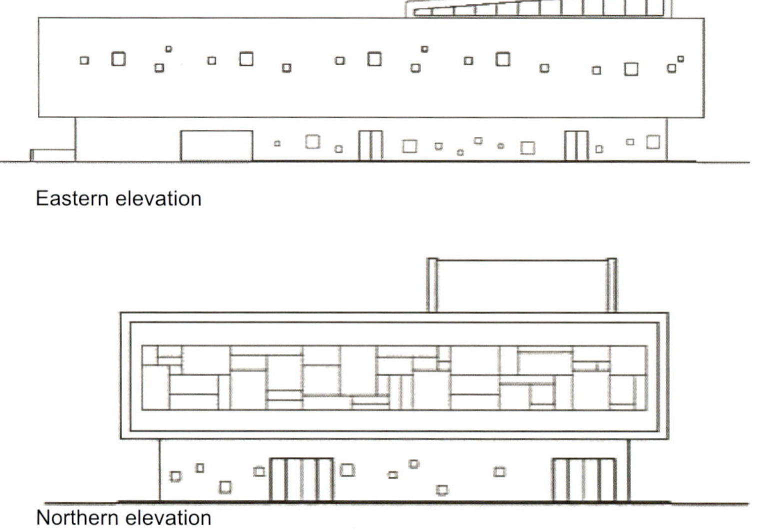

Eastern elevation

Northern elevation

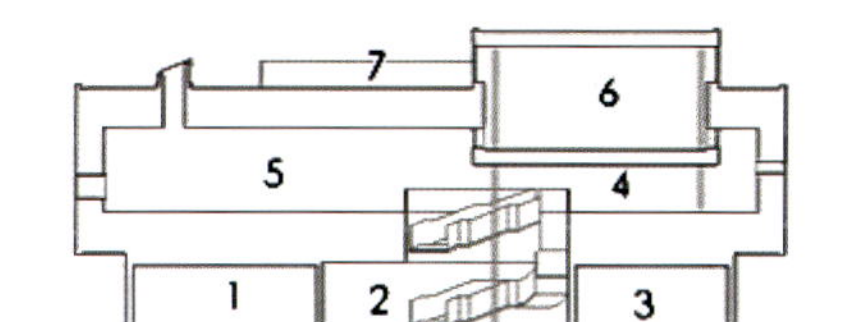

Narrow side Section

1 Civil Activity Room
2 Hall
3 Office room
4 Exhibition Space 1
5 Exhibition Space 2
6 Theater
7 Observation Terrace

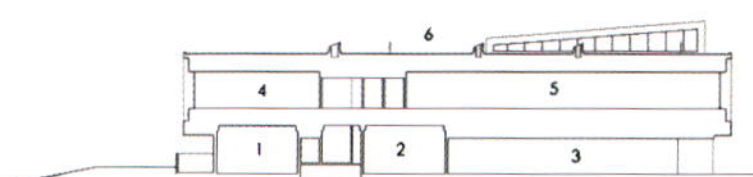

Long side Section

1 Electric Machine Room
2 Strage
3 Hall
4 Exhibition Space 3
5 Exhibition Space 2
6 Observation Terrace

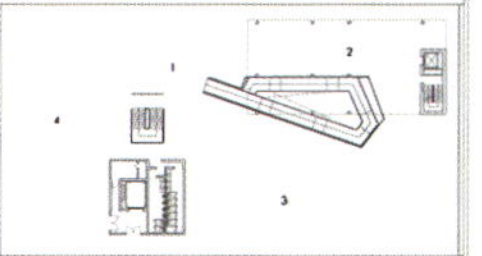

1 Hall
2 Exhibition Space 1
3 Exhibition Space 2
4 Exhibition Space 3

2nd Floor Plan

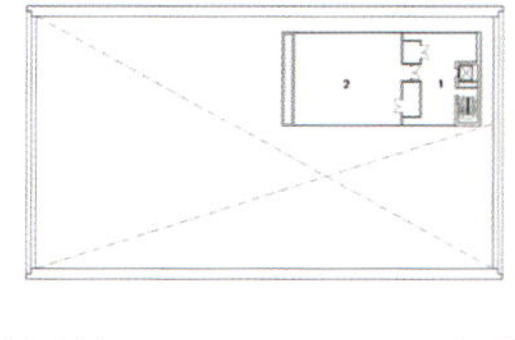

1 Foyer
2 Thealer

3rd Floor Plan

1 Entrance Hall
2 Lobby
3 Cicil Activity Room
4 Curator's Office
5 Strage
6 Eletric Machine Room
7 Equipment
8 Hall
9 Office room

1st Floor plan

比利时OostCampus公共服务中心

建筑设计：Carlos Arroyo

建筑地点：比利时，奥斯特卡姆普

设计团队：David Berkvens, Carmina Casajuana, Irene Castrillo, Miguel Paredes, Benjamin Verhees, Pieter Van Den Berge, Luis Salinas, Sara Miguelez, Sarah Schouppe

建筑面积：11000 m²

项目年份：2012

图片摄影：Miguel de Guzmán

OostCampus公共服务中心位于比利时布鲁日郊区地带，周围河道环绕、绿树成荫，可谓环境宜人。该地区散布着弗莱芒富商建造的历史城堡，并设有工业园，里面有西门子、泰科电气、EADS航空等高端科技公司。

2008年，弗莱芒政府建筑协会宣布开展一项国际竞赛，召集建设OostCampus社会服务中心的方案，最终来自西班牙马德里的一家设计公司脱颖而出，他们的方案重新利用了原有的建筑，包括地基、地板、支撑结构、外层、保温层、防水层以及所有可恢复使用的设备——电站、供暖设备、水管、消防水龙带、下水道，甚至包括停车区、栅栏和入口。

对现有设备的重新使用是可持续概念的基本原则。通常，“灰色能源”（制造过程中耗费的能源）都被轻易丢弃或者受到忽视。但如果将现有结构拆毁并重新建造，那么需要耗费的能源要比最节能建筑整个使用寿命阶段所能节省的能源都要多。

为改造这个庞大的工业大厅，并试图使用最少的能源、产生最大的空间，设计师借助明亮的白云景观，设计了一个荫蔽的室内公共空间。轻薄的GRG（石膏纤维）材料像大肥皂泡一样贯穿在宽敞的空间内，厚度仅为7mm。

项目使用的材料都很简单并廉价，但它们被挑选和使用的方式却让人心生喜爱，忍不住想要摸一摸。部分材料来自回收瓶（PET）；简易板采用数控切割，产生了波纹的立体效果；原来的仓库混凝土地板得到了保留，包括原来的存贮划分线，而新指示线附加在其上。此外，设计师还精心设计了空间的听觉和嗅觉效果。

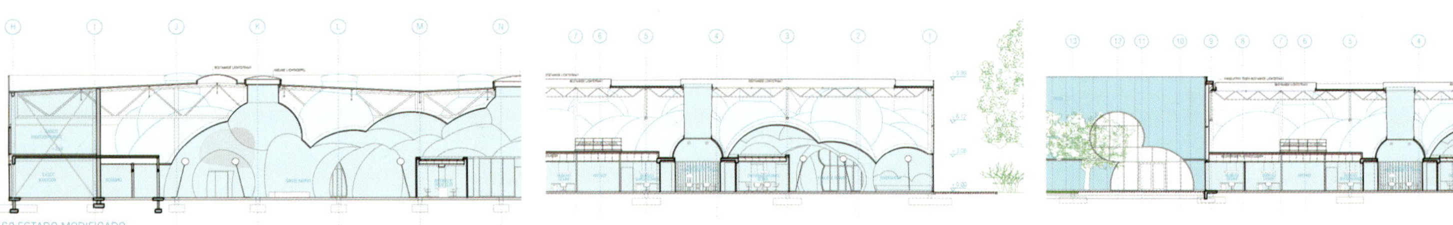

济州岛世界自然遗产中心

建筑设计：poly.m.ur

项目位置：韩国，济州岛

项目团队：Homin Kim, Chris S. Yoo
Suk-hee Kwon, Yei-seul Oh
Eun-yu Lee, Kwang-ho Chung

项目面积：71,000 Sqft.

项目年份：2009

图片摄影：poly.m.ur

济州岛是由火山活动形成的岛屿，所以这个设计的要点就是要突出这一地理特性，设计开始于呼应周围包括岩洞和土丘在内的火山景观，事务所将其视为两种独特的地理特性，从它们的形态学上加以引申，一种作为建造空间（火山土丘），另一种则是递减空间（火山洞穴），它们在设计过程中又被重新加以理解和诠释。

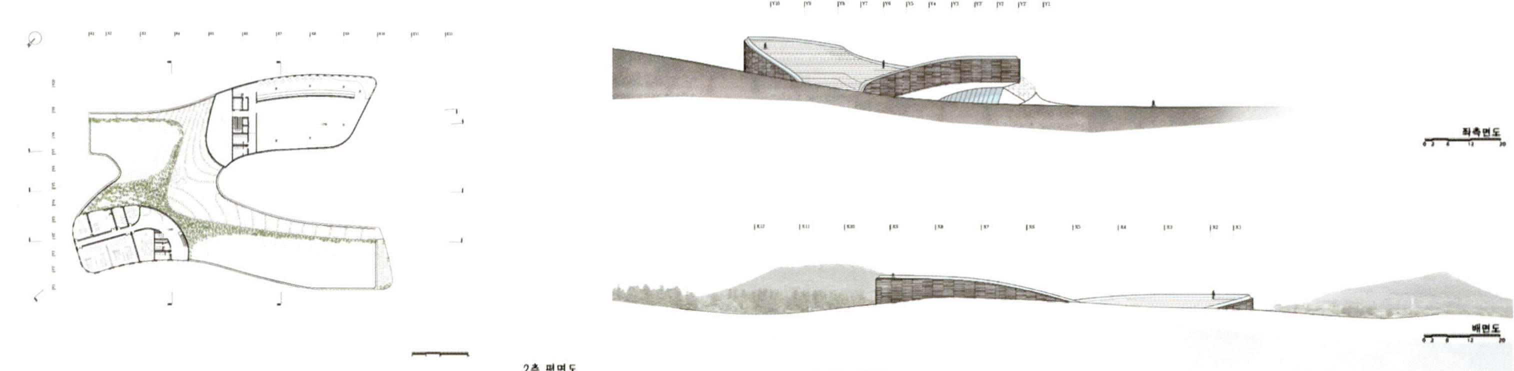

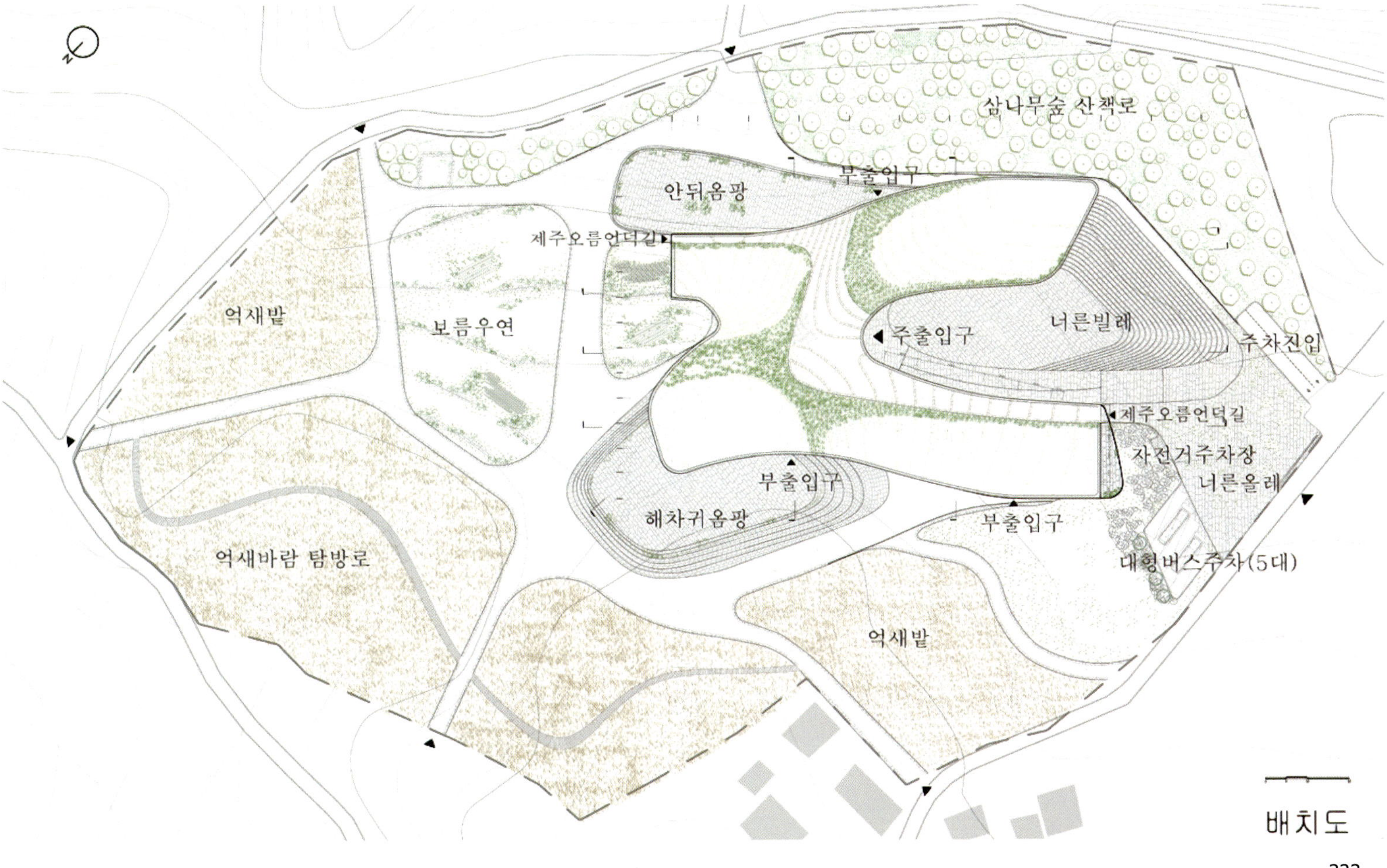

삼나무숲 산책로
안뒤옴팡
부출입구
제주오름언덕길
억새밭
보름우연
주출입구
너른빌레
주차진입
제주오름언덕길
자전거주차장
너른올레
부출입구
해차귀옴팡
부출입구
억새바람 탐방로
대형버스주차(5대)
억새밭

배치도

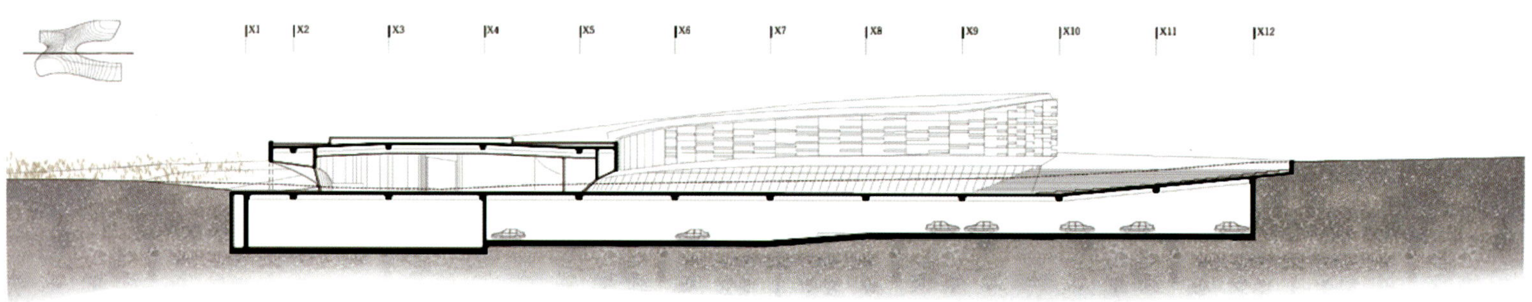
X1
X2
X3
X4
X5
X6
X7
X8
X9
X10
X11
X12

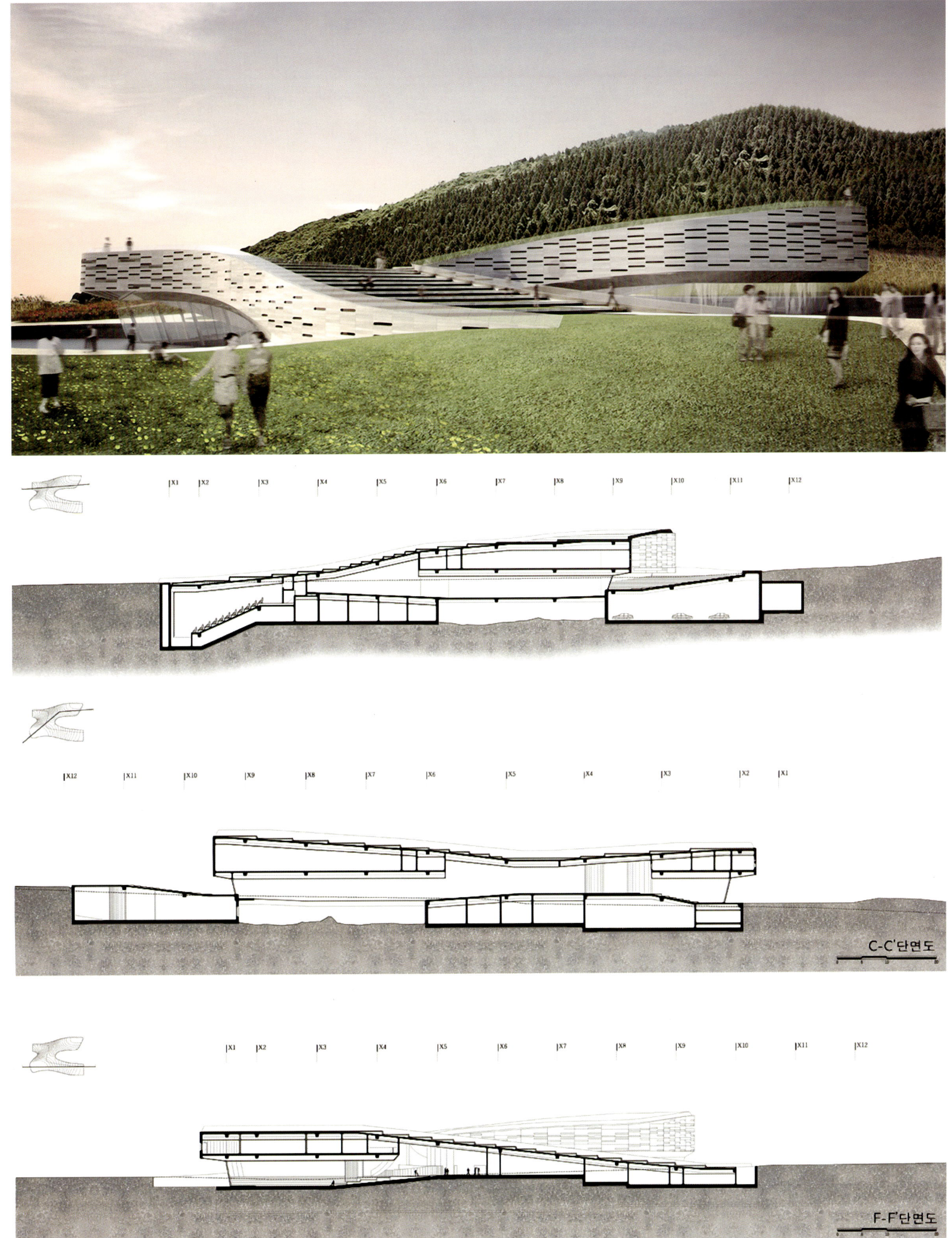
X1
X2
X3
X4
X5
X6
X7
X8
X9
X10
X11
X12
C-C'단면도
F-F'단면도

西班牙马拉加板岩材质的太平间

建筑设计：José Delgado Diosdado, Tibisay Cañas Fuentes

项目地点：西班牙马拉加

项目年份：2007

项目面积：319 m²

图片摄影：Fernando Alda

该建筑位于马拉加省的一个小山村，是供死者亲友聚集和休息的场所，我们希望赋予建筑简朴庄严的风格。

该项目有三个哀悼室、一个小多功能室、一个停尸区和一个公共服务区。这些都被设计在一个楼层，面积有320平方米。该建筑位于一个庄严的街道辖区内，看起来好像一直都在那里。

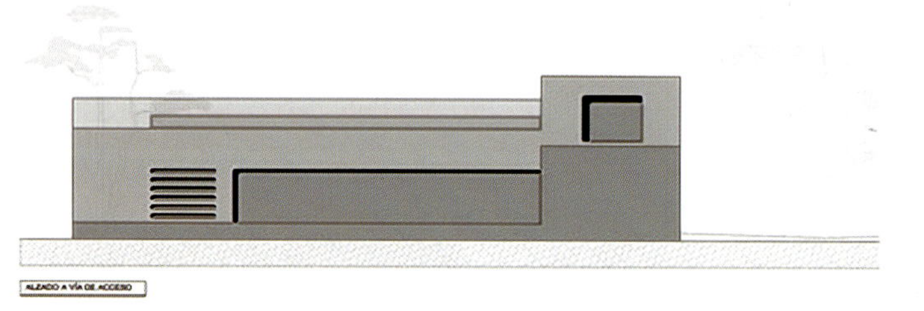

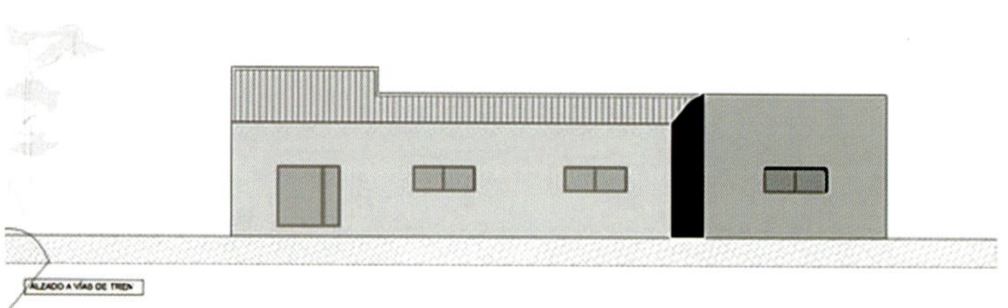

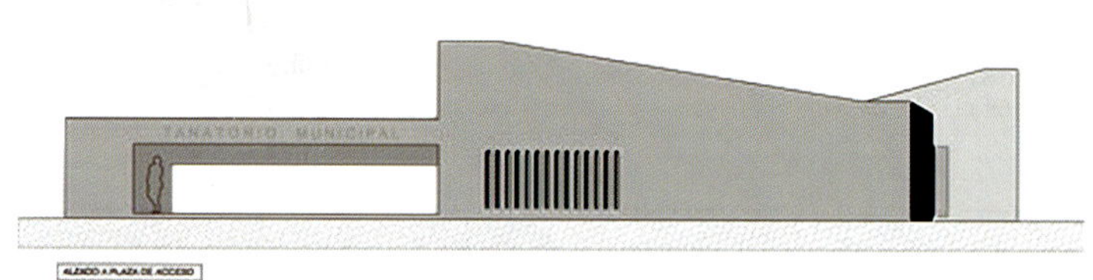

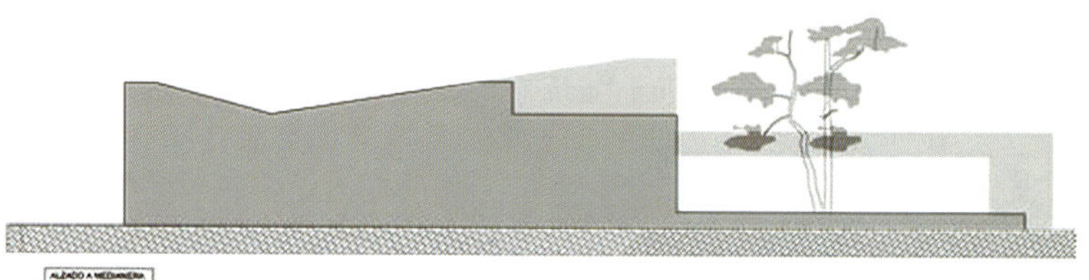

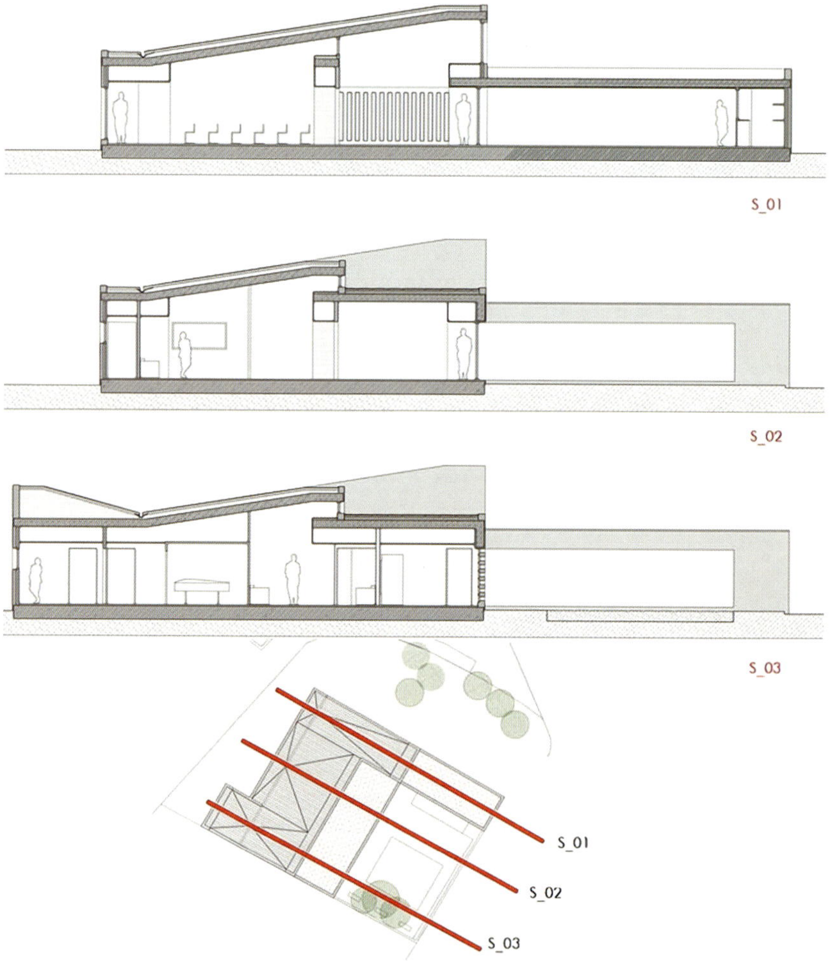

S_01

S_02

S_03

S_01

S_02

S_03

托莱多殡仪馆

建筑设计：TASH – Taller de Arquitectura Sánchez-Horneros

项目位置：西班牙，托莱多

项目团队：Emilio Sánchez-Horneros Antonio Sánchez-Horneros, Javier Rodríguez

Alberto di Nunzio, David Melar, Marta Zamanillo

项目面积：1698.65 m²

项目年份：2008

图片摄影：Miguel de Guzmán

殡仪馆是一座在我们的生活中或迟或早都要走访的一座建筑物。我们每个人都以不同的方式，作为一个游客，一个亲密的朋友或家庭成员与殡仪馆存在或多或少的联系。

这是位于西班牙的一个新建殡仪馆，建筑位于一个高起的平台，立于托莱多墓地门口，从这里参观者能够看见远处的城市中心以及开阔的河边景色。设计师最大限度地利用这种场地优势，结合城市中心的轮廓，以一个石头墙为参考。每个主要入口部分被当成一个巨大的通道，这里有着绝佳的视野，连通室内和室外。

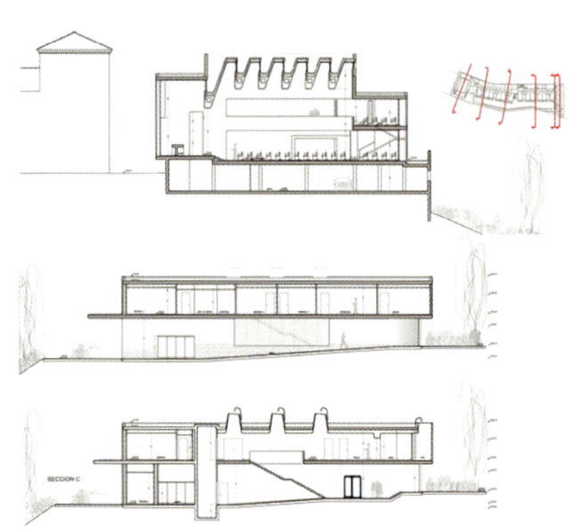

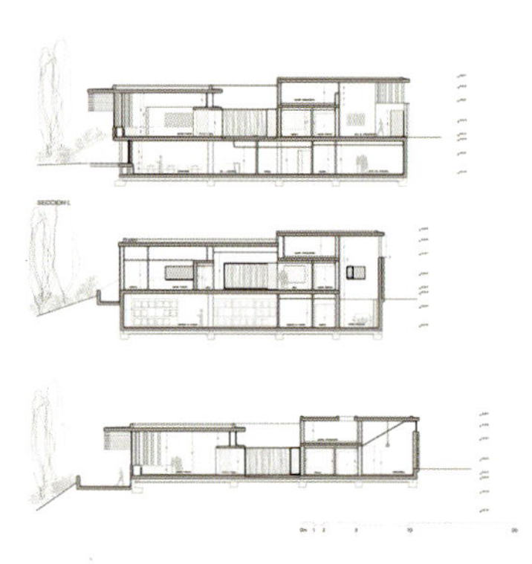

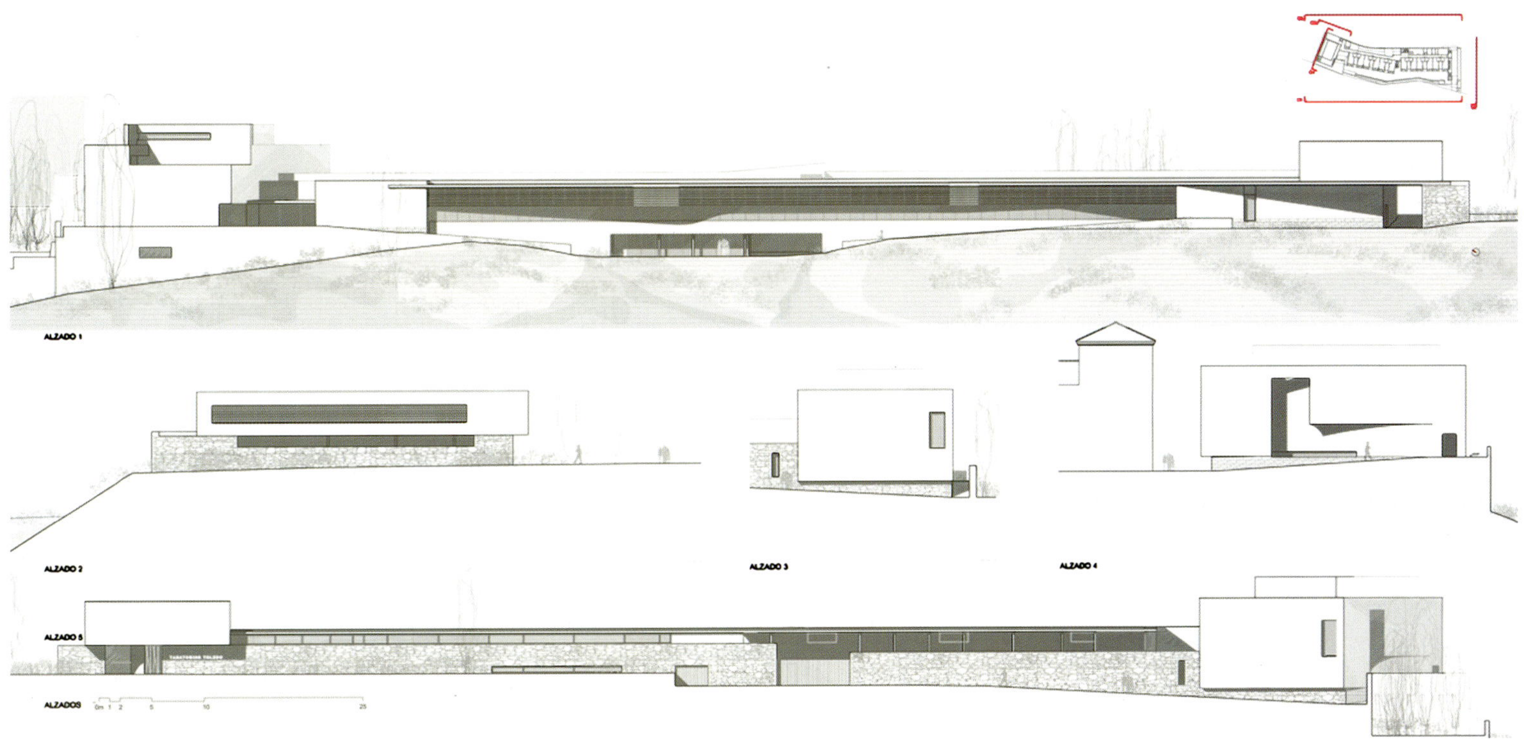
ALZADO 1
ALZADO 2
ALZADO 3
ALZADO 4
ALZADO 5
ALZADOS

02

TANATORIOS TOLEDO

PLANTA DE CUBIERTAS

SITUACIÓN_Toledo_España

加拿大布兰登消防局

建筑设计：Cibinel Architects

项目位置：加拿大，布兰登

项目面积：30000 sqft

项目年份：2010

图片摄影：Mike Karakas

充满活力的新布兰登(Brandon)

消防局位于加拿大马尼托巴湖，面积为3万平方英尺。这一设施把功能与美学有机地结合起来，证明了实用主义对周围社区和景观来说是重要的，满足了以很少的预算实现所需功能的要求。

该建筑分为两部分：一座功能楼和一座办公楼。功能楼面对大街，办公楼则朝向西北角，其布局一目了然。日光从各个方向渗透到建筑中，而立面则反射出周围移动的人群或活动。两座建筑之间有一个透明的入口处，一座步行桥连接了这两座建筑。入口处前方还有一个景观广场，其北部是一座博物馆，南边是设备层。博物馆里有一辆80年历史的比克尔（Bickle）消防车，设备层则反映了目前最好的消防装备。一座装备了水管的塔楼成为景观布局中的焦点，它同时也是一个培训设施，连接着设备层。塔楼用黑砖包面，雨水可以从上面流下来重新被周围草木吸收。

EXIT

EXIT

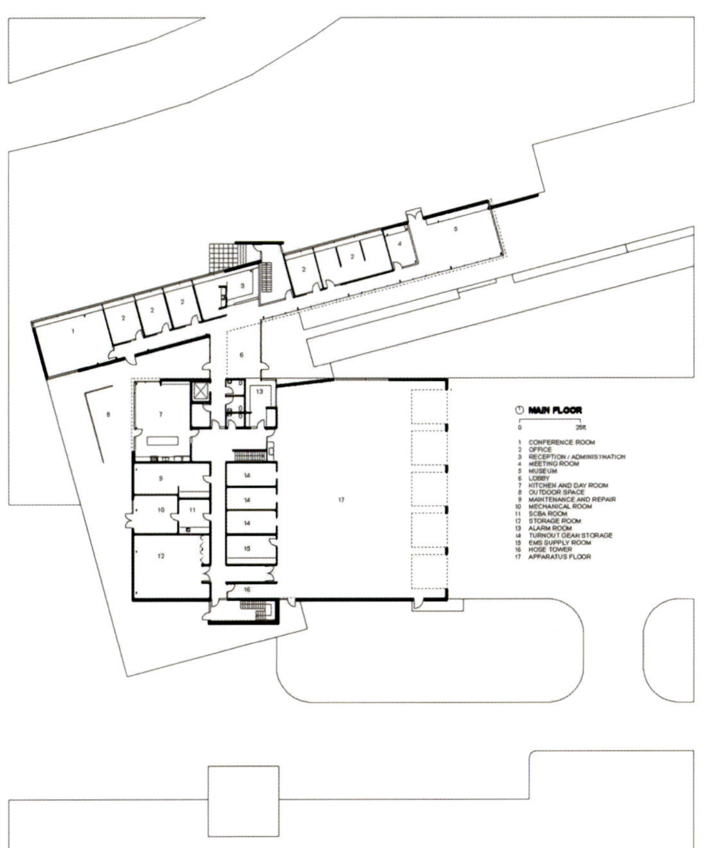
MAIN FLOOR
0
25ft
1 CONFERENCE ROOM
2 OFFICE
3 RECEPTION / ADMINISTRATION
4 MEETING ROOM
5 MUSEUM
6 LOBBY
7 KITCHEN AND DAY ROOM
8 OUTDOOR SPACE
9 MAINTENANCE AND REPAIR
10 MECHANICAL ROOM
11 SCBA ROOM
12 STORAGE ROOM
13 ALARM ROOM
14 TURNOUT GEAR STORAGE
15 EMS SUPPLY ROOM
16 HOSE TOWER
17 APPARATUS FLOOR

EXIT

美国西雅图贝尔维尤儿童诊所

建筑设计：NBBJ

项目地点：美国，华盛顿州，贝尔维尤市

项目面积：80000 sqft

项目年份：2010

图片摄影：Benjamin Benschnieder, Sean Airhart

为了更好地服务患者，西雅图儿童医院在西雅图贝尔维尤（Bellevue）建立了这个项目，由总部设在西雅图的NBBJ设计。高效的建筑是AIA西雅图2010年的荣誉奖得主。

西雅图贝尔维尤的儿童诊所提供门诊手术、影像检查、紧急护理等15种专业服务。设计者运用了不间断空间和流程合并的概念，让客户、设计者和施工队伍在不间断的情况下同时进行工作，并且有效地利用了空间。为了给行动不便的患者提供更好的服务，设计者充分吸取了病人、家属和工作人员的建议，在设计时注重灵活性、就医效率，通过使用大量的天窗、屋顶花园景观，为患者提供了一个更健康、更愉悦的经历。

此外，诊所使用连续的性能改进(CPI)和综合项目交付（IPD）的方法，在小的空间内更有效地建立更多的服务。通过努力增加房间的利用效率，减少就医需要走动的距离，节省了27%的空间，在不损害患者就医体验的前提下，将11万平方英尺的空间装入了8万平方英尺的空间中。

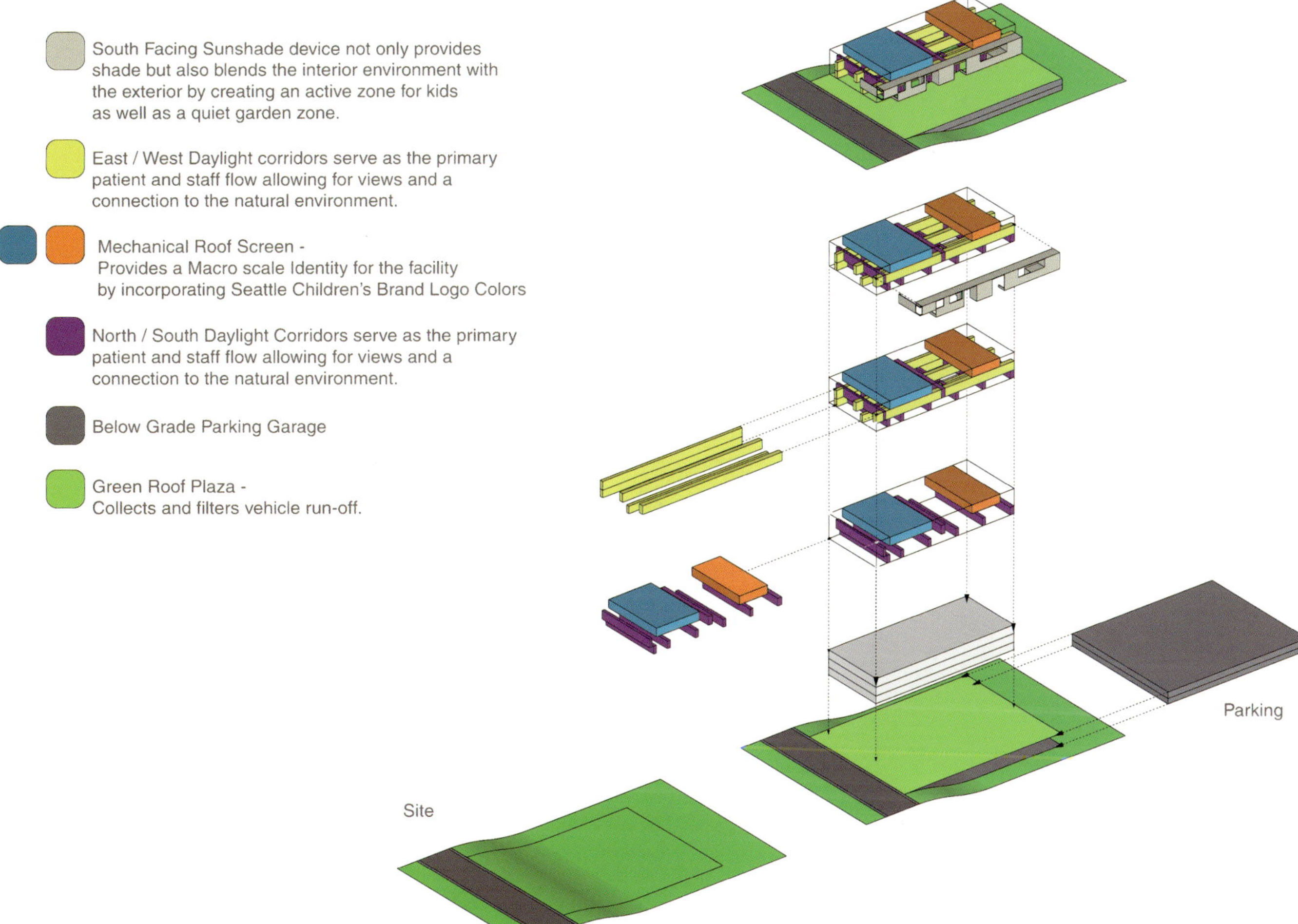
CONCEPT DIAGRAM
South Facing Sunshade device not only provides shade but also blends the interior environment with the exterior by creating an active zone for kids as well as a quiet garden zone.
East / West Daylight corridors serve as the primary patient and staff flow allowing for views and a connection to the natural environment.
Mechanical Roof Screen - Provides a Macro scale Identity for the facility by incorporating Seattle Children's Brand Logo Colors
North / South Daylight Corridors serve as the primary patient and staff flow allowing for views and a connection to the natural environment.
Below Grade Parking Garage
Green Roof Plaza - Collects and filters vehicle run-off.
Parking
Site

1500

美国亚利桑那州凤凰儿童医院

建筑设计：HKS Architects

项目位置：美国亚利桑那州

这座儿童医院位于美国亚利桑那州的凤凰城，由HKS Architects设计建造而成。医院是一座高11层的设施，也是当地最大的儿童医院之一。这座建筑一部分属于校园，一部分属于凤凰城社区，这也是打造医院引人注目的外观的灵感来源。设计团队主要的挑战就是巩固校园文化，提高原有建筑的灵活性，同时为孩子们打造一个真正舒适的医疗环境。

医院的整体设计思路就是要打造一个将周围景观、绵延起伏的山脉和沙漠融合在一起的理想建筑。住院的病人可以在病房里欣赏到周围迷人的景色和诸如走廊、候诊室等公共空间。医院室内的装饰色彩明亮、彩色的笔画和雕塑不仅缓解了病人就医时的担忧和焦虑，同时也给人带来亲切愉悦的就医环境。

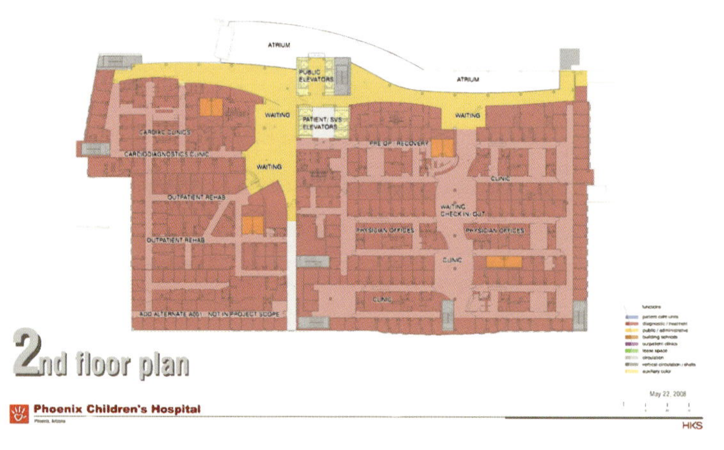
ATRIUM
PUBLIC ELEVATORS
WAITING
PATIENT SVC ELEVATORS
PRE-OP RECOVERY
CLINIC
OUTPATIENT REHAB
PHYSICIAN OFFICES
WAITING CHECK-IN / OUT
2nd floor plan
Phoenix Children's Hospital
May 22, 2008
HKS

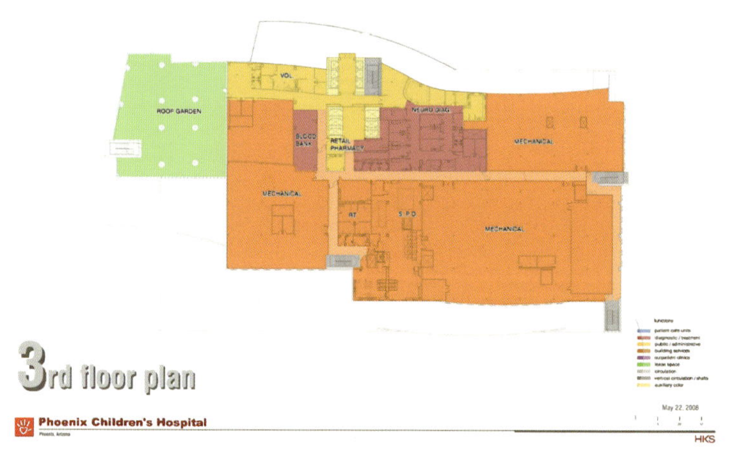
ROOF GARDEN
VOL
MECHANICAL
BLOOD BANK
RETAIL PHARMACY
NEURO DIAG
RT
S.P.D.
3rd floor plan
Phoenix Children's Hospital
May 22, 2008
HKS

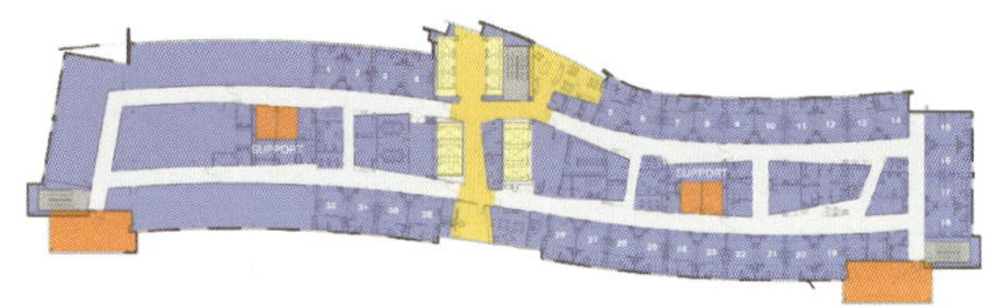
SUPPORT

5th floor plan
Phoenix Children's Hospital
May 22, 2008
HKS

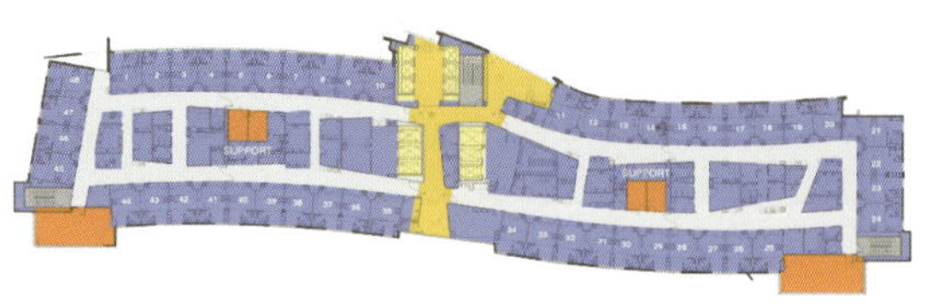
SUPPORT

6th floor plan
Phoenix Children's Hospital
May 22, 2008
HKS

麦德林山坡上的指示灯塔

建筑设计：Empresa de Desarrollo Urbano EDU - Medellin Taller de Diseño Gerencia de Proyectos Urbanos

项目位置：哥伦比亚，麦德林

项目年份：2009-2011

图片摄影：Courtesy of EDU

市长Alonso Salazar在2008年至2011年实施的安全和防暴计划为该项目的建造提供了契机。这些小建筑战略性的占据城市边缘地带的山坡，它们在这一非正式和低舒适度地区的意义在于通过自身的存在,控制和保证当地居民的安全。

这些建筑的设计灵感来自于社区对于恢复和加强警察和政府在郊区发展过程中正面形象的期望。这些实体投资伴随着寻求城市整体改革的社会计划和安全政策。

建筑被视为一个灯塔,一个当地市民永久的参照点。这一地区几乎已经被政府所遗忘，需要这样的帮助。设计的意图是一个远距离即可识别的元素，一个能寻求庇护，且成为一个城市基准点的塔，而不仅是一个景观中的标志。

CAI是一个边缘地区24小时运行的灯塔，并将长期运作。在白天，它是一个漂亮的建筑，向公共开放，充满色彩和生机，吸引着市民，这一点和单调的安全恰恰相反。在夜间，它成为城市的一处灯光标志，多亏照亮天空的射灯，提高了这个地区的照明和环境的安全感。

建筑由于自身的战略性地位被建于麦德林的山坡上，成为了居民和政府之间的某种联系，使建设一个对市民更加公平和友好的城市成为可能。建筑通过材质表达一种提示性的空间，混凝土使我们塑造一个可复制的墙体，带有纹理和色彩的墙面成为一种对材料有条理的处理，建造了一个动态的建筑邀请人们来居住和欣赏。

这一灯塔成为一个文化标志，通过一个广场向城市开放，召唤和邀请使用者来感受，改变这类建筑在历史上的形象。

CAI PERIFERICO

西班牙mostoles社会服务中心

建筑设计：dosmasuno arquitectos
项目位置：西班牙，Móstoles
设计团队：Ignacio Borrego, Néstor Montenegro, Lina Toro
合作伙伴：Begoña de Abajo, Sálvora Feliz, Marko Ličen, Marie Persson and Carlos Ramos
建筑面积：2739.78 m²
图片摄影：Miguel de Guzmán

马德里建筑事务所dosmasuno arquitectos最近完成了“社会服务中心”项目，这是一座位于西班牙马德里郊外城市móstoles的社区建筑。基地周边最近正在建设新楼，为了与即将建成的建筑相呼应，并以环保问题为主要设计重点，建筑师不希望给建筑设置太多限制因素。

建筑师没有过多使用高科技系统，而是采用传统的建造手段，内部功能空间布局和流线设计创造紧凑的室内体量，并尽可能的减少维护。建筑外部削减了几个立方体体量，露出了绿色的立面，为人们提供了一个开放的户外休息和等候区，这些区域与不同楼层相互连接。

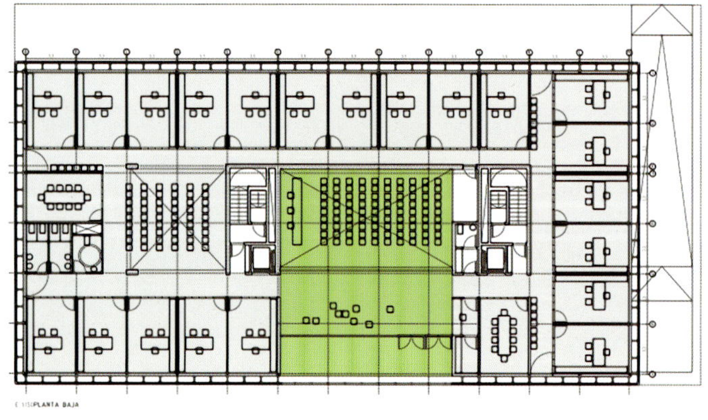

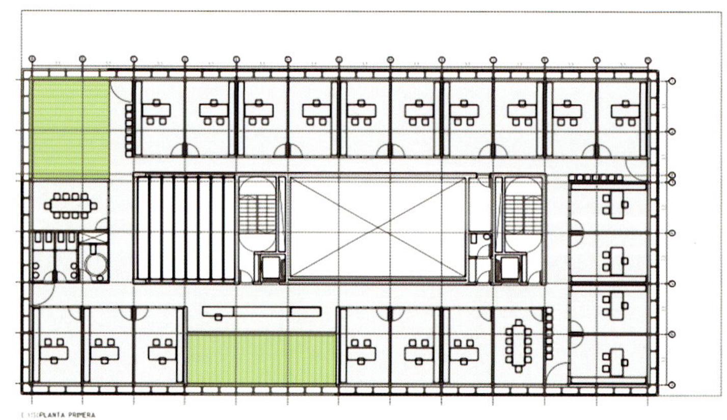

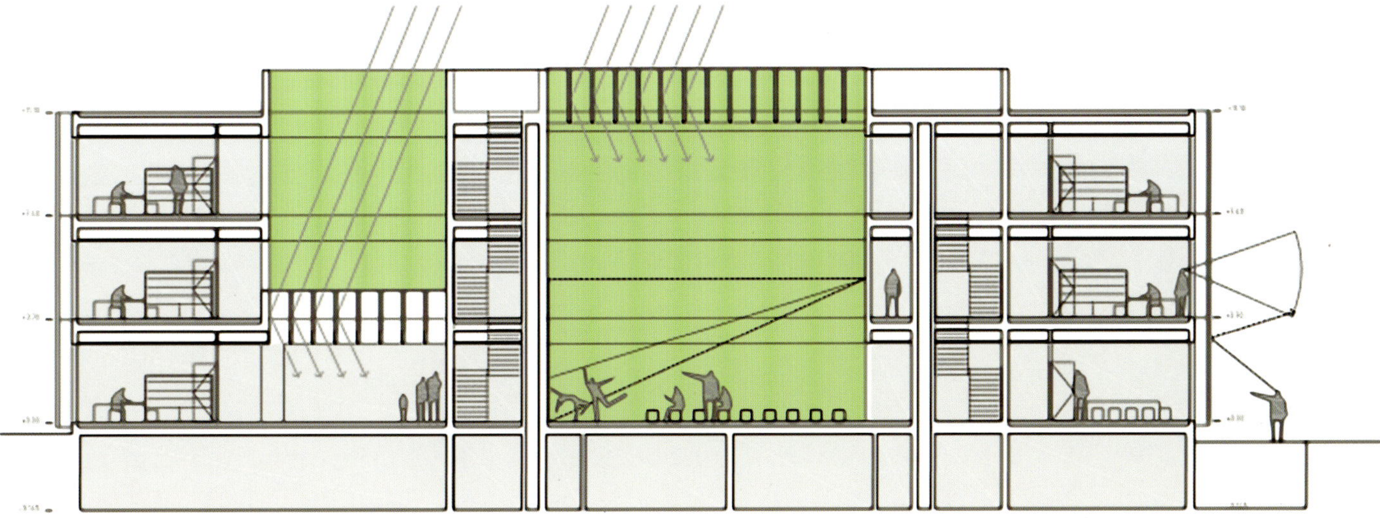

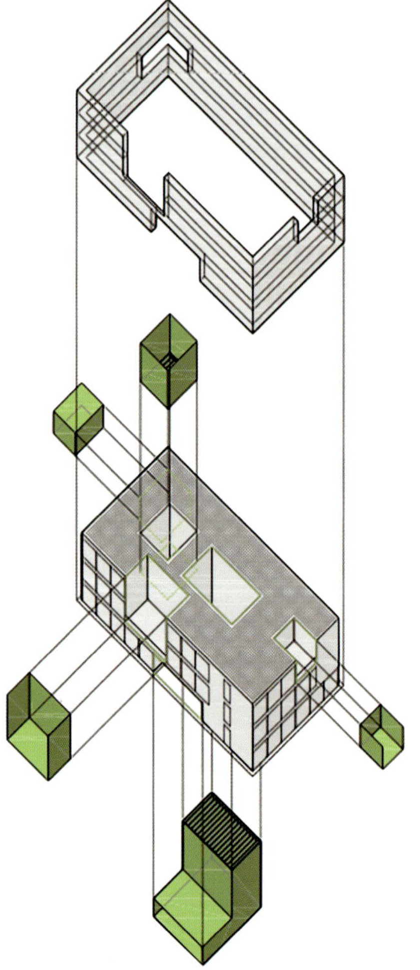

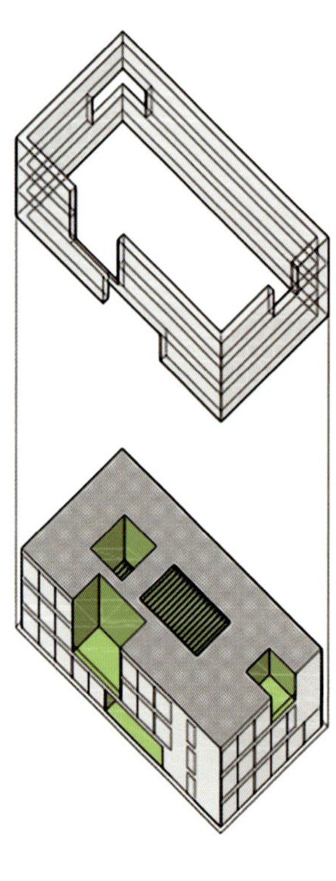

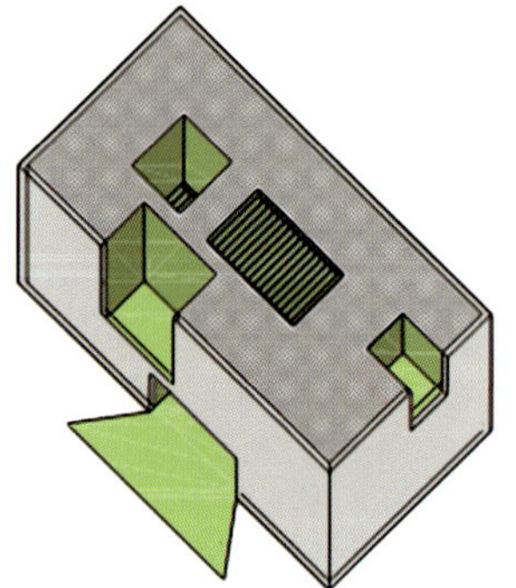

澳大利亚Narbethong社区中心

建筑设计： BVN
项目位置： 澳大利亚，Narbethong
图片摄影： Courtesy of BVN

这是由BVN Architects建筑事务所设计改造的Narbethong社区中心项目，这个社区中心曾经在2009年的大火中被毁，本次重建是为社区重新创造公共空间，同时也是打造一种新式社区建筑。之前的建筑是基本的木质结构，有五十年的历史，但是它缺乏足够的设施防护，同时不是一个享受美丽景观的建筑。新设计打破传统，将其打造为一个极其透明的建筑，从而使住户和过往的车辆都能看见社区中心内部的活动，同时使内部的使用者与周围的景观能产生强烈的互动。

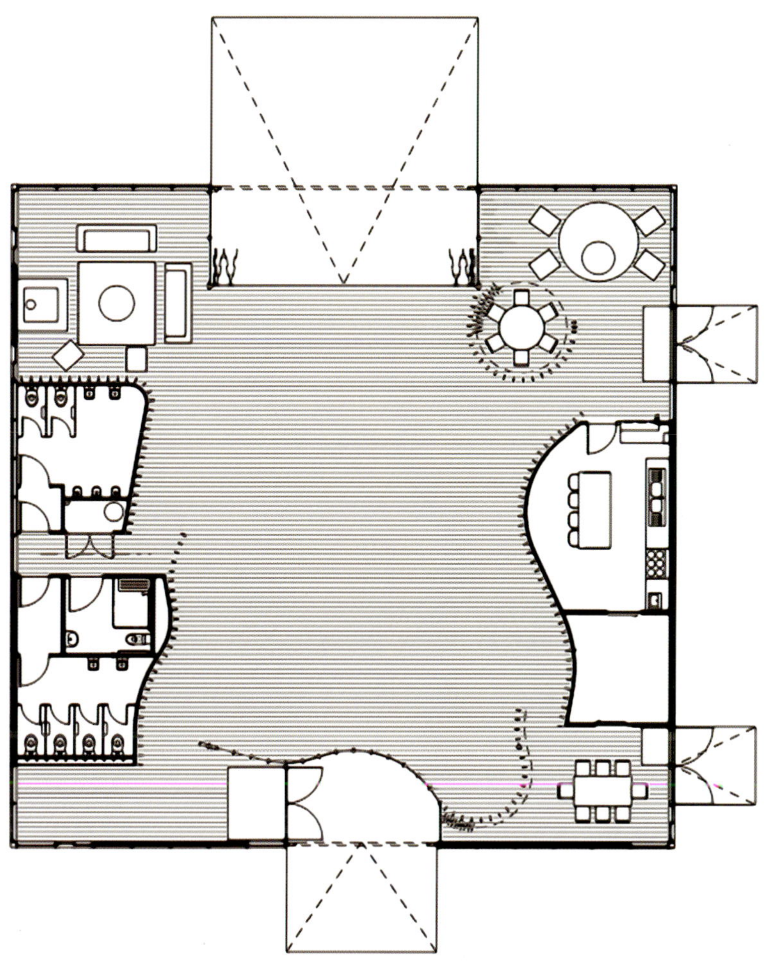